FONDEMENTS MATHEMATIQUES DE L'INFORMATIQUE

FONDEMENTS MATHEMATIQUES DE L'INFORMATIQUE

Jacques Stern
Professeur
Université Paris VII

McGRAW-HILL

Paris – Auckland – Bogota – Caracas – Hambourg – Jakarta – Lisbonne – Londres – Madrid – Mexico – Milan – Montréal – New Delhi – New York – Panama – San Juan – São Paulo – Singapour – Sydney – Tokyo – Toronto

1990

C'est en 1913 que Casimir Malevitch fit scandale en exposant son Carré noir sur fond blanc. *Il développa ensuite la doctrine du Suprématisme qui postule l'emploi rigoureux et exclusif de formes géométriques élémentaires et dont les* Huit Rectangles rouges *sont une illustration.*

A peu près dans le même temps, s'opérait, à partir de la logique, une véritable reconstruction des mathématiques culminant vers 1930 avec les théorèmes de complétude et d'incomplétude de Gödel. *Il est remarquable de constater que les concepts et les techniques introduits à cette époque constituent aujourd'hui une large part des fondements d'une science informatique en émergence.*

Illustration de couverture : *Huit Rectangles rouges*, Casimir Malevitch. Collection Stedelijk Museum, Amsterdam.

Maquette de couverture : Françoise Rojare

ISBN : 2-7042-1228-7

ISSN : 0989-392-X

McGraw-Hill – 28, Rue Beaunier – 75014 Paris

A mes parents,

Avant-propos

Le développement de l'informatique est l'une des grandes mutations technologiques de la fin du XXe siècle. Au-delà de cette évidence, il n'est pas si simple d'imaginer les conséquences de ce phénomène sur l'évolution des autres sciences et, en particulier, des mathématiques. En quelques dizaines d'années, l'informatique s'est en effet transformée : activité fondée à l'origine sur le savoir-faire individuel, elle est devenue maintenant une science qui opère sur des descriptions rigoureuses de concepts abstraits. La partie théorique de cette science est très proche des mathématiques et c'est précisément l'objet de cet ouvrage, que de réfléchir à l'«interface» entre les deux disciplines. Une telle réflexion s'impose en effet aux spécialistes des deux bords. Pour le mathématicien, la connaissance des réalités informatiques ne saurait se réduire à la pratique d'un ou plusieurs langages de programmation, au demeurant indispensable, comme on s'accorde maintenant à le penser. L'interaction est ailleurs, à un niveau d'abstration plus élevé, et plusieurs branches des mathématiques (logique, théorie de l'information, probabilités, théorie des nombres, etc.) ont vu, grâce à l'informatique, apparaître de nouvelles perspectives ou de nouveaux concepts. Pour l'informaticien, une familiarité avec les structures abstraites qui sous-tendent les réalisations pratiques est indispensable : sans elle, le savoir se fige et devient obsolète en quelques années.

Mon premier souci, en écrivant cet ouvrage, a été de faire un livre qui se lit, c'est-à-dire le contraire d'un traité de mathématiques, intelligible seulement pour ceux qui en connaissent déjà le contenu. Ce souci était d'autant plus présent que je savais m'adresser à des publics divers. Il m'a conduit à opérer des choix qui ont affecté à la fois le fond et la forme de l'ouvrage.

Sur le fond, j'ai choisi de me restreindre aux sujets sur lesquels j'avais mené une longue réflexion personnelle et que j'avais enseignés à plusieurs reprises. Je n'ai donc couvert que les bases de la théorie des langages, de la calculabilité, de la complexité et de la logique. D'autres sujets auraient mérité de figurer sous le titre *Fondements mathématiques de l'informatique*, par exemple l'analyse d'algorithmes. Je ne peux que souhaiter qu'un autre écrive un livre compagnon sur les sujets que j'ai omis.

S'agissant de la complexité et de la calculabilité, je n'ai pas cherché à éviter les machines de Turing, malgré leur aspect quelque peu artificiel. Je n'ignore pas qu'un exposé d'où elles sont absentes est possible mais j'y vois deux inconvénients : d'une part, de rendre très difficile toute démonstration mathématique convaincante de l'existence de problèmes $\mathcal{NP}$-complets et d'autre part, de conduire à une présentation étanche vis-à-vis du reste de la littérature internationale. Afin d'atténuer, autant que possible, l'aspect un peu aride de la programmation des machines de Turing, j'ai procédé très graduellement, en introduisant d'abord les automates, puis de nombreux exemples de machines très simples. Quant au caractère contingent du modèle de calcul choisi, il apparaît clairement dans la simulation par d'autres types de calculateurs comme les machines à accès direct. En contrepoint, apparaît tout aussi clairement la stabilité des concepts mathématiques introduits : fonctions calculables, temps polynomial, etc.

En ce qui concerne la logique, j'ai essayé de faire un effort particulier pour rendre limpide la syntaxe. Pour cela, j'ai pris le parti de munir les formules de leur structure sous-jacente et de les considérer systématiquement sous forme d'arbres. L'intérêt d'une telle approche – d'ailleurs issue de l'informatique – est de donner un contenu géométrique simple à des notions qui rebutent parfois les débutants quand elles sont présentées à partir de pénibles récurrences : il en est ainsi – par exemple – de la notion d'occurrence libre d'une variable. Au niveau des applications de la logique, j'ai choisi de présenter le langage PROLOG de préférence – par exemple – aux techniques de vérification des programmes. Ce langage me paraît en effet une illustration subtile et profonde des liens entre logique et informatique. Cela m'a conduit à privilégier les systèmes de preuves basés sur la résolution, sans inconvénient, je crois, pour la simplicité de l'exposé.

Tel quel, le livre se présente donc comme une réflexion élémentaire sur les notions de calcul et de preuve. Je souhaite que le lecteur en achève la lecture avec la conviction qu'il s'agit de deux facettes d'une même réalité mathématique. A cet égard, j'ai assigné aux langages algébriques le rôle de point de passage entre formule et calcul. C'est la raison pour laquelle leur étude termine l'ouvrage. J'espère que ma vision ne paraîtra pas sacrilège aux spécialistes de théorie des langages.

Dans la forme, mon souci de rendre le livre agréable à lire m'a conduit à certaines pratiques. C'est ainsi que j'ai systématiquement illustré l'exposé par des figures et des exemples. J'ai aussi pris la liberté de présenter certaines démonstrations à partir d'un exemple et d'en laisser d'autres au lecteur. Je crois en effet, au risque de choquer certains, que le rôle d'un livre de mathématiques – et encore plus d'un livre d'application des mathématiques – n'est pas toujours de fournir des preuves complètes mais, souvent, de convaincre que ces preuves existent en faisant appel à la participation du lecteur. Pour des raisons analogues, je n'ai pas cherché à faire la genèse de chaque résultat et de chaque démonstration, ni mentionné spécifiquement les quelques approches originales que j'ai tentées. Je me suis contenté de faire figurer, à la fin de chaque chapitre, une courte note bibliographique.

Dans le même ordre d'idées, j'ai renoncé à toute forme de chapitre d'introduction. Les notions sont introduites dans le texte au fur et à mesure des besoins de l'exposé, ce qui n'empêche pas que soient présentées les structures de bases de l'informatique telles que piles, listes, arbres, etc. J'ai adopté le même point de vue sur les langages de programmation : pas de présentation systématique pour lesquels d'autres ouvrages existent, mais de courts exemples des divers styles de langages : impératif, fonctionnel et déclaratif, en liaison avec certains aspects de la théorie. C'est ainsi que j'ai profité des automates pour écrire des programmes en PASCAL, des fonctions récursives pour montrer la parenté de l'approche fonctionnelle et du langage LISP, de la programmation logique pour faire figurer quelques lignes de PROLOG. Pour courts qu'ils soient, ces programmes n'en ont pas moins été testés respectivement en TURBO PASCAL®, en LE_LISP®, ou en PROLOG II©.

Compte tenu de l'effort qui a été fait pour rester simple sans pour autant renoncer à présenter la théorie dans toute sa richesse, ce livre s'adresse à un public très varié : étudiants en informatique bien sûr, étudiants en mathématiques (en particulier ceux qui approfondissent leurs connaissances informatiques en maîtrise, en DEA, ou dans le cadre de l'agrégation), élèves des écoles d'ingénieurs mais aussi praticiens qui, pour les besoins du génie logiciel ou de l'intelligence articielle, recherchent un exposé précis de la complexité ou de la logique.

L'ouvrage s'appuie sur une expérience d'une dizaine d'années au cours desquelles la quasi-totalité en a été enseignée dans diverses institutions, tant en France qu'à l'étranger. Qu'il me soit permis de remercier les étudiants et les collègues qui, par leurs questions, leurs critiques et les discussions que j'ai eues avec eux, ont contribué à la maturation du travail que je présente aujourd'hui.

Jacques Stern

Table des matières

Chapitre 1
Langages et automates

Dans ce chapitre, nous proposons une première modélisation de la notion de calcul mécanique : celle d'automate fini. Ce modèle s'est révélé utile dans plusieurs applications comme, par exemple, l'analyse lexicale. Cependant, ainsi qu'on le verra, il trouve ses limites dès que l'on envisage des situations quelque peu complexes.

1. LANGAGES

1.1. Mots

La communication avec une machine se fait par l'intermédiaire d'un *message* : suite de zéros et de uns dans le cas d'un microprocesseur ; suite de lettres, de chiffres et de symboles de ponctuation dans le cas où l'on utilise des langages de programmation évolués comme PASCAL ou LISP. Ceci conduit tout naturellement à considérer comme essentielles les notions simples qui suivent.

Définitions. On appelle *alphabet* tout ensemble fini non vide de symboles. Les éléments d'un alphabet Σ sont appelés *lettres* ; un *mot* sur l'alphabet Σ est une suite finie de lettres ; on note Σ^* l'ensemble des mots de Σ.

Remarque. D'un point de vue formaliste, la définition ci-dessus n'est pas satisfaisante puisque le mot «symbole» n'a pas été préalablement défini. Il est naturellement possible de parler simplement d'ensemble fini ; on perd alors de vue l'interprétation privilégiée de la notion que l'on a introduite. Dans toute la suite de l'ouvrage, on évitera de se laisser enfermer dans un étroit formalisme afin de mettre en évidence l'aspect concret des notions considérées.

Définitions

Soit v un mot de Σ^* ; on appelle *longueur* de v et on note $|v|$ le nombre de symboles de v. Il est indispensable de considérer un mot *vide* noté ε dont la longueur est zéro. Un mot de longueur 1 est représenté par l'unique lettre qui le compose.

Si v et w sont deux mots sur un même alphabet Σ, on appelle *concaténation* de v et w et on note $v\frown w$ ou simplement vw le mot obtenu en écrivant à la suite les lettres de v puis celles de w. Il est immédiat que la concaténation est une opération associative et qu'elle admet pour élément neutre le mot vide ε. On note v^n la concaténation de n mots identiques à v.

On dit que v est un *facteur gauche* de u si u s'écrit vw pour un mot convenable w. On définit de façon analogue la notion de *facteur droit.*

1.2. Langages, opérations

Définition. On appelle *langage* sur un alphabet Σ, toute partie de Σ^*.

Exemples

1) Le langage formé des éléments de $\{0,1\}^*$ qui sont la représentation binaire d'un nombre divisible par 3.
2) Le langage L formé des éléments de $\{0,1\}^*$ qui sont la concaténation d'un mot formé de zéros et d'un mot formé d'autant de uns ; si on préfère $L = \{0^n 1^n : n \text{ entier}\}$.
3) Le langage P des parenthèses bien formées : c'est le plus petit sous-ensemble de $\{(,)\}^*$ contenant le mot vide, clos par concaténation et par l'opération qui à un mot w associe (w).

Si L et M sont deux langages sur un même alphabet Σ, on note :

i) $L \mid M$ la *réunion* des langages L et M (on utilise aussi indifféremment les notations $L + M$, $L \cup M$).

ii) $L.M$ le *produit de concaténation* défini comme l'ensemble des mots x qui s'écrivent vw avec v élément de L et w élément de M. On utilise aussi la notation LM. On écrit L^2, L^3, etc. pour LL, LLL...

iii) $\neg L$ le *complément* de L.

iv) L^* l'*étoile* de L qui est la réunion des langages L^n pour n entier ; on convient que L^0 est le langage $\{\varepsilon\}$ noté quelquefois Λ ; par suite ε est élément de L^*.

v) L^+ le langage $L.L^*$.

Proposition

i) *Le produit de concaténation est une opération associative.*

ii) *Le produit de concaténation est distributif (à gauche et à droite) par rapport à la réunion.*

Si L, M, N sont des langages, on a donc :

$$(L \mid M)N = LN \mid MN$$

$$L(M \mid N) = LM \mid LN$$

La preuve de la proposition est laissée au lecteur.

1.3. Modélisation par les langages

En première analyse, les problèmes susceptibles d'un traitement par machine, se répartissent en deux classes.

i) La classe des problèmes conduisant à une réponse oui ou non ; ce sont les *problèmes de décision* ; ils sont modélisés par la notion de langage : à tout langage L sur Σ est associé le problème de décision consistant à déterminer si un mot w de Σ^* appartient ou non à L.

ii) La classe des problèmes conduisant à une valeur (numérique ou non) ; ils sont modélisés par la notion de fonction de Σ^* dans Γ^*, où Σ et Γ sont des alphabets, ou plus généralement de $(\Sigma^*)^n \to \Gamma^*$.

Les problèmes «numériques» ne sont pas évacués par la présentation qui vient d'être faite : un entier n est représenté par sa notation décimale qui est un mot de Γ^* où :

$$\Gamma = \{0, 1, 2, 3, 4, 5, 6, 7, 8, 9\}$$

De même un «réel» est-il représenté (par exemple en langage PASCAL) par un mot sur l'alphabet :

$$\Gamma \cup \{\mathrm{E}, -, .\}$$

on s'en convaincra facilement en examinant l'écriture de quelques constantes de type réel comme : -65.3 ou $123\mathrm{E}-3$.

2. AUTOMATES FINIS

2.1. Définition

Un *automate fini* est une machine pouvant se trouver dans un nombre fini de configurations internes ou *états*; l'automate reçoit une suite discrète de signaux, chaque signal provoquant un changement d'état ou *transition*. De façon optionnelle, un automate peut être muni d'un dispositif lui permettant d'émettre un message lors de chaque transition. Dans un premier temps on n'envisagera pas cette possibilité, ce qui conduit à se limiter à des problèmes de décision. On est ainsi amené à la définition suivante.

Définition. Un automate est la donnée :

i) d'un alphabet fini Σ;

ii) d'un ensemble fini non vide d'états Q;

iii) d'une fonction de transition $\delta : Q \times \Sigma \to Q$;

iv) d'un état de départ noté p_0;

v) d'un sous-ensemble F de l'ensemble des états.

Les éléments de F sont appelés *états finaux* ou parfois états *acceptants.*

Un automate M étant fixé, on note souvent $p \xrightarrow{a} q$ à la place de $\delta(p, a) = q$. La fonction de transition δ permet la définition d'une fonction $\overline{\delta}$: $Q \times \Sigma^* \to Q$ par récurrence sur la longueur d'un mot w, suivant les clauses suivantes :

i) $\overline{\delta}(q, \varepsilon) = q$;

ii) $\overline{\delta}(q, wa) = \delta(\overline{\delta}(q, w), a)$ si $a \in \Sigma$.

On écrira :

$$p \xrightarrow{w} q$$

à la place de $\overline{\delta}(p, w) = q$ et :

$$p \xrightarrow{w} F$$

Lorsque l'on a $p \xrightarrow{w} q$ avec q élément de F. On définit alors le langage $L(M)$ *reconnu* par un automate M comme le sous-ensemble de Σ^* défini par :

$$L(M) = \{w : p_0 \xrightarrow{w} F\}$$

Si w appartient à $L(M)$ on dit aussi que M *accepte* w.

2.2. Interprétation

La définition de $\overline{\delta}$ et du langage $L(M)$ sont conformes à l'interprétation suivante : pour effectuer le traitement d'un mot w composé des lettres $a_1, \ldots, a_n$ dans cet ordre, on les imagine rangées dans des cases successives comme représenté à la figure 1.

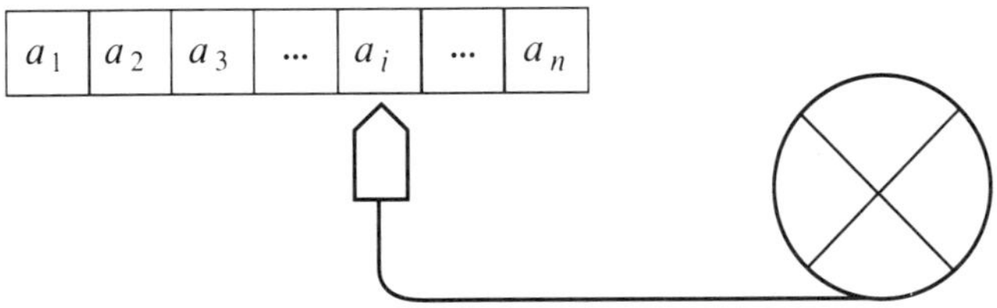

Fig. 1. Représentation d'un automate

Un dispositif analogue à la tête de lecture d'une bande magnétique se déplace de gauche à droite et transmet à l'automate les signaux correspondants à $a_1, \ldots, a_n$; l'automate change successivement d'états à partir de son état de départ conformément aux signaux reçus et à la fonction de transition.

2.3. Simulation d'un automate

Il est naturellement possible de simuler l'action d'un automate à l'aide d'un langage machine ou même d'un langage évolué. Il existe plusieurs structures de données permettant de représenter les automates et les mots; on va présenter une possibilité assez simple : elle consiste à représenter un automate par un tableau bidimensionnel; dans le cas de 10 états et d'un alphabet :

$$\Sigma = \{a,\ b,\ c\}$$

ceci correspond (en PASCAL) aux déclarations de constantes et de types suivantes :

```
const
   taille = 9;
   fin = 'c';
type
   état = 0..taille;
   lettre = 'a'..fin;
   automate = array [état, lettre] of état;
```

Un mot sur l'alphabet Σ peut être représenté par une liste avec les déclarations de type suivantes :

```
mot = ↑objet;
objet = record
            suivant : mot;
            symbole : lettre
        end;
```

Pour calculer l'état atteint à partir d'un état donné par un mot x, on utilise une procédure :

```
procedure appliquer (var q : état; m : automate; x : mot);
  var w : mot;
      l : lettre;
  begin
      w := x;
      while w <>nil do
         begin
            l := w↑.symbole;
            q := m[q, l];
            w := w↑.suivant
         end
  end; {fin de la procédure appliquer}
```

2.4. Diagramme d'un automate

On considère un automate d'alphabet $\Sigma = \{a, b\}$ qui admet cinq états et dont la fonction de transition est représentée dans le tableau suivant :

	a	b
q_0	q_1	q_4
q_1	q_4	q_2
q_2	q_3	q_4
q_3	q_4	q_2
q_4	q_4	q_4

On fixe un état de départ q_0 et un ensemble d'état finaux $\{q_2\}$.

Pour appréhender le fonctionnement d'un tel automate, il est utile de le représenter par un diagramme plan : les états sont représentés par des cercles et les transitions par des flèches allant d'un état à un autre et étiquetées par la lettre correspondante ; pour l'automate défini ci-dessus, on obtient la figure 2.

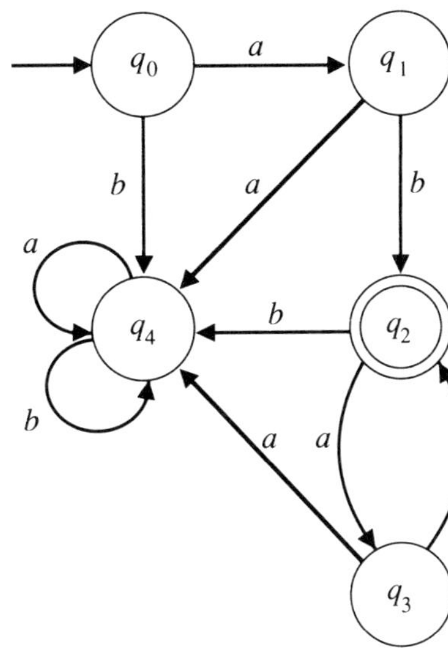

Fig. 2. Diagramme d'un automate

L'état de départ est marqué par une flèche et les états finaux sont doublement cerclés. On note qu'il n'est absolument pas nécessaire de faire figurer les noms des états au centre des cercles ; on note également que l'état q_4 joue un rôle particulier : ce n'est pas un état final et toutes les transitions issues de q_4 y aboutissent ; un tel état est appelé un *rebut*; c'est l'usage de ne pas le faire figurer sur le diagramme. Compte tenu de ces observations, on obtient le diagramme de la figure 3.

On convient naturellement que toutes les transitions qui ne figurent pas aboutissent à un état rebut ; il est facile de réaliser que le langage reconnu est le même, qu'il y ait un ou plusieurs rebuts.

A chaque mot est associé un chemin du diagramme et les mots acceptés sont ceux qui conduisent à un état final. Avec ces observations, il est facile de se convaincre que le langage reconnu par l'automate proposé est formé des mots $(ab)^n$, $n \geqslant 1$.

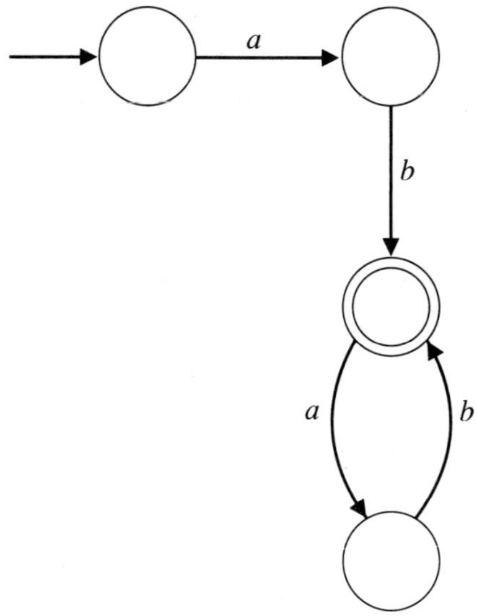

Fig. 3. Diagramme simplifié

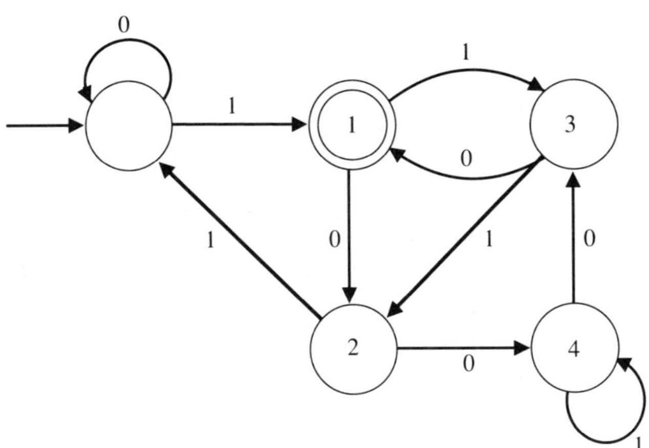

Fig. 4. Exemple d'automate

Le diagramme de la figure 4 fournit un autre exemple d'automate d'alphabet $\{0, 1\}$.

Soit L le langage reconnu par cet automate; chaque mot w est la représentation binaire (commençant éventuellement par des zéros) d'un unique entier $\overline{w}$ et on a :

i) $\overline{w0} = 2\overline{w}$,

ii) $\overline{w1} = 2\overline{w} + 1$.

En utilisant les relations i) et ii) on peut vérifier qu'on a :

$$0 \xrightarrow{w} q_i$$

si et seulement si :

$$\overline{w} \equiv i \quad (\text{mod. } 5)$$

On en déduit que L est l'ensemble des mots de $\{0,1\}^*$ défini par :

$$L = \{w : \overline{w} \equiv 1 \quad \text{mod. } 5\}$$

2.5. Automates non déterministes

On va maintenant introduire un concept nouveau dont l'importance apparaîtra dans la suite, celui de *non-déterminisme.* Le mot pourra paraître surprenant dans un ouvrage consacré aux calculs sur machine, il correspond cependant à un comportement très répandu tant dans la pratique courante que dans l'activité scientifique. Imaginons par exemple que l'on ait à ranger divers objets dans une boîte de taille réduite : on procèdera par une méthode non déterministe d'«essais et erreurs» et non par examen systématique de toutes les combinaisons possibles. On peut établir un parallèle avec l'activité du mathématicien qui ne construit pas une liste de tous les théorèmes qui sont prouvables mais qui choisit certaines directions pour sa recherche.

Pour introduire le non-déterminisme dans la théorie des automates, il suffit de considérer que la fonction de transition δ prend ses valeurs dans l'ensemble des parties non vides de Q que l'on note $P^*(Q)$. Les divers éléments de $\delta(p, a)$ constituent un choix de *transitions* possibles correspondant à l'état p et à la lettre a.

On définit par récurrence sur la longueur d'un mot w une relation :

$$p \xrightarrow{w} q$$

par les clauses suivantes :

i) $p \xrightarrow{\varepsilon} q$ si $p = q$,

ii) $p \xrightarrow{a} q$ si q appartient à $\delta(p, a)$,

iii) $p \xrightarrow{wa} q$ s'il existe un état r tel qu'on ait $p \xrightarrow{w} r$ et $r \xrightarrow{a} q$.

Comme pour les automates déterministes, on écrit :

$$p \xrightarrow{w} F$$

s'il existe un élément q de F tel qu'on ait :

$$p \xrightarrow{w} q$$

Le langage reconnu par un automate fini non déterministe M est :

$$L(M) = \{w : p_0 \xrightarrow{w} F\}$$

où p_0 est l'état initial de M.

Les automates finis non déterministes (en abrégé AFND) sont également représentés par des diagrammes avec la différence que plusieurs flèches étiquetées par une même lettre peuvent être issues d'un même état ; à chaque mot correspond non plus un chemin dans le diagramme, mais un ensemble de chemins. Un exemple d'AFND est fourni par le diagramme suivant de la figure 5.

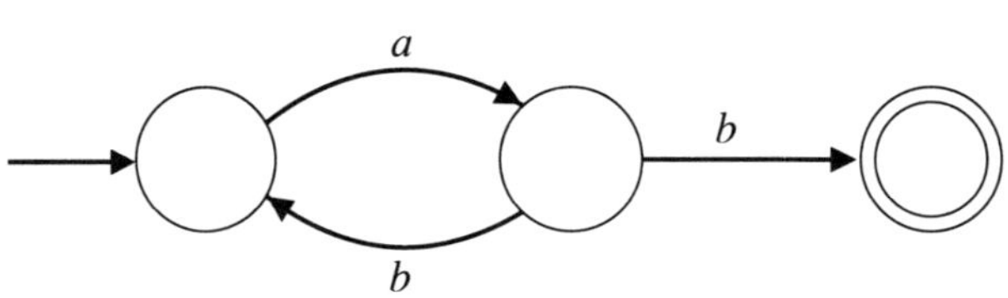

Fig. 5. Exemple d'automate non déterministe

Il n'est pas difficile de vérifier que cet automate reconnaît le langage formé des mots $(ab)^n$, $n \geqslant 1$ tout comme l'automate déterministe de la figure 3. On remarquera cependant que l'AFND a quatre états au lieu de cinq (ne pas oublier le rebut !).

2.6. Equivalence des automates déterministes et non déterministes

En réalité, le non-déterminisme n'accroît pas le pouvoir des automates, comme le montre le résultat suivant.

Théorème. *Tout langage reconnu par un AFND est également reconnu par un automate déterministe.*

Remarque. La réciproque de ce théorème est claire puisqu'un automate déterministe est un cas particulier d'AFND.

Preuve du théorème. Soit M un automate fini non déterministe d'alphabet Σ; on note :

$$\delta : Q \times \Sigma \to P^*(Q)$$

sa fonction de transition, p_0 son état initial et F l'ensemble de ses états finaux. On définit une fonction $\Delta : P^*(Q) \times \Sigma \to P^*(Q)$ par :

$$\Delta(A, a) = \{q : \text{ il existe un état } p \text{ de } A \text{ tel que } p \xrightarrow{a} q\}$$

La définition de Δ est telle que, pour tout mot w et pour toute lettre a on a :

$$\{q : p \xrightarrow{wa} q\} = \Delta(\{r : p \xrightarrow{w} r\}, a) \tag{1}$$

Il résulte de l'égalité précédente que, si on prolonge Δ en une fonction $\overline{\Delta}$ définie sur Σ^* comme dans la section 2.1, on a :

$$\{q : p \xrightarrow{w} q\} = \overline{\Delta}(\{p\}, w) \tag{2}$$

On considère alors un automate M^* dont l'ensemble d'états est $P^*(Q)$ et la fonction de transition Δ; si on choisit pour état initial $\{p_0\}$ et pour ensemble d'état finaux les éléments de A de $P^*(Q)$ tels que $A \cap F$ soit non vide, alors, l'égalité (2) montre que $L(M^*) = L(M)$.

2.7. Simulation des automates non déterministes

Si l'on essaie de mettre en œuvre la méthode utilisée dans le théorème précédent, on est confronté à un problème d'«explosion combinatoire» : à partir d'un automate non déterministe à n états, on construit un automate déterministe à $2^n - 1$ états. Cependant, on peut dans certains cas limiter cette explosion; reprenons l'automate non déterministe déjà considéré et représenté (avec son rebut) dans la figure 6.

En calculant successivement toutes les transitions de l'automate déterministe correspondant, à partir de $\{1\}$, on ne voit apparaître que six états et non quinze, ainsi que le montre la figure 7. Les autres états possibles, $\{1, 2\}$ par exemple, ne peuvent être atteints par un chemin issu de $\{1\}$ et n'interviennent donc pas dans la définition du langage. Ainsi qu'on le verra ultérieurement, on peut encore «réduire» l'automate déterministe obtenu :

ainsi, les états $\{1,3\}$ et $\{1,3,4\}$ peuvent-ils être identifiés, ce qui permet de retrouver l'automate de la figure 2.

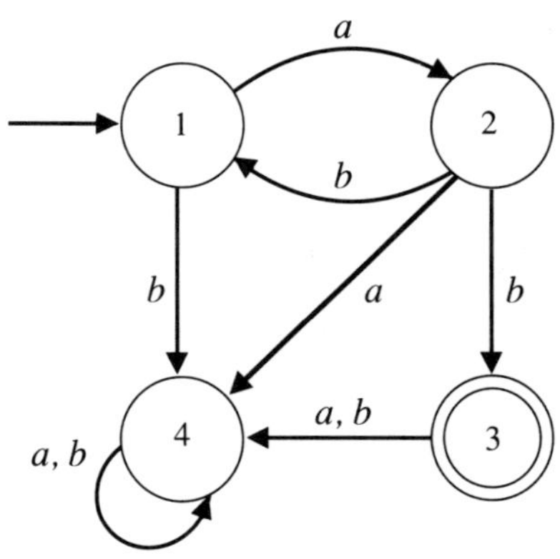

Fig. 6. Automate non déterministe

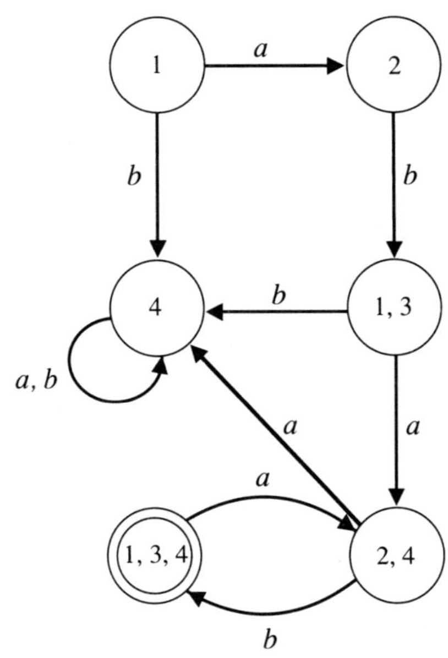

Fig. 7. Automate déterministe associé à l'automate non déterministe ci-dessus

Un automate non déterministe peut être représenté par des structures de données analogues à celles proposées dans le cas des automates déterministes; reprenant les déclarations de type de la section 2.3, on peut ajouter :

```
choix = set of état;
afnd  = array [état, lettre] of choix;
```

Il est naturellement possible d'écrire une procédure permettant de remplacer un automate non déterministe M par un automate déterministe $\overline{M}$ (en tenant compte des remarques ci-dessus pour limiter le nombre d'états). On peut également simuler directement l'action de l'automate $\overline{M}$ sur un mot x donné, ce qui a l'intérêt de ne considérer que les états de l'automate $\overline{M}$ nécessaires pour traiter x.

La fonction suivante permet de calculer l'état de $\overline{M}$ atteint après traitement d'un mot x.

```
function traitement (m : afnd; x : mot) : choix;
  var  w : mot;
       l : lettre;
       q : état;
       s, t : choix;
  begin
       s := [0];
       w := x;
       while w <> nil do
          begin
               l := w↑. symbole;
               t := [ ];
               for q in s do
                 t := t + m[q, l];
               s := t;
               w := w↑. suivant
          end;
       traitement := s
  end; {fin de la définition de traitement}
```

Remarque. On a utilisé ci-dessus une extension du PASCAL standard; l'instruction :

```
for q in s do
    t := t + m[q, l];
```

peut être remplacée par :

```
for q := 0 to taille do
   if q in s then t := t + m[q, l];
```

2.8. Transitions instantanées

Ainsi qu'on le verra dans la suite, il est quelquefois utile d'ajouter au non-déterminisme, un mécanisme autorisant des *transitions instantanées* qui permettent le passage d'un état à un autre sans lecture d'une lettre. On ajoute donc à la fonction de transition :

$$\delta : Q \times \Sigma \to P^*(Q)$$

une fonction de transition instantanée :

$$\tau : Q \to P(Q)$$

où $P(Q)$ représente l'ensemble des parties de Q.

Les automates finis non déterministes à transitions instantanées (en abrégé AFNDε) sont représentés par des diagrammes analogues à ceux qui correspondent aux AFND à cela près que certaines flèches sont étiquetées par ε. Pour définir l'ensemble des états pouvant être atteints à partir d'un état p par un chemin correspondant à w, il est nécessaire de définir d'abord quels états peuvent être atteints par le mot vide. Pour cela, pour toute partie A de Q, on pose :

$$\widehat{\tau}(A) = A \cup \bigcup_{q \in A} \tau(q)$$

et on définit la *clôture instantanée* de A, $cl(A)$, comme le plus petit point fixe de la fonction $\widehat{\tau}$ contenant A; comme Q est fini, la suite (A_n) définie par :

$$\begin{aligned} A_0 &= A \\ A_{n+1} &= \widehat{\tau}(A_n) \end{aligned}$$

est stationnaire et sa valeur limite est précisément $cl(A)$; on note $cl(p)$ pour $cl(\{p\})$.

Une fois précisée cette notion de clôture instantanée, on définit la relation :

$$p \xrightarrow{w} q$$

par récurrence sur la longueur du mot w, par les clauses suivantes :

i) $p \xrightarrow{\varepsilon} q$ si q appartient à $cl(p)$,

ii) $p \xrightarrow{wa} q$ s'il existe des états r, r' tels que $p \xrightarrow{w} r$, r' appartient à $\delta(r, a)$ et q appartient à $cl(r')$.

Comme auparavant, le langage reconnu par un AFNDε noté M est défini par :

$$L(M) = \{w : \text{ il existe un élément } p \text{ de } F \text{ tel que } p_0 \xrightarrow{w} p\}$$

2.9. Calcul de la clôture instantanée

Avant d'établir un résultat analogue au théorème de la section 2.6, on va voir que la notion de clôture instantanée a un caractère algorithmique. Les automates à transitions instantanées peuvent être représentés par une structure de données correspondant à la déclaration de type suivante qui s'ajoute à celles des sections 2.3 et 2.7.

```
afndinst = record
               trans : afnd;
               inst : array [état] of choix
           end;
```

La clôture instantanée de s est alors calculée comme suit :

```
function clôture (s : choix; m afndinst) : choix;
   var  t : choix;
        fini : boolean;
        q : état;
   begin
        fini := false;
        while not fini do
           begin
              t := s;
              for q in s do t := t + m.inst [q];
              if t ⩽ s then fini := true;
              s := t
           end;
        clôture := s
   end; { fin de la définition de clôture}
```

2.10. Elimination des transitions instantanées

Théorème. *Tout langage reconnu par un AFND avec transitions instantanées est également reconnu par un automate fini déterministe.*

Preuve. On reprend essentiellement le même argument que dans le théorème de la section 2.6. Si M est l'automate donné et si ses deux fonctions de transition sont caractérisées par :

$$\delta = Q \times \Sigma \to P^*(Q)$$
$$\tau = \quad Q \quad \to P(Q)$$

on définit une fonction :

$$\Delta : P^*(Q) \times \Sigma \to P^*(Q)$$

par :

$$\Delta(A, a) = cl\Big(\bigcup_{q \in A} \delta(q, a)\Big)$$

La définition de Δ est telle que pour tout mot w et toute lettre a, on a :

$$\{q : p \xrightarrow{wa} q\} = \Delta(\{r : p \xrightarrow{w} r\}, a)$$

Si donc, on prolonge Δ en $\overline{\Delta}$ suivant une procédure désormais habituelle, on a :

$$\{q : p \xrightarrow{w} q\} = \overline{\Delta}(cl(\{p\}), w)$$

On considère alors un automate M^* dont l'ensemble d'états est précisément l'ensemble des parties A de $P^*(Q)$ telles que $cl(A) = A$; on définit la fonction de transition par Δ, l'état initial par $cl(\{p_0\})$ et les états finaux comme ceux qui rencontrent F, ensemble des états finaux de M. Il est alors immédiat que $L(M^*) = L(M)$.

Il est possible d'écrire un algorithme correspondant à la construction précédente ; on peut également faire opérer M^* sur un mot x sans le construire préalablement ; la fonction suivante calcule en effet l'état de M^* atteint après traitement du mot x.

```
function résultat (m : afndinst; x : mot) : choix;
  var    w : mot;
         l : lettre;
         q : état;
         s, t : choix;
  begin  s := clôture ([0], m);
         w := x;
         while w <> nil do
             begin
                l := w↑. symbole;
                t := [ ];
                for q in s do t := t + m.trans [q, l];
                s := clôture (t, m);
                w := w↑. suivant
             end;
         résultat := s
  end; {fin de la définition de résultat}
```

2.11. Machines séquentielles

On va brièvement examiner ce qui se passe quand on munit un automate d'un dispositif lui permettant d'émettre un message (sous forme d'une suite finie de symboles) lors de chaque transition. On se bornera au cas déterministe, ce qui conduit à la définition suivante.

Définition. Une *machine séquentielle* est la donnée :

i) de deux alphabets finis Σ et Γ ;

ii) d'un ensemble fini non vide d'états Q ;

iii) d'une fonction de transition $\delta : Q \times \Sigma \to Q$;

iv) d'une fonction d'impression $\sigma : Q \times \Sigma \to \Gamma^*$;

v) d'un état de départ noté p_0.

De même que l'on peut étendre δ en une fonction $\overline{\delta}$ définie sur $Q \times \Sigma^*$, on peut étendre σ en $\overline{\sigma}$ définie sur $Q \times \Sigma^*$ en posant :

$$\overline{\sigma}(p, \varepsilon) = \varepsilon$$
$$\overline{\sigma}(p, wa) = \overline{\sigma}(p, w)\sigma(\overline{\delta}(p, w), a)$$

Si M est une machine séquentielle, on appelle fonction *calculée* par M la fonction :

$$f_M : \Sigma^* \to \Gamma^*$$

définie par :

$$f_M(w) = \overline{\sigma}(p_0, w)$$

Notons L_q le langage accepté par l'automate défini à partir de M à l'aide de l'unique état final q ; les langages L_q réalisent, quand q décrit Q, une partition de Σ^* et f_M est l'unique fonction $f : \Sigma^* \to \Gamma^*$ définie par :

$$f(\varepsilon) = \varepsilon$$
$$f(wa) = f(w)\sigma(q, a) \quad \text{pour} \quad w \in L_q$$

Tout comme un automate, une machine séquentielle est représentée par un diagramme ; chaque flèche est doublement étiquetée : par la lettre produisant la transition, que l'on place à l'origine de la flèche, et par le message émis lors de la transition, que l'on place au milieu.

Exemple. On reprend l'automate de la figure 4 que l'on transforme en une machine séquentielle dont le diagramme est représenté figure 8.

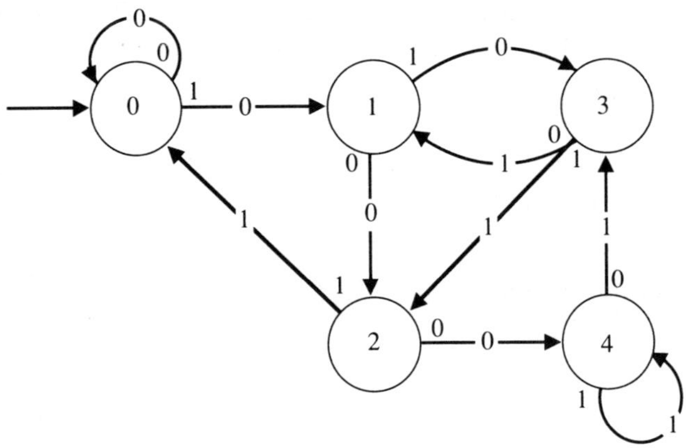

Fig. 8. Machine séquentielle

Soit f la fonction calculée par cette machine.

Conservant les notations adoptées dans la section 2.4 pour l'analyse de l'exemple de la figure 4, on établit par récurrence sur la longueur de w que, si $u = f(w)$, on a :

$$\overline{w} = 5\overline{u} + \overline{\delta}(0, w)$$

C'est clair si w est le mot vide; si w est de la forme $x0$, on a $\overline{w} = 2\overline{x}$ soit, si $v = f(x)$:

$$\begin{aligned}\overline{w} &= 10\overline{v} + 2\overline{\delta}(0, x)\\ &= 5(2\overline{v}) + 2\overline{\delta}(0, x)\end{aligned}$$

Suivant que $\delta(0, x)$ prend la valeur 0, 1, 2, 3 ou 4, on trouve les identités suivantes :

$$\begin{aligned}\overline{w} &= \quad 5(2\overline{v}) + 0 = 5\overline{u} + \overline{\delta}(0, w)\\ \overline{w} &= \quad 5(2\overline{v}) + 2 = 5\overline{u} + \overline{\delta}(0, w)\\ \overline{w} &= \quad 5(2\overline{v}) + 4 = 5\overline{u} + \overline{\delta}(0, w)\\ \overline{w} &= 5(2\overline{v} + 1) + 1 = 5\overline{u} + \overline{\delta}(0, w)\\ \overline{w} &= 5(2\overline{v} + 1) + 3 = 5\overline{u} + \overline{\delta}(0, w)\end{aligned}$$

On procède de façon analogue si w est de la forme $x1$.

On a ainsi prouvé que f calcule une représentation binaire de la division entière par 5 du nombre codé par w.

Proposition. *Soit $f : \Sigma^* \to \Gamma^*$ une fonction calculable par machine séquentielle.*

i) Si L est un langage sur Γ reconnu par un automate, alors $f^{-1}(L)$ est également reconnu par un automate;

ii) Si L est un langage sur Σ reconnu par un automate, alors $f(L)$ est également reconnu par un automate.

Avant de donner la preuve, convenons que si un automate est noté M, on notera Q, δ, p_0, F respectivement pour : son ensemble d'états, sa fonction de transition, son état initial, l'ensemble de ses états finaux. S'il est noté M' on utilisera Q', δ', p'_0, F', etc.; on a des conventions analogues pour les machines séquentielles : en particulier la fonction d'impression de M (resp. M') est notée σ (resp. σ').

Preuve du théorème. On examine d'abord la première assertion. L'idée de la preuve consiste à faire opérer simultanément la machine M qui calcule f et l'automate M' qui reconnaît L; à chaque fois qu'une transition correspondant à la lettre a est opérée sur M à partir d'un état p on poursuit en parallèle le traitement de $\sigma(p,a)$. Formellement, on considère un automate dont l'ensemble d'états est $Q \times Q'$ et dont la fonction est donnée par :

$$[p,p'] \xrightarrow{a} [\delta(p,a), \overline{\delta'}(p', \sigma(p,a))]$$

(où $\overline{\delta'}$ est le prolongement canonique de δ' à $Q' \times \Gamma^*$).

Il est clair qu'après traitement du mot w à partir de $[p_0, p'_0]$, l'état atteint a pour seconde coordonnée $\overline{\delta'}(p'_0, f(w))$; il est alors facile d'achever la construction d'un automate qui reconnaît $f^{-1}(L)$.

On passe maintenant à la seconde assertion de la proposition. On fait, cette fois, fonctionner en parallèle la machine M qui calcule f et la machine M' qui reconnaît $L \subset \Sigma^*$. Comme précédemment, on réalise le couplage par l'intermédiaire d'un produit. On modifie ensuite l'automate produit ainsi obtenu de la façon suivante : pour chaque transition représentée figure 9,

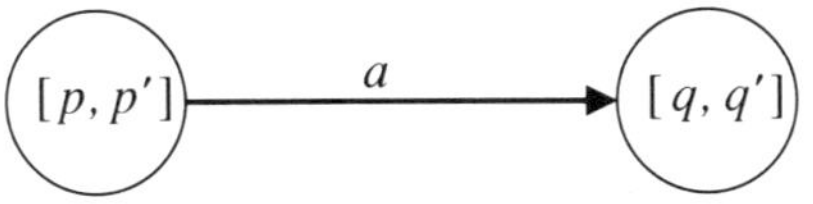

Fig. 9. Transition de l'automate produit

on calcule $\sigma(p,a)$ et on procède cas par cas. Si $\sigma(p,a)$ vaut ε, on remplace la transition ci-dessus par une transition instantanée (figure 10).

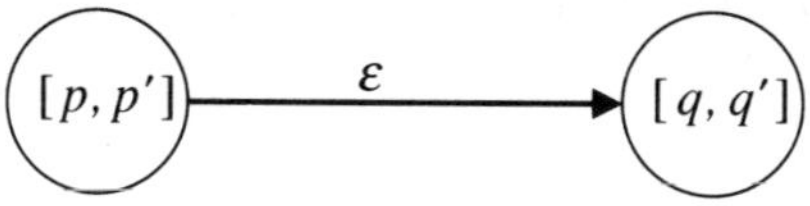

Fig. 10. Remplacement par une transition instantanée

Si $\sigma(p, a)$ est une lettre b, on remplace l'étiquette a par b (figure 11).

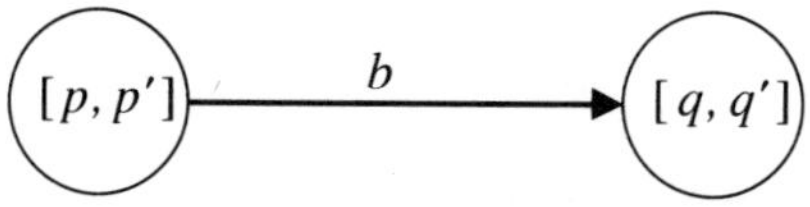

Fig. 11. Remplacement par une transition

Enfin, si $\sigma(p, a)$ est un mot de longueur $n \geqslant 2$ écrit $a_1 a_2 \ldots a_n$, on remplace la transition de la figure 9, par des transitions successives correspondant aux lettres a_i et conduisant à des nouveaux états $[p, p', i]$, conformément à la figure 12.

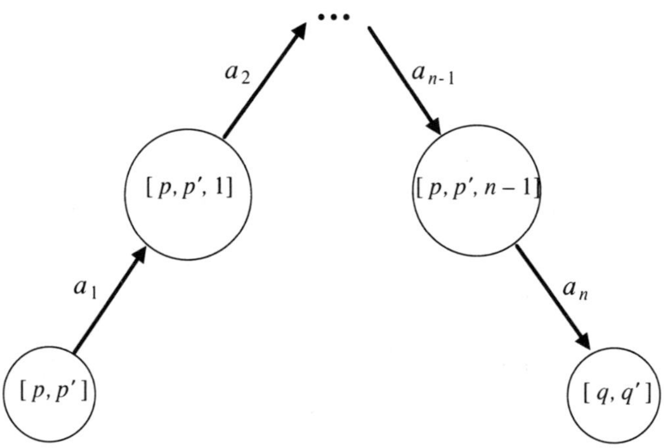

Fig. 12. Remplacement par une suite de transitions

L'automate (non déterministe) obtenu $\widetilde{M}$ a la propriété suivante : si w est un mot de Γ^* tel que l'on ait :

$$[p_0, p'_0] \xrightarrow{w} [p, p']$$

alors, il existe un mot u de Σ^* dont l'image par f est exactement w et qui amène l'automate produit dans l'état $[p, p']$ également. Si l'on définit $\widetilde{F}$ par :

$$\{[p, p'] : p' \text{ est un état final de } M'\}$$

on a bien :

$$L(\widetilde{M}) = f(L(M))$$

la preuve de la proposition est ainsi achevée.

3. LANGAGES RATIONNELS

3.1. Définitions

Soit Σ un alphabet ; la classe des *langages rationnels d'alphabet* Σ est la plus petite classe qui a les propriétés suivantes :

i) le langage est rationnel ;

ii) le langage réduit au seul mot vide est rationnel ;

iii) pour chaque lettre a, le langage réduit au seul mot a est rationnel ;

iv) si L et L' sont rationnels, il en est de même de $L \mid L'$, de LL' et de L^*.

On va définir un système de notation correspondant aux langages rationnels sur l'alphabet Σ ; pour cela, on introduit divers symboles :

$$\mid (\ ).^*\ \Lambda\ \mathbf{a}\ \mathbf{b} \ldots$$

(où $a, b, \ldots$ sont les lettres de Σ) et l'on définit les *expressions rationnelles* et les langages qu'elles dénotent par les clauses suivantes :

i) est une expression rationnelle qui dénote le langage vide,

ii) Λ est une expression rationnelle qui dénote le langage réduit à ε,

iii) **a** est une expression qui dénote le langage réduit au mot a,

iv) si r et s sont des expressions rationnelles dénotant respectivement les langages R et S alors $(r \mid s)$, $(r.s)$, (r^*) sont aussi des expressions rationnelles dénotant les langages $R \mid S$, $R.S$, et R^*. On omet le plus souvent le point de $r.s$ qu'on écrit rs.

Cette syntaxe des expressions rationnelles est tout à fait analogue à la syntaxe des expressions du langage PASCAL ; naturellement, il aurait été possible de se passer des parenthèses en utilisant une notation préfixée. Afin d'éviter quand même la multiplication des parenthèses, on adopte un ordre de priorité pour les trois symboles d'opérations en donnant la priorité au symbole * sur les autres et à la concaténation sur la réunion. On exploite aussi l'associativité de la concaténation et de la réunion en écrivant :

$$(rst) \quad \text{pour} \quad (r(st))$$
$$(r \mid s \mid t) \quad \text{pour} \quad (r \mid (s \mid t))$$

Remarque. Les principes des règles de priorité et des règles d'associativité seront repris systématiquement dans le chapitre 4 auquel nous renvoyons le lecteur qui n'en connaît pas bien l'usage.

Exemples

1) $(\mathbf{ba} \mid \mathbf{a})^* \, \mathbf{bb}(\mathbf{a} \mid \mathbf{ab})^*$ désigne le langage formé des mots où le motif bb apparaît une fois et une seule.
2) $\mathbf{ab}(\mathbf{ab})^*$ désigne le langage formé des mots $(ab)^n$, $n \geqslant 1$; ce langage est quelquefois noté $(\mathbf{ab})^+$.

3.2. Equivalence des langages rationnels et des automates finis

Théorème. *Tout langage rationnel est reconnu par un automate fini.*

Note. On établira ultérieurement la réciproque de ce théorème. Il y a donc identité entre les langages rationnels et les langages reconnus par automate. On verra de plus que l'on peut passer mécaniquement d'une expression rationnelle à un automate reconnaissant le même langage et inversement.

La preuve du théorème se décompose en une série de constructions montrant comment on peut progressivement construire un automate *non déterministe* (avec transitions instantanées) associé à une expression donnée.

1. Automate reconnaissant le langage vide

Cet automate a un seul état qui est un rebut.

2. Automate reconnaissant le langage Λ

Cet automate a un état de départ qui est acceptant et un rebut (figure 13). Dans la suite, on ne fera plus figurer le rebut d'un automate.

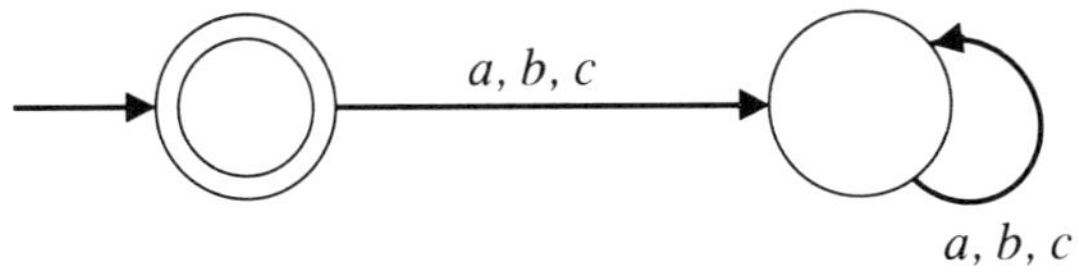

Fig. 13. Automate reconnaissant Λ dans le cas où $\Sigma = \{a, b, c\}$

3. *Automate reconnaissant le langage* **a**

Cet automate a deux états plus un rebut (figure 14).

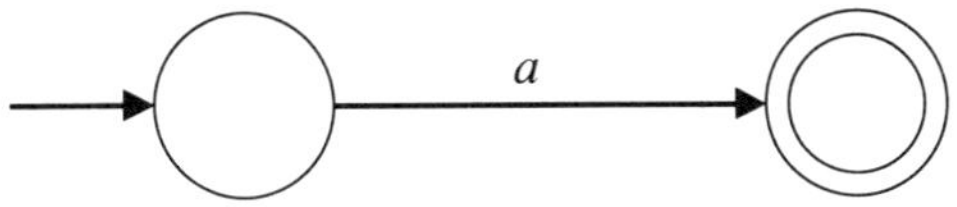

Fig. 14. Automate reconnaissant le langage **a**

On note qu'un tel automate a les propriétés suivantes : il a un seul état final f distinct de l'état initial et aucune transition n'est issue de f (ou si l'on préfère toute transition issue de f aboutit au rebut). Un tel automate sera appelé automate *normalisé*. On note que non-déterminisme et transitions instantanées permettent de se ramener simplement d'un automate M à un automate normalisé : il suffit d'ajouter un état f et des transitions instantanées $p \xrightarrow{\varepsilon} f$ pour les éléments p de F; en considérant f comme unique état final on a ainsi un nouvel automate M' qui est normalisé et tel que $L(M') = L(M)$.

On adopte, pour représenter les automates normalisés, le dessin de la figure 15.

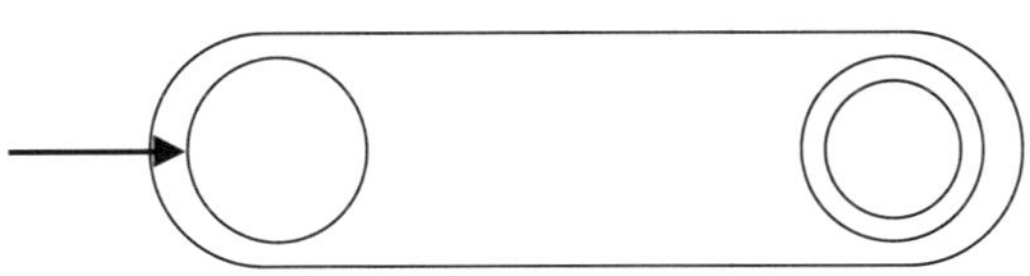

Fig. 15. Automate normalisé

4. *Automate reconnaissant une réunion*

Soient M, M' deux automates normalisés; on construit un nouvel automate en introduisant un nouvel état initial noté i d'où sont issues seulement deux transitions instantanées aboutissant respectivement à p_0 et p'_0.

Il est clair que l'automate ainsi obtenu reconnaît $L(M) \cup L(M')$; on peut le normaliser en identifiant les états finaux de M et M' (figure 16).

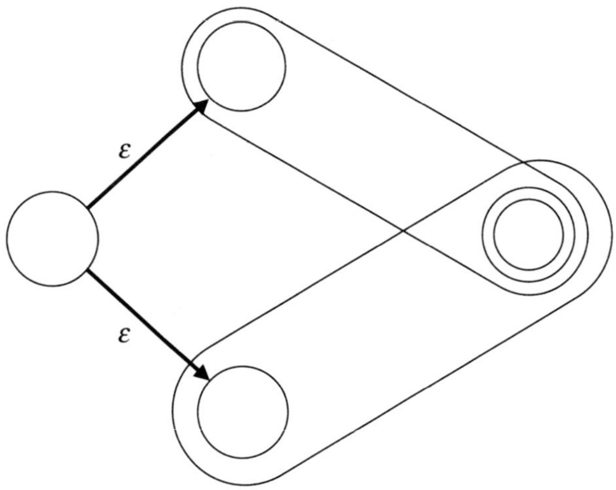

Fig. 16. Réunion

5. Automate reconnaissant une concaténation

Soient M et M' deux automates normalisés ; pour reconnaître $L(M).L(M')$, on considère l'automate normalisé obtenu en identifiant l'état final de M et l'état initial de M' et en conservant comme seul état final l'état final de M' (cf. figure 17).

Fig. 17. Concaténation

6. Automate reconnaissant l'étoile d'un langage

Soit M un automate normalisé, on construit un automate qui reconnaît $(L(M))^*$ en ajoutant deux transitions instantanées joignant l'état initial à l'état final et inversement ; cet automate est normalisé par la procédure décrite plus haut ; l'automate qui en résulte est symbolisé par la figure 18.

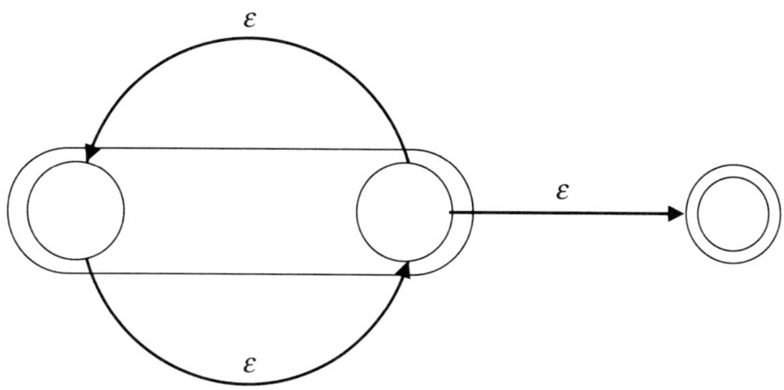

Fig. 18. Etoile

Preuve du théorème 3.2. A partir d'une expression rationnelle qui dénote un langage L, on peut, par les constructions 1 à 6, produire un automate fini non déterministe avec transitions instantanées qui reconnaît L. Les méthodes du paragraphe 2 permettent ensuite de se ramener à un automate déterministe.

Exemple. Construction de l'automate associé à l'expression (**ba** | **a**)***bb** (**a** | **ab**)*. La construction utilise trois automates normalisés reconnaissant (**ba** | **a**), **bb** et (**a** | **ab**) (figure 19).

On les combine ensuite suivant la technique décrite plus haut (cf. la figure 20).

Par les méthodes du paragraphe 2, on obtient finalement un automate déterministe (figure 21).

Remarques

1) A partir d'un automate *déterministe* M, on peut construire un automate reconnaissant $\neg L(M)$ en échangeant les états finaux et les autres (sans oublier le rebut !).

2) A partir de deux automates déterministes M et M', on peut obtenir un automate reconnaissant $L(M) \cap (LM')$ en construisant un produit par une méthode développée dans la preuve de la proposition de la section 2.11.

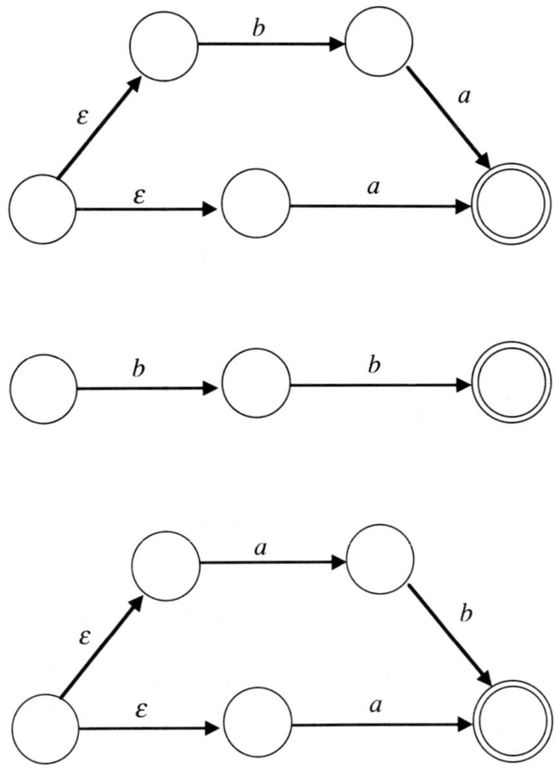

Fig. 19. Automates normalisés reconnaissant $(\mathbf{ba} \mid \mathbf{a}), \mathbf{bb}$ et $(\mathbf{a} \mid \mathbf{ab})$

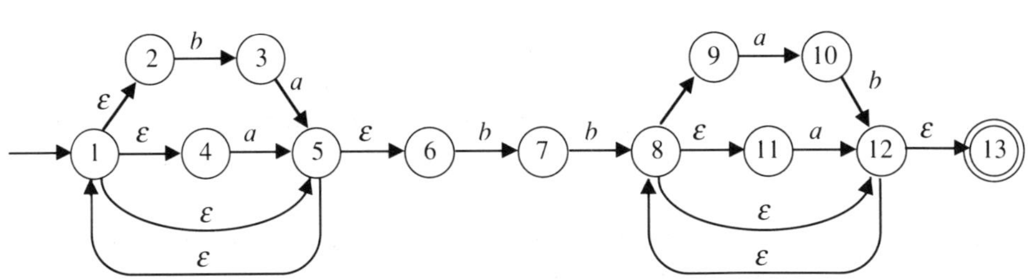

Fig. 20. Automate normalisé reconnaissant $(\mathbf{ba} \mid \mathbf{a})^*\mathbf{bb}(\mathbf{a} \mid \mathbf{ab})^*$

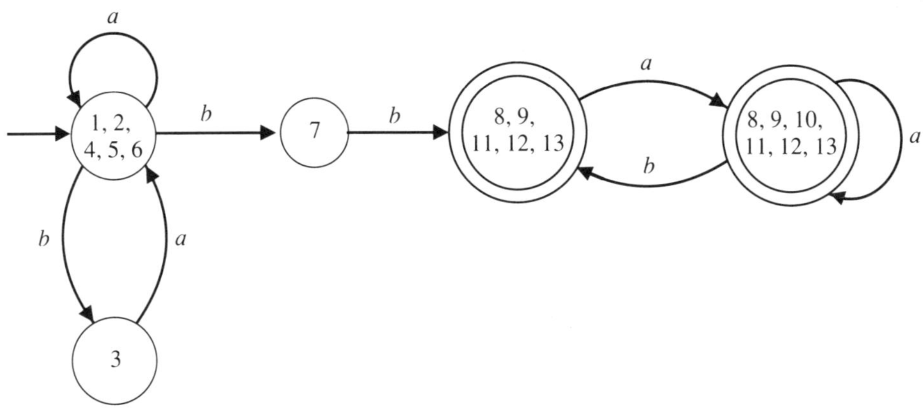

Fig. 21. Automate déterministe reconnaissant $(\mathbf{ba} \mid \mathbf{a})^*\mathbf{bb}(\mathbf{a} \mid \mathbf{ab})^*$

3.3. Equivalence des langages rationnels et des automates finis (*suite*)

Théorème. *Tout langage reconnu par un automate est rationnel.*

Preuve. On va décrire (informellement) un algorithme qui, à partir d'un automate fini déterministe M, produit une expression rationnelle t dénotant $L(M)$; il est d'ailleurs facile d'adapter l'algorithme proposé au cas non déterministe.

On suppose que l'automate donné a n états, représentés par les entiers $0, 1, \ldots, n-1$, et que 0 représente l'état initial. L'algorithme calcule de façon dynamique un tableau d'expressions rationnelles :

$$t[i,j,k] \quad 0 \leqslant i \leqslant n-1, \quad 0 \leqslant j \leqslant n-1, \quad 0 \leqslant k \leqslant n$$

L'expression rationnelle $t[i,j,k]$ dénote le langage $L[i,j,k]$ formé des mots w qui conduisent de l'état i à l'état j sans passer par un état intermédiaire d'indice $\geqslant k$; plus précisément, appelons *facteur propre* d'un mot w tout mot u tel que :

i) $0 < |u| < |w|$

ii) w s'écrit $w = uv$ pour un mot convenable v

alors $L[i,j,k]$ est défini par :

$$L[i,j,k] = \{w : \ \overline{\delta}(i,w) = j \text{ et pour tout facteur propre } u \text{ de } w \ \overline{\delta}(i,u) < k\}$$

Il est clair que l'on a pour $i \neq j$:

$$t[i,j,0] = (\mathbf{a}_1|\ldots|\mathbf{a}_k) \qquad (1)$$

où $a_1, \ldots, a_k$ est une énumération de toutes les lettres a telles que $\delta(i,a) = j$; de même :

$$t[i,i,0] = (\Lambda|\mathbf{b}_1|\ldots|\mathbf{b}_l) \qquad (2)$$

où $b_1, \ldots, b_l$ est une énumération des lettres a telles que $\delta(i,a) = i$.

Les relations (1) et (2) permettent d'initialiser le tableau qui est ensuite complété en utilisant des relations supplémentaires :

$$t[i,j,k+1] = (t[i,j,k] \mid t[i,k,k](t[k,k,k])^* t[k,j,k]) \qquad (3)$$

où $i \neq k$ et $j \neq k$, puis :

$$t[i,k,k+1] = t[i,k,k](t[k,k,k])^* \qquad (4)$$

avec $i \neq k$, ensuite :

$$t[k,j,k+1] = (t[k,k,k])^* t[k,j,k] \qquad (5)$$

avec $j \neq k$, et enfin :

$$t[k,k,k+1] = (t[k,k,k])^* \qquad (6)$$

Il n'est pas difficile de se convaincre de la validité de ces relations; par exemple, si i et j sont distincts de k, il suffit d'observer qu'un mot w conduit de i à j en ne passant que par des états d'indice $\leqslant k$ dans les seuls cas suivants :

i) soit w conduit de i à j sans passer par aucun état d'indice $\geqslant k$ c'est-à-dire w appartient à $L[i,j,k]$;

ii) soit w est la concaténation d'un mot menant de i à k sans passer par aucun état d'indice $\geqslant k$, de zéro, un ou plusieurs mots de $L[k,k,k]$ réalisant chacun un cycle de l'état k à l'état k qui évite cet état, et enfin, d'un mot menant de k à j sans plus passer par k ni aucun état d'indice supérieur.

La relation (3) est la traduction de ces observations.

Une fois terminé le calcul du tableau $t[i,j,k]$ on définit l'expression cherchée t par :

$$t = (t[0,j_1,n] \mid t[0,j_2,n] \mid \ldots t[0,j_m,n])$$

où $j_1, \ldots, j_m$ est une énumération de l'ensemble F des états finaux de M. Comme $t[0, j, n]$ représente l'ensemble des mots w tels que $\overline{\delta}(0, w) = j$, il est clair que t dénote $L(M)$.

Remarque. Il est naturellement possible d'écrire un algorithme correspondant à la preuve ci-dessus dès que l'on fait le choix d'une structure de données convenable représentant les expressions rationnelles.

Exemple. On considère l'automate représenté figure 22.

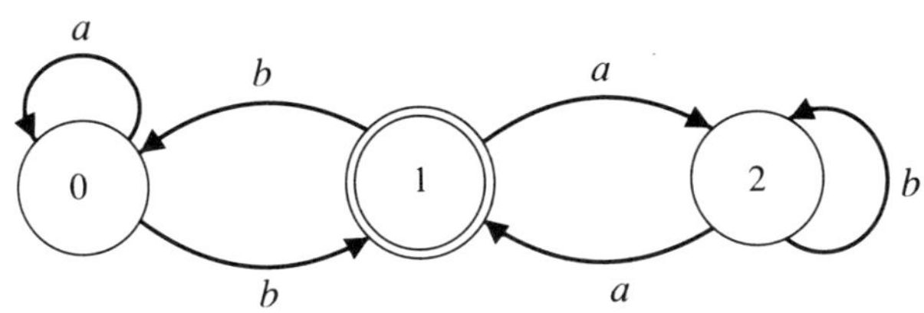

Fig. 22. Exemple d'automate

Pour déterminer une expression régulière qui dénote L, on part du tableau $t[i, j, 0]$ que l'on met à jour deux fois (figures 23, 24, 25).

	$i = 0$	$i = 1$	$i = 2$
$j = 0$	$(\Lambda \mid \mathbf{a})$	**b**	
$j = 1$	**b**	Λ	**a**
$j = 2$		**a**	$(\Lambda \mid \mathbf{b})$

Fig. 23. Tableau $t[i, j, 0]$

	$i = 0$	$i = 1$	$i = 2$
$j = 0$	$\mathbf{a}^*$	$\mathbf{ba}^*$	
$j = 1$	$\mathbf{a}^*\mathbf{b}$	$(\Lambda \mid \mathbf{ba}^*\mathbf{b})$	**a**
$j = 2$		**a**	$(\Lambda \mid \mathbf{b})$

Fig. 24. Tableau $t[i, j, 1]$

	$i = 0$	$i = 1$	$i = 2$
$j = 0$	$(\mathbf{a}^* \mid \mathbf{a}^*\mathbf{b}(\mathbf{ba}^*\mathbf{b})^*\mathbf{ba}^*)$	$(\mathbf{ba}^*\mathbf{b})^*\mathbf{ba}^*$	$\mathbf{a}(\mathbf{ba}^*\mathbf{b})^*\mathbf{ba}^*$
$j = 1$	$\mathbf{a}^*\mathbf{b}(\mathbf{ba}^*\mathbf{b})^*$	$(\mathbf{ba}^*\mathbf{b})^*$	$\mathbf{a}(\mathbf{ba}^*\mathbf{b})^*$
$j = 2$	$\mathbf{a}^*\mathbf{b}(\mathbf{ba}^*\mathbf{b})^*\mathbf{a}$	$(\mathbf{ba}^*\mathbf{b})^*\mathbf{a}$	$(\Lambda \mid \mathbf{b} \mid \mathbf{a}(\mathbf{ba}^*\mathbf{b})^*\mathbf{a})$

Fig. 25. Tableau $t[i, j, 2]$

On peut alors calculer l'expression cherchée $t[0, 1, 3]$, qui vaut :

$$(\mathbf{a}^*\mathbf{b}(\mathbf{ba}^*\mathbf{b})^* \mid \mathbf{a}^*\mathbf{b}(\mathbf{ba}^*\mathbf{b})^*\mathbf{a}(\mathbf{b} \mid \mathbf{a}(\mathbf{ba}^*\mathbf{b})^*\mathbf{a})^*\mathbf{a}(\mathbf{ba}^*\mathbf{b})^*)$$

4. AUTOMATE MINIMAL

4.1. Congruence associée à un langage

A tout langage L sur un alphabet Σ, on va associer naturellement une relation d'équivalence. Convenons de dire que L *sépare* deux mots u et v de Σ^* si u appartient à L et v n'appartient pas à L ou inversement.

Définition. Deux mots x et y sont *congrus* modulo L si quel que soit le mot w de Σ^*, L ne sépare pas xw et yw.

On vérifie facilement que la relation de congruence ainsi définie est une relation d'équivalence ; on note :

$$x \equiv y \quad \text{mod. } L$$

lorsque x et y sont congrus modulo L. Les classes d'équivalence sont appelées classes de congruence modulo L.

Remarque. La relation définie ci-dessus est parfois appelée *congruence à droite*; on imagine en effet facilement la définition analogue d'une congruence «à gauche».

Le résultat qui suit constitue une nouvelle caractérisation de la classe des langages rationnels.

Théorème. *Un langage est reconnu par un automate fini si et seulement si les classes de congruence modulo L sont en nombre fini.*

Preuve. On considère d'abord un langage L reconnu par un automate fini déterministe M ; si deux mots x et y sont tels que :

$$\delta(p_0, x) = \delta(p_0, y)$$

alors, évidemment, quel que soit le mot w, on a :

$$\delta(p_0, xw) = \delta(p_0, yw)$$

et par suite L ne sépare pas xw et yw, soit :

$$x \equiv y \quad \text{mod. } L$$

On vient ainsi de voir que la relation $\delta(p_0, x) = \delta(p_0, y)$ est plus fine que la congruence modulo L ; comme la première relation n'a qu'un nombre fini de classes, il en va de même de la seconde. On peut même noter que le nombre de classes modulo L est au plus égal au nombre d'états de M.

Inversement, on se donne un langage L ayant la propriété de ne définir qu'un nombre fini n de classes modulo L ; on note $\overline{x}$ la classe d'un mot x, c_0 la classe du mot vide, $c_1, \ldots, c_{n-1}$ les autres classes. On définit alors un automate fini M dont l'ensemble des états est :

$$C = \{c_0, c_1, \ldots, c_{n-1}\}$$

et dont la fonction de transition est définie par :

$$\delta(\overline{x}, a) = \overline{xa}$$

La validité d'une telle définition résulte de ce que, dès que x et y sont dans une même classe, les mots xaw et yaw ne sont pas séparés par L quel que soit w et donc $\overline{xa}$ et $\overline{ya}$ coïncident.

Il reste à fixer l'état de départ c_0 et l'ensemble des états finaux :

$$F = \{\overline{x} : \ x \text{ est élément de } L\}$$

On note que, là encore, la définition n'est pas ambiguë puisque deux mots d'une même classe ne sont pas séparés par L.

Une récurrence immédiate sur la longueur de w montre que :

$$\delta(c_0, w) = \overline{w}$$

ce qui indique que l'automate M ainsi défini reconnaît exactement L. On note que M a exactement, pour nombre d'états, le nombre de classes de congruence modulo L.

4.2. Automate minimal

En examinant la preuve ci-dessus, on constate que le nombre minimal d'états pour un automate reconnaissant un langage rationnel L est précisément le nombre n des classes de congruence modulo L. Si un automate M réalise ce nombre minimal d'états, alors la relation d'équivalence

$$\delta(p_0, x) = \delta(p_0, y)$$

qui est plus fine que la congruence modulo L et qui a le même nombre de classes coïncide avec cette dernière. Chaque état p définit une classe modulo L :

$$[p] = \{x : \ \delta(p_0, x) = p\}$$

L'application $p \to [p]$ permet alors d'identifier M à l'automate associé canoniquement au langage L dans la preuve du théorème précédent; il y a donc, à «isomorphisme» près, un seul automate ayant n états et reconnaissant L; on l'appelle *automate minimal* de L.

Un automate est donc non minimal dans les cas suivants.

i) Il existe un état q qui n'est de la forme $\delta(p_0, x)$ pour aucun mot x de Σ^* ; un tel état est appelé *inaccessible.*

ii) Il existe deux états distincts p et q ayant la propriété suivante : pour tout mot w, $\delta(p, w)$ est un état final si et seulement si $\delta(q, w)$ est un état final; on dit que p et q sont *équivalents.*

Les deux cas ne sont d'ailleurs pas mutuellement exclusifs.

Il est clair que l'on ne change pas le langage reconnu par un automate en supprimant les états inaccessibles.

Une fois cette opération réalisée, on note que :

i) tous les états sont accessibles;

ii) si p et q sont équivalents, il en est de même de $\delta(p, a)$ et $\delta(q, a)$;

iii) si p et q sont équivalents et si p est un état final, il en est de même de q.

On peut ensuite définir un nouvel automate $\overline{M}$ en «passant au quotient»; ceci peut se faire en choisissant un état dans chaque classe d'équivalence (par exemple celui de numéro minimum). Si X est l'ensemble des états ainsi retenus, on définit une fonction de transition $\overline{\delta}$ en posant :

$$\overline{\delta}(p, a) = \text{ l'unique état } q \text{ de } X \text{ équivalent à } \delta(p, a)$$

On prend pour état initial l'élément de X qui est dans la classe de p_0, pour ensemble d'états finaux ceux de $X \cap F$; on obtient ainsi un automate reconnaissant le même langage que l'automate initial et tel que :

i) tous les états sont accessibles;

ii) deux états distincts ne sont pas équivalents.

Cet automate est donc minimal.

4.3. Algorithme de calcul de l'automate minimal

Il résulte de ce qui précède que les étapes principales de la construction de l'automate minimal associé à un automate donné M sont le calcul des états accessibles et la détermination des états équivalents.

La fonction suivante permet de calculer l'ensemble des états accessibles à partir d'un état p (on pourra comparer à la fonction clôture de la section 2.9).

```
function accessible (p : état; m : automate) : choix;
   var  l : lettre;
        q : état;
        s, t : choix;
        fini : boolean;
   begin
        s := [p];
        fini := false;
        while not fini do
           begin
              t := s;
              for q in s do
              for l := 'a' to fin do t := t + m[q, l];
              if t ⩽ s then fini := true;
              s := t
           end;
        accessible := s
   end; {fin de la définition de la fonction}
```

On peut déterminer les états équivalents en considérant une matrice booléenne indexée par les états suivant la déclaration de type :

marque = **array** [état,état] of **boolean**;

On peut ensuite écrire une fonction réalisant le marquage de tous les couples d'états équivalents pour un automate ayant pour ensemble d'états finaux f.

```
function marquer (m : automate; f : choix) : marque;
  var  p, q : état;
       l : lettre;
       eq : marque;
       fini : boolean;
  begin
       fini := false;
       for p := 0 to taille do
       for q := 0 to taille do
           if (p in F and not q in F) or (q in F and not p in F)
           then eq[p, q] := false
           else eq[p, q] := true; {marquage initial}
       wh ile not fini do {boucle de marquage}
           begin
                fini := true;
                for q := 0 to taille do
                for p := 0 to taille do
                  if eq[p, q] = true then
                  for l := 'a' to fin do
                  if eq[m[p, a], m[q, a]] = false then
                     begin
                          eq[p, q] = false;
                          fini := false
                     end
           end {fin de la boucle de marquage}
           marquer := eq
  end; {fin de la fonction}
```

Il est clair que le programme précédent marque progressivement de la valeur «false» certains couples non équivalents p, q. Si p et q sont des états non équivalents, on peut choisir un mot w de longueur minimale m tel que $\delta(p, w)$ soit un état final mais pas $\delta(q, w)$ (ou inversement). On prouve alors par récurrence sur m que p et q sont finalement marqués. C'est clair si w est le mot vide, puisque dans ce cas p et q sont marqués lors de la phase initiale. Si w s'écrit au, alors $\delta(p, a)$ et $\delta(q, a)$ sont marqués d'après l'hypothèse de récurrence et donc p, q sont marqués lors du parcours de boucle suivant, s'ils ne l'étaient pas auparavant. Lorsque tous les couples non équivalents sont marqués, on sort de la boucle et le calcul se termine.

4.4. Amélioration de l'algorithme de minimisation

On se propose d'évaluer les performances de l'algorithme précédent. On note qu'au moins un couple nouveau est marqué lors de chaque parcours de la boucle ; comme il y a n^2 couples au plus, la boucle est parcourue au plus n^2 fois. Lors de chaque parcours, on doit évaluer :

$$eq[m[p,a], m[q,a]]$$

soit kn^2 calculs où k est le nombre de lettres de l'alphabet de M. De même, l'initialisation consiste-t-elle en n^2 opérations. Finalement, en admettant que l'exécution de chaque instruction élémentaire prend un temps constant, on est amené à majorer le temps de calcul de la fonction par une quantité proportionnelle à kn^4 ou comme on écrit couramment par un $O(kn^4)$. On va maintenant exposer le principe d'un algorithme plus performant.

L'idée est de construire une suite de partitions (π_i) de l'ensemble des états, chacune raffinant la précédente. On part de la partition associée à F et à $Q - F$. A partir d'une partition π en sous-ensembles $X_1, \ldots, X_k$ et d'une lettre a, on cherche à raffiner π de la façon suivante : pour chaque i on examine s'il existe un j tel que les deux ensembles :

$$X_i' = X_i \cap \{p : \ \delta(p,a) \quad \text{appartient à} \quad X_j\}$$

$$\text{et} \qquad X_i'' = X_i \cap \{p : \ \delta(p,a) \quad \text{n'appartient pas à} \quad X_j\}$$

On fait le choix d'un tel j s'il existe et l'on décompose X_i en X_i' et X_i''. On arrête l'itération lorsqu'aucune lettre ne permet plus de raffiner la partition.

On laisse au lecteur le soin de vérifier que la partition finale est précisément celle qui décompose Q en classes d'éléments équivalents.

Il est clair que la procédure de raffinement ne peut être appliquée que n fois au plus pour chaque lettre puisque l'on opère avec des partitions d'un ensemble à n éléments ; par ailleurs le choix de structures de données convenables permet de réaliser la procédure de raffinement en temps $O(n)$, d'où un majorant du temps de calcul total qui est un $O(kn^2)$. (En fait $O(kn \log n)$ si l'on fait une analyse plus soignée.)

L'exemple que l'on vient de donner montre que divers algorithmes réalisant une même tâche n'ont pas forcément des performances identiques ; on y reviendra dans la suite de l'ouvrage.

4.5. Exemple de construction d'un automate minimal

On considère l'automate fini déterministe d'alphabet $\{a, b\}$ dont le diagramme est représenté figure 26. On cherche à déterminer l'automate minimal.

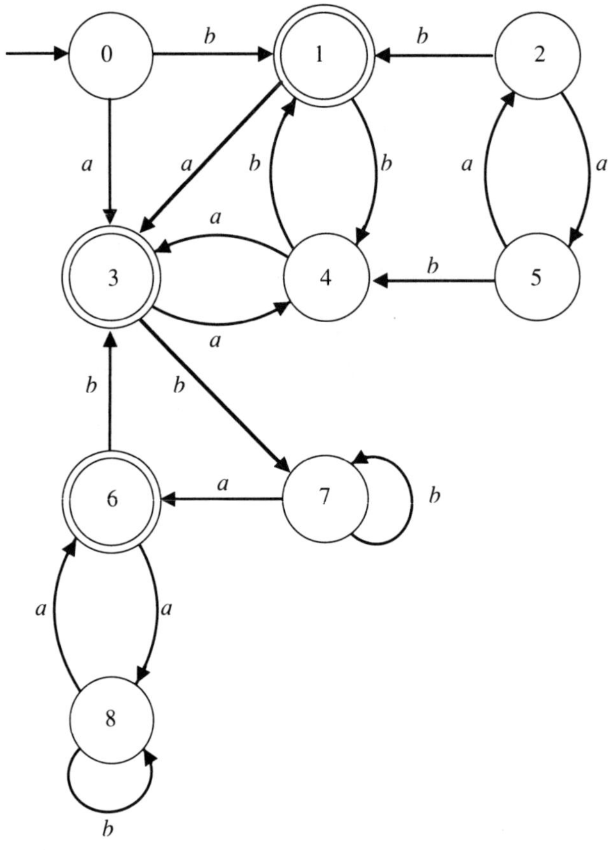

Fig. 26. Automate non minimal

On remarque tout d'abord que tous les états sont accessibles à partir de l'état de départ, à l'exception des états 2 et 5 qu'on élimine. On utilise ensuite la méthode des partitions que l'on vient d'exposer ; on part de :

$$(1,3,6) \qquad (0,4,7,8)$$

En utilisant l'action de la lettre a, on obtient la partition :

$$(1) \quad (3,6) \quad (0,4,7,8)$$

En utilisant l'action de la lettre b, on raffine cette dernière partition en :

$$(1) \quad (3) \quad (6) \quad (0,4) \quad (7,8)$$

On vérifie que l'on ne peut plus répéter l'opération. L'automate minimal cherché est représenté figure 27.

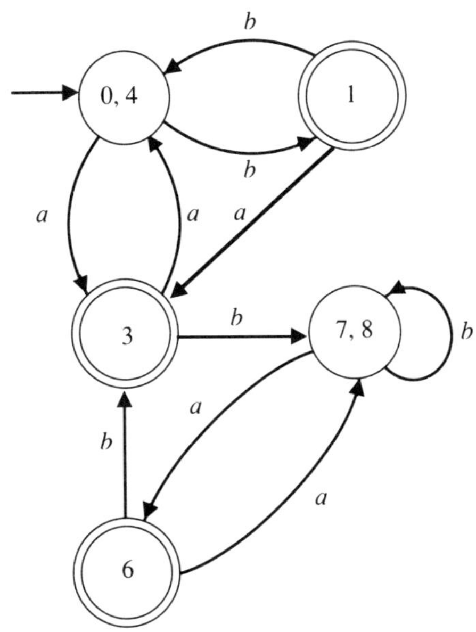

Fig. 27. Automate minimal

4.6. Le lemme de l'étoile

Théorème. *Soit L un langage rationnel sur l'alphabet Σ et soit n le nombre d'états de l'automate minimal qui reconnaît L ; tout mot w de L de longueur $\geqslant n$ peut s'écrire sous la forme uxv de façon que l'on ait les propriétés suivantes :*

i) $|ux| \leqslant n$,

ii) $x \neq \varepsilon$,

iii) $\mathbf{u}(\mathbf{x})^*\mathbf{v}$ *est inclus dans* L.

Remarques

1) La notation $\mathbf{u}$ désigne le langage ayant pour seul élément le mot u.
2) Le résultat qui précède est souvent appelé *lemme de l'étoile* (*pumping lemma* en anglais).

Preuve. On note w_i le mot formé par les i premières lettres de w et on considère la suite des états de l'automate minimal p_i, $0 \leqslant i \leqslant n$, définis par :

$$p_i = \overline{\delta}(p_0, w_i), \qquad 0 \leqslant i \leqslant n$$

Cette suite comporte $n+1$ éléments et donc, comme il n'y a que n états, il existe deux indices distincts i et j, $i < j$, tels que $p_i = p_j$. On pose $w_i = u$, $w_j = ux$ et $w = uxv$; les conditions i) et ii) sont clairement vérifiées. Reste à voir que la condition iii) est également réalisée ; pour cela on considère un mot y du langage $\mathbf{u}(\mathbf{x})^*\mathbf{v}$ qui s'écrit $ux^m v$. On a :

$$\overline{\delta}(p_0, y) = \overline{\delta}(p_0, w) \tag{1}$$

ce qui se voit facilement grâce aux relations :

$$\begin{aligned} &p_0 \xrightarrow{u} p_i \\ &p_i \xrightarrow{x} p_j (= p_i) \\ &p_i \xrightarrow{v} \overline{\delta}(p_0, w) \end{aligned}$$

De l'égalité (1) il résulte immédiatement que y est comme w élément de L.

Corollaire

i) *Le langage formé des mots $a^m b^m$, $m \geqslant 1$, n'est pas rationnel.*

ii) *Le langage des parenthèses bien formées n'est pas rationnel.*

Preuve du corollaire. Si le langage L des mots $a^m b^m$, $m \geqslant 1$, est rationnel, on note n le nombre d'états de l'automate minimal qui le reconnaît et l'on applique le lemme de l'étoile au mot $a^n b^n$; on obtient une décomposition :

$$a^n b^n = uxv$$

en des mots u, x, v réalisant les conditions du lemme. Le mot ux étant de longueur au plus n, x est formé uniquement de lettres a soit $x = a^i$, $i \neq 0$. Le mot ux^2v s'écrit alors $a^{n+i}b^n$ et ne peut appartenir à L ce qui contredit le lemme de l'étoile.

On procède de façon analogue pour le langage des parenthèses en considérant un mot formé de n parenthèses ouvrantes suivies de n parenthèses fermantes.

5. UTILISATION DES AUTOMATES FINIS

5.1. Editeurs de texte

L'une des opérations de base des éditeurs de texte est la recherche d'une suite de caractères dans un texte. A priori, une telle recherche ne semble pas poser de problème particulier : étant donné un texte t comportant n symboles et un mot donné w de longueur p, on cherche pour chaque i si le bloc de p lettres commençant par la $i$ème lettre de t coïncide ou non avec w.

En faisant les déclarations de type :

```
type texte = array [1..n] of char;
     motif = array [1..p] of char;
```

on est conduit à écrire la fonction suivante :

```
function recherche (t : texte; w : mot) : integer;
  var i, j : integer;
    begin
      i := 1; j := 1;
      repeat
        if t[i] = w[j] then begin i := i + 1; j := j + 1 end
        else begin i := i - j + 2; j := 1 end
      until (j > p) or (i > n);
      if j > p then recherche := i - p else recherche := n + 1
    end; {fin de la définition de recherche}
```

L'inconvénient de l'algorithme ci-dessus réside dans la fréquence des retours en arrière du pointeur i. De fait, pour reconnaître si un mot w de Σ^* apparaît à l'intérieur d'un autre mot t, on peut utiliser une approche plus subtile consistant essentiellement à construire l'automate minimal $M(w)$ reconnaissant $\Sigma^* \mathbf{w} \Sigma^*$. Si w est de longueur p, on fixe pour ensemble d'états, l'ensemble $\{0, 1, \ldots, p\}$; on note w_i le mot formé par les i premières lettres de w et on définit une fonction λ de domaine Σ^* en posant que $\lambda(u)$ est le plus grand entier i tel que u s'écrive xw_i pour un mot convenable x de Σ^*. On cherche à définir la fonction de transition de façon à réaliser les équivalences suivantes :

i) pour $i < p$, $0 \xrightarrow{u} i$ si et seulement si w n'apparaît pas dans u et $\lambda(u) = i$;

ii) $0 \xrightarrow{u} p$ si et seulement si w apparaît dans u.

On est conduit à poser :

$$\delta(i,a) = \lambda(w_i a) \qquad \text{pour } i < p$$
$$\delta(p,a) = p$$

En prenant pour état initial l'état 0 et pour unique état final l'état p, on a ainsi réalisé un automate reconnaissant $\Sigma^*\mathbf{w}\Sigma^*$ et qui a $p+1$ états ; par ailleurs, il résulte immédiatement du lemme de l'étoile que si un automate ayant au plus p états accepte le mot w, il accepte également un mot de longueur $< p$, ce qui prouve que l'automate construit est minimal.

Il est facile de construire $M(w)$ à partir de w ; il reste alors à simuler l'action de $M(w)$ sur une donnée t pour déterminer si oui ou non w apparaît dans t ; ceci peut être fait par lecture successive des lettres de t sans retour en arrière ; si l'état est atteint après i transitions le premier bloc de lettres coïncidant avec w est repéré par $i - p + 1$. On laisse au lecteur le soin d'écrire précisément un algorithme mettant ces idées en œuvre.

La figure 28 représente l'automate associé au mot *abracadabra* sur l'alphabet $\{a,b,c,d,r\}$, on a omis pour des raisons de clarté de faire figurer les transitions qui retournent à l'état 0.

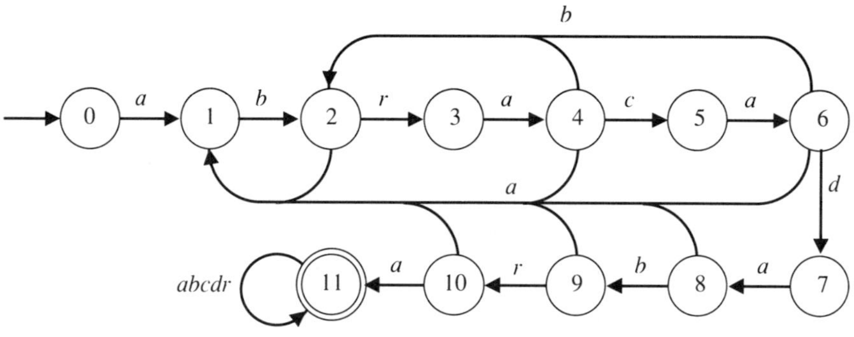

Fig. 28. Automate de recherche d'un mot

5.2. Analyseurs lexicaux

La compilation est une opération qui fait passer d'un programme source, écrit en général dans un langage évolué, à un programme objet écrit en langage machine ou dans un autre langage. La première phase de la compilation est l'analyse lexicale consistant à décomposer le programme donné en unités de base appelées *lexèmes* (*tokens* en anglais).

Comme exemples de lexèmes, on peut citer :

i) les mots clés comme **begin, end,** etc.;

ii) les identificateurs;

iii) les constantes entières ou flottantes;

iv) les symboles d'opération ou de relation;

v) les séparateurs comme « ; »;

etc.

L'analyse lexicale est suivie de la phase d'analyse syntaxique sur laquelle on reviendra dans la suite de l'ouvrage. Il ne faut d'ailleurs pas prendre le mot «suivie» en un sens trop strict car les deux opérations peuvent être menées simultanément.

On a vu dans la section précédente comment construire un automate reconnaissant si tel motif apparaît ou non dans un mot. Par les méthodes décrites dans la section 3.1, on peut construire un automate reconnaissant tous les lexèmes apparaissant dans un programme. Plutôt que d'entrer dans une théorie générale qui dépasse le cadre de cet ouvrage, on va donner un exemple d'automate réalisant l'analyse lexicale d'un langage simple.

Le langage que l'on va considérer sous le nom de PASCAL réduit est construit sur un alphabet comportant :

i) des lettres $a \ldots z$;

ii) des chiffres $0 \ldots 9$;

iii) les symboles d'opération $+$ $*$;

iv) le symbole $-$;

v) les symboles $<=$;

vi) le symbole : (pour l'affectation :=);

vii) des symboles de séparation ( ); . et symbole blanc.

Les mots clés du langage sont :

begin, end, if, then, else, while, do, read, write

Seul le type entier est utilisé, ce qui évite toute déclaration. On utilise les constructions habituelles du PASCAL autorisées par les mots clés et les symboles introduits avec quelques restrictions : le signe $-$ n'est utilisé que dans l'écriture des constantes entières négatives, la suite $<=$ n'est pas admise. Les fonctions **read** et **write** s'appliquent directement à des expressions entières (il n'y a pas d'indication de format).

La figure 29 représente un automate déterministe ayant la propriété que chaque retour à l'état initial marque la fin d'un lexème ou d'un groupe

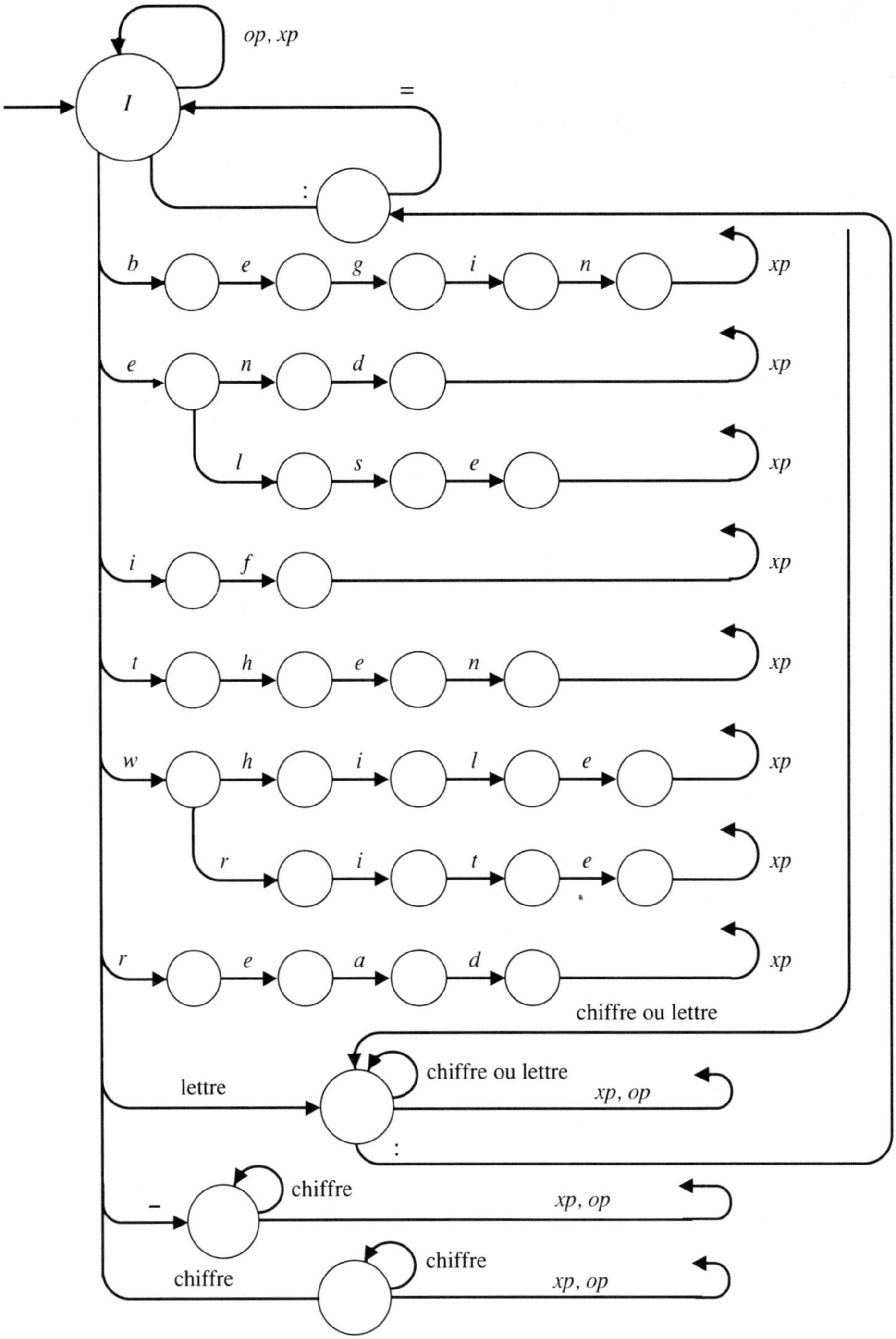

Fig. 29. Automate d'analyse lexicale

formé de deux lexèmes, le second étant un opérateur, un séparateur ou le lexème :=. Il y a une exception dans le cas d'une transition menant de l'état initial à lui même sous l'effet d'un symbole blanc. Les conventions suivantes ont été adoptées :

i) xp désigne les séparateurs ; . ( ) ou le symbole blanc ;

ii) op désigne les opérateurs $+ * < =$;

iii) les flèches n'aboutissent à aucun état, retournent en fait à l'état initial I ;

iv) la flèche verticale n'ayant pas d'origine correspond à toutes les transitions quittant les huit lignes correspondant aux mots clés sous l'effet d'un chiffre ou d'une lettre ;

v) les autres transitions non mentionnées aboutissent à un rebut.

Il est naturellement possible d'adjoindre à l'automate un système produisant un code particulier à chaque fois qu'un lexème est repéré. Par exemple, dans la dernière ligne du diagramme de la figure 3, la transition retournant à l'état initial sous l'effet du symbole + pourra être accompagnée d'un message (i, j) où i est le code choisi pour les constantes entières et j le code pour l'opération +.

De même, les transitions menant au rebut pourront-elles produire des messages d'erreur ; on remarquera que l'on dépasse ici le cadre purement lexical puisque, par exemple, une instruction du type :

$$231 \ := val;$$

conduit à un message d'erreur. De fait, si l'analyse lexicale est élaborée, l'analyse syntaxique qui suit est simplifié d'autant.

6. INDICATIONS BIBLIOGRAPHIQUES

La première approche formelle des machines à un nombre fini d'états peut être trouvée dans les travaux de McCulloch et Pitts [1943] sur la modélisation des systèmes de neurones. Ces travaux furent complétés par ceux de Kleene [1956] où apparaissent les notions d'automates et d'expression régulières. On pourra aussi se reporter à l'ouvrage de Minsky [1967] pour l'équivalence des divers points de vue.

La notion d'automate fini non déterministe est due à Rabin et Scott [1959] ; les machines séquentielles ont été étudiées par Moore [1956].

L'automate minimal est introduit dans le travail de Nerode [1958] et l'algorithme de minimisation qui est esquissé dans la section 4.4 est dû à Hopcroft [1971].

Les applications de la théorie des automates à la recherche de motifs dans un texte remontent à l'article de Knuth, Morris et Pratt [1977].

De nombreux ouvrages traitent des questions introduites dans ce chapitre; on citera en particulier ceux de Aho et Ullman [1977], Harrison [1978], Hopcroft et Ullman [1979].

Chapitre 2
Modèles de calcul

Comme on l'a vu dans le chapitre précédent, la notion d'automate fini se révèle inadaptée à la reconnaissance de certains langages simples. Un moment de réflexion montre pourquoi cette modélisation des calculateurs par les automates finis est qualitativement incorrecte : elle évacue complètement le concept de mémoire; et c'est largement de leur capacité-mémoire que dépendent les performances des ordinateurs. Dans ce chapitre, on va présenter deux modèles de calcul prenant en compte cette notion de mémoire : le premier est la *machine de Turing* dont la définition a précédé de quelques années l'apparition des premiers ordinateurs; l'autre est la *machine à accès direct* qui est en revanche un outil abstrait issu de la pratique informatique. Il est remarquable que ces deux modèles conduisent à la définition d'une seule et même classe de calculs.

1. MACHINES DE TURING

1.1. Définition

Comme on l'a dit, on se propose d'adjoindre à un automate fini la possibilité d'utiliser une mémoire. Ceci conduit à la définition suivante.

Définition. Une *machine de Turing* (MT) est la donnée :

i) d'un alphabet fini Σ; un des éléments de Σ est distingué sous le nom de *symbole blanc* et noté en général B;

ii) d'un ensemble non vide d'états Q;

iii) d'une fonction d'impression $\sigma : Q \times \Sigma \to \Sigma$;

iv) d'une fonction de transition $\delta : Q \times \Sigma \to Q$;

v) d'une fonction de déplacement Δ définie sur $Q \times \Sigma$ à valeurs dans un ensemble à deux éléments, noté $\{G, D\}$ (G pour gauche, D pour droite) ;

vi) d'un état de départ noté p_0 ;

vii) d'un sous-ensemble F de l'ensemble des états, appelé ensemble des états *finaux.*

Le lecteur soucieux du formalisme pourra définir une machine de Turing comme un n-uplet :

$$M = (Q, \Sigma, B, \delta, \sigma, \Delta, p_0, F)$$

(avec $n = 8$). On évitera un tel formalisme mais on adoptera la convention de noter M, M', $\overline{M}$... les machines de Turing et d'utiliser alors Q, Q', $\overline{Q}$ pour leur ensemble d'états, Σ, Σ', $\overline{\Sigma}$ pour leur alphabet, etc.

La machine ainsi définie est essentiellement une machine programmée qui va progressivement modifier la configuration de la mémoire sur laquelle elle agit. Cette mémoire est constituée d'un ruban fini à gauche mais infini à droite et séparé en cases (figure 1).

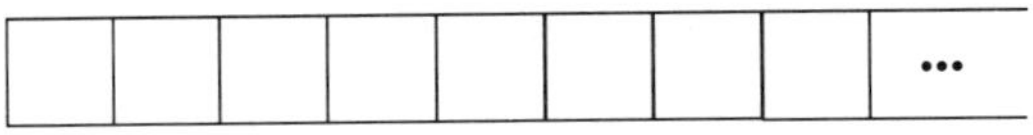

Fig. 1. Ruban mémoire d'une machine de Turing

Chaque case contient un unique élément de Σ mais seulement un nombre fini de cases contient un élément distinct du symbole blanc B. Les cases contenant B sont dites blanches et sont le plus souvent représentées par des cases vides. On a, en somme, la version abstraite d'un dispositif analogue à une bande magnétique. Pour accéder aux données stockées sur la bande, on dispose d'une *tête de lecture* positionnée sur une case de la bande. On note que le ruban n'est que virtuellement infini puisque toutes les cases, situées au delà d'une case fixée, contiennent le symbole blanc. On peut donc représenter le contenu de la bande et le positionnement de la tête par un mot :

$$C = w \uparrow x$$

où w est le mot de Σ^* écrit à gauche de la tête et x est le mot commençant à la case où se trouve la tête de lecture mais limité à la case extrême contenant un symbole autre que B (on note que x peut être vide).

1.2. Fonctionnement

Soit M une machine de Turing, q un état de cette machine et $C = w \uparrow x$

une configuration du ruban-mémoire (cf. la figure 2). On note a la première lettre de x ou le symbole blanc si x est vide.

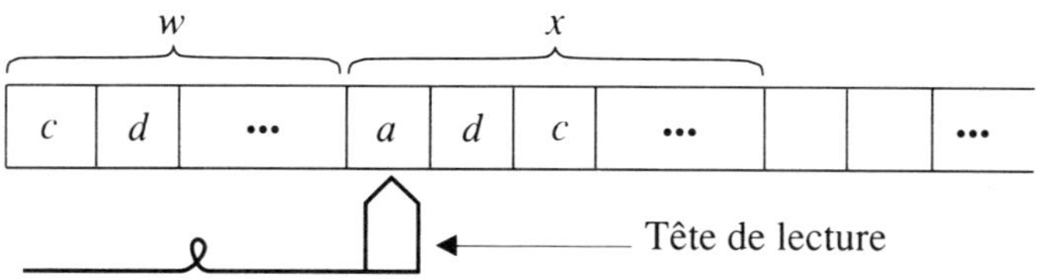

Fig. 2. Une configuration du ruban mémoire

Un pas de calcul de la machine M, correspondant à l'état q et la configuration $w \uparrow x$, est déterminé par le couple (q, a) et se décompose en trois *actions* :

i) la substitution de $\sigma(q, a)$ à a dans la case examinée par la tête de lecture (action d'*impression*),
ii) le déplacement de la tête de lecture d'une case dans la direction définie par $\Delta(q, a)$ (action de *déplacement*),
iii) le transfert de la machine M dans l'état $q' = \delta(q, a)$ (action de *transition).*

Ces trois actions étant réalisées, le ruban mémoire de la machine se trouve dans une configuration C' ; on note :

$$(q, C) \xrightarrow{(1)} (q', C')$$

pour exprimer qu'un pas de calcul fait passer de l'état q et de la configuration C à l'état q' et à la configuration C'. Si par exemple C est la configuration $w \uparrow x$, si $\sigma(q, a)$ vaut c, si $\Delta(q, a) = D$ et si x s'écrit ay, il vient :

$$C' = wc \uparrow y$$

La procédure qui précède admet deux exceptions.

i) Si la tête de lecture se trouve dans la première case du ruban mémoire et si le déplacement correspondant au pas de calcul envisagé est à gauche, alors les actions ci-dessus provoquent la *sortie* de la tête de lecture à gauche du ruban. On considère un tel pas de calcul comme légitime et on représente la configuration résultante sous la forme d'un mot x de Σ^* (sans le symbole $\uparrow$).
ii) Si l'état q de la machine appartient à l'ensemble F des états finaux ou si la tête de lecture est sortie à gauche, alors aucun pas de calcul n'est défini ; on dit que la machine s'arrête et on note :

$$(q, C) \dashv$$

Si maintenant on fixe une configuration initiale C_0, on peut définir une suite (q_i, C_i) à partir du couple (q_0, C_0), où q_0 est l'état de départ de M, de façon que :

$$(q_i, C_i) \xrightarrow{(1)} (q_{i+1}, C_{i+1})$$

Deux cas se présentent.

1) Soit la suite (q_i, C_i) est infinie : on dit que la machine ne s'arrête pas.

2) Soit il existe un indice n tel que l'on ait :

$$(q_n, C_n) \dashv$$

Dans ce cas, la machine s'arrête.

On écrit :

$$C_0 \rightarrow (q, C)$$

si le couple (q, C) apparaît dans la suite (q_i, C_i).

1.3. Utilisation

Une fois précisé le mode de fonctionnement d'une machine de Turing, on peut utiliser une telle machine de diverses façons : pour reconnaître un langage, calculer une fonction...

1. Reconnaissance d'un langage

Soit Γ une partie de l'alphabet Σ d'une machine de Turing M ; on suppose que Γ n'admet pas le symbole blanc pour élément et, pour tout mot x de Γ^*, on considère la configuration $C(x)$ définie par :

$$C(x) = \uparrow x$$

Fixant une partie F_0 de l'ensemble des états finaux que l'on appelle ensemble des *états acceptants*, on peut considérer l'ensemble des mots x de Γ^* tels que :

$$C(x) \rightarrow (q, C) \dashv$$

avec q élément de F_0 ; le langage ainsi défini est noté $L(M, \Gamma, F_0)$, ou simplement $L(M)$ si $F = F_0$ et si Γ est égal à l'alphabet Σ privé du symbole blanc. On dit qu'il est *reconnu* par la machine de Turing M.

2. Calcul d'une fonction

Soit Γ une partie de l'alphabet Σ d'une machine de Turing M, n'admettant pas le symbole blanc pour élément. Pour tout mot x de Σ^*, on considère, comme précédemment, la configuration $C(x) = \uparrow x$. Si la machine de Turing M s'arrête à partir de la configuration $C(x)$, dans une configuration $C' = w \uparrow y$, on définit $f(x)$ comme le plus grand segment initial du mot wy ne comportant pas le symbole blanc ; dans le cas où M ne s'arrête pas, f n'est pas définie. On obtient ainsi une application d'une partie de Γ^* à valeurs dans Σ^* ou, suivant la terminologie traditionnelle, une fonction *partielle* de Γ^* dans Σ^* dite *calculée* par M. On ne peut de toutes façons pas échapper à la considération de fonctions partielles puisque rien ne permet a priori de savoir si une machine de Turing s'arrête ou non sur telle ou telle donnée. On reviendra ultérieurement sur ce problème.

3. Cas des fonctions numériques

Le cas des fonctions de $\mathbb{N}$ dans $\mathbb{N}$ ou de $\mathbb{N}^k$ dans $\mathbb{N}^r$ n'est absolument pas éliminé par la présentation ci-dessus. A toute suite $n_1, \ldots, n_k$ d'entiers, on peut associer le mot sur l'alphabet $\{0, \quad 1, \quad \#\}$:

$$\#\text{bin}(n_1)\#\text{bin}(n_2)\#\ldots\#\text{bin}(n_k)\#$$

où bin(n) est l'écriture binaire du nombre entier n. Ce mot sera noté :

$$[n_1, \ldots, n_k]$$

On note $[\mathbb{N}^k]$ la partie de $\{0, \; 1, \; \#\}^*$ formée des mots $[n_1, \ldots, n_k]$. On note que $[\mathbb{N}^k]$ est définie par l'expression rationnelle :

$$\#((\mathbf{0}, \mathbf{1})^*\#)^k$$

Soit f une fonction partielle de $\mathbb{N}^k$ dans $\mathbb{N}^r$ de domaine D ; on note $[f]$ la fonction partielle de $[\mathbb{N}^k]$ dans $[\mathbb{N}^r]$ qui à $[n_1, \ldots, n_k]$ associe $[f(n_1, \ldots, n_k)]$ si cette quantité est définie ; on dit que f est calculable par une machine de Turing M si $[f]$ est la restriction à $[\mathbb{N}^k]$ de la fonction calculée par M (au sens de l'alinéa précédent). On verra, dans la suite, des exemples montrant que les fonctions usuelles sont calculables par machine de Turing.

1.4. Exemple

On va donner un premier exemple de machine de Turing ; on note d'abord que le fonctionnement d'une machine ne dépend pas des valeurs prises par les fonctions σ, δ, Δ sur les états finaux ; on peut donc omettre de définir ces fonctions pour les couples (q, a) où q est un état final. Cette observation étant faite, on considère une machine de Turing à cinq états p_0, p_1, p_2, p_3, p_4 dont l'alphabet est formé des quatre symboles ( ) # B (où B est le symbole blanc). L'ensemble des états finaux est constitué des états p_3, p_4, et p_0 est l'état initial. Les fonctions σ, δ, Δ sont données par le tableau de la figure 3, appelé *table des transitions.*

	(	)	#	B
p_0	(p_0 D	B p_1 G	# p_2 G	Bp_0 D
p_1	B p_0 D	) p_1 G	# p_3 D	B p_1 G
p_2	(p_3 D	) p_2 G	# p_4 D	B p_2 G

Fig. 3. Table des transitions d'une machine de Turing

Tout comme dans le cas des automates, on peut représenter les machines de Turing par des diagrammes. Les états sont représentés par des cercles et les transitions de la machine de Turing sont représentées par des flèches allant d'un état q à un autre q' et étiquetées :

i) à la base par la lettre a lue par la tête de lecture,

ii) au milieu par le symbole $\sigma(q, a)$ qui est substitué à a,

iii) à l'extrémité par le déplacement $\Delta(q, a)$ à effectuer.

Naturellement, l'état auquel aboutit la flèche est précisément $\delta(q, a)$. La figure 4 représente la transition de la machine de Turing considérée plus haut correspondant à l'état p_0 et au symbole «) ».

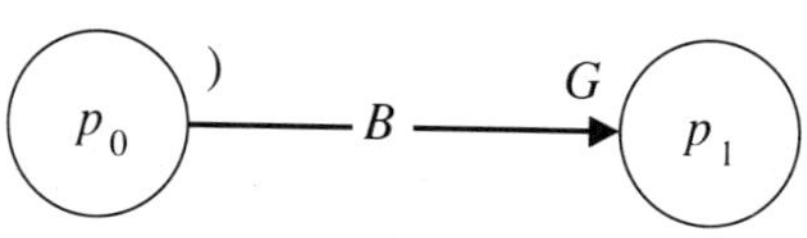

Fig. 4. Une transition

Diverses conventions simplifient la représentation du diagramme des machines de Turing.

1) On omet souvent de faire figurer les noms des états.

2) On omet la mention de la lettre $\sigma(q, a)$ lorsque celle-ci est identique à a.

3) Lorsque toutes les flèches aboutissant à un état donné q correspondent à des déplacements dans le même sens, ce qui est un cas très fréquent, on regroupe les indications sur ce déplacement au centre de la case vers laquelle pointe la flèche.

4) On peut dans ce dernier cas supprimer toutes les flèches partant de l'état q et retournant au même état sans changement de symbole [c'est-à-dire telles que $\sigma(q, a) = a$].
5) On ne mentionne pas le déplacement correspondant à des actions aboutissant aux états d'arrêt; en se reportant aux définitions données dans la section précédente, on constate que ces déplacements n'influent ni sur les problèmes de reconnaissance de langage, ni sur les calculs de fonctions.

Ces conventions étant adoptées, on obtient pour la machine M définie auparavant, le diagramme représenté figure 5.

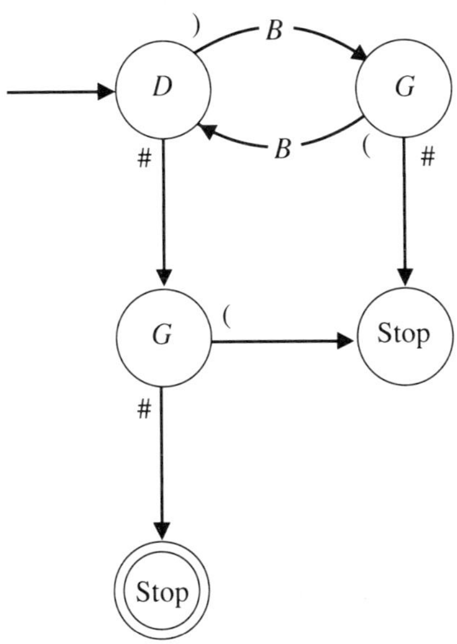

Fig. 5. Diagramme d'une machine de Turing

Dans ce diagramme, l'état de départ p_0 est marqué d'une flèche et l'un des états finaux, qui est p_4, est doublement cerclé; on se propose en effet de déterminer à quelle condition un mot x formé uniquement de parenthèses est tel que la configuration $\# \uparrow x \, \#$ mène à cet état doublement cerclé; on dira dans ce cas que le mot x est accepté par M.

Proposition. *Un mot x est accepté par M si et seulement si x appartient au langage des parenthèses bien formées.*

Remarque. Cette proposition établit déjà que les machines de Turing ont des capacités supérieures à celles des automates.

Avant de donner la preuve, on examine de façon informelle, l'action de M

sur l'exemple représenté à la figure 6.

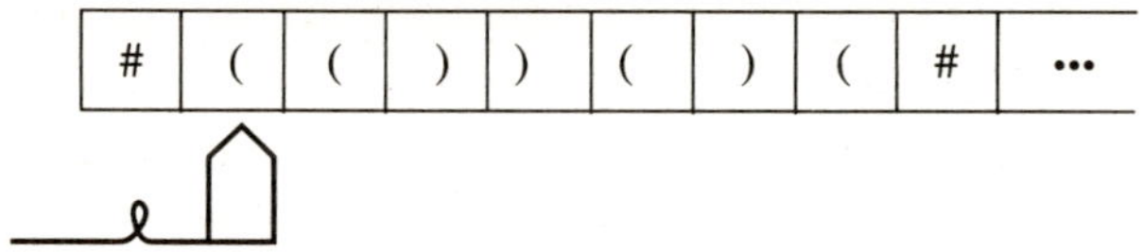

Fig. 6. Configuration initiale de la machine M

Les quatre premiers pas de calculs permettent à la tête de lecture d'atteindre la première parenthèse fermante, de l'effacer, de revenir sur la parenthèse ouvrante qui précède, de l'effacer à son tour. Il en résulte la configuration représentée à la première ligne de la figure 7. La machine continue ensuite un travail analogue; les principales étapes du calcul apparaissent dans la figure 7 (le chiffre placé à chaque ligne indique le nombre de pas de calcul effectués).

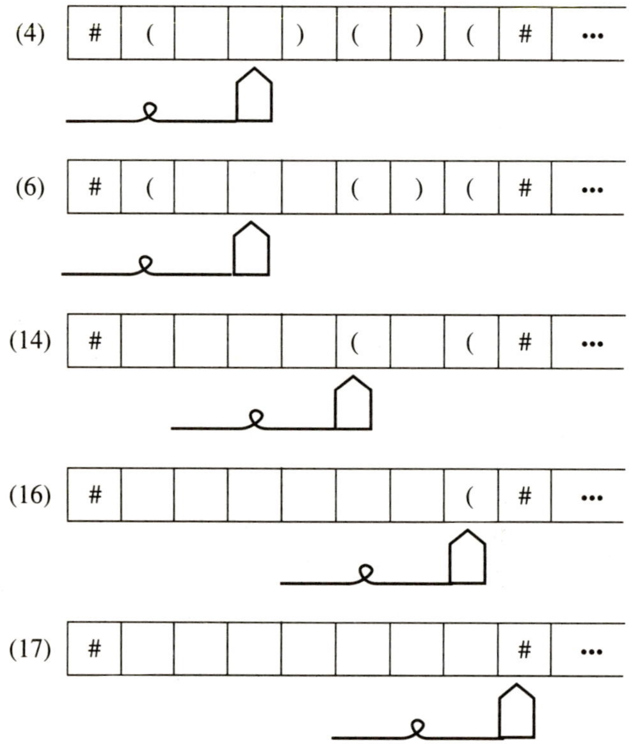

Fig. 7. Configurations successives de la machine M

La machine s'arrête dans la configuration (17) en refusant le mot donné.

Preuve de la proposition. On note que les deux états situés à la ligne supérieure du diagramme de la figure 5 produisent une boucle. L'effet de cette boucle est la recherche et l'effacement de la première parenthèse fermante et de la parenthèse ouvrante qui la précède. Il est clair qu'après un parcours de boucle, le mot écrit entre les deux symboles # est un parenthésage bien formé si et seulement si il l'était au début du parcours. (Le lecteur inquiet pourra établir ce fait par récurrence sur la longueur du mot initial).

On sort de la boucle dans deux cas :

1) par la «droite» (du diagramme), en ne trouvant pas la parenthèse ouvrante correspondant à la parenthèse fermante déjà effacée. Le mot initial n'est alors pas un parenthésage bien formé et il est refusé;
2) par la gauche, lorsqu'il n'y a plus de parenthèse fermante; le mot est alors refusé ou accepté selon qu'il reste ou non une parenthèse ouvrante, c'est-à-dire selon que le mot est un parenthésage incorrect ou correct.

1.5. Transfert de données

Bien que d'apparence très rudimentaire, la machine de Turing peut effectuer des tâches extrêmement complexes. De fait, on se convaincra progressivement au cours de ce chapitre et du suivant de la validité de la *Thèse de Church* suivant laquelle toute opération susceptible d'un traitement mécanique est réalisable par une machine de Turing. Bien entendu, la Thèse de Church ne peut absolument pas être vérifiée mathématiquement puisque la notion de «traitement mécanique» est totalement informelle; elle exprime seulement le caractère satisfaisant de la modélisation par les machines de Turing. Dans ce paragraphe, on va voir que certaines opérations élémentaires (transfert de données, addition, multiplication) sont réalisables par une machine de Turing.

La figure 8 représente une machine de Turing permettant les transferts de données. L'alphabet de cette machine se compose, outre le symbole blanc B, des symboles 0, 1, #, ₵, $.

Soit x un mot de $\{0,1\}^*$; on met la machine en opération dans la configuration :

$$w \uparrow ₵ x \# u \$$$

où w est un mot quelconque et u est un mot ne contenant pas les symboles ₵ ni $ (cf. par exemple la figure 9).

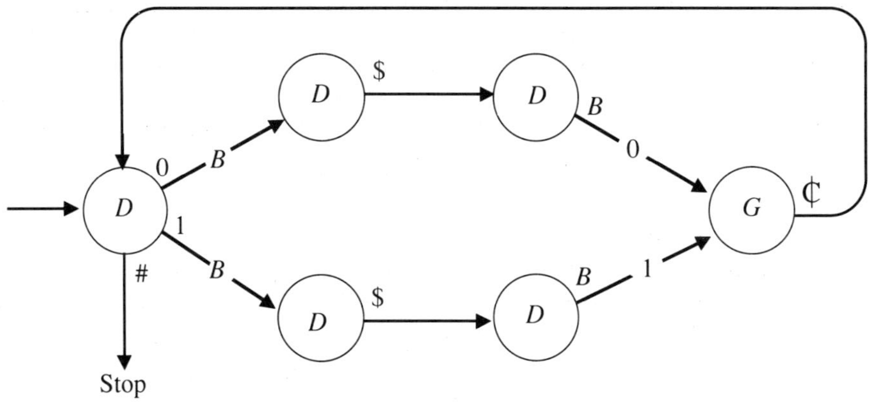

Fig. 8. Copieur

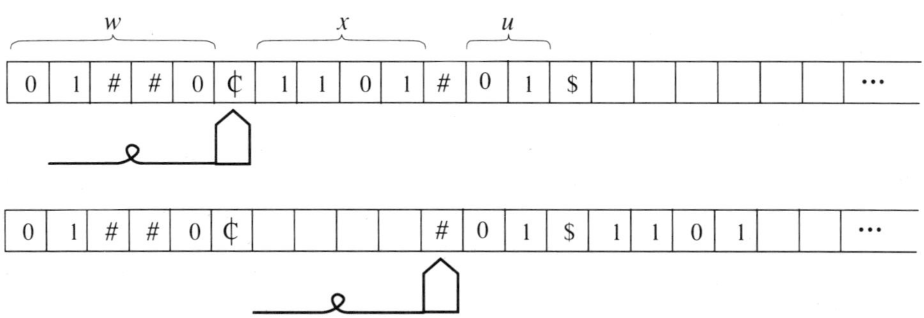

Fig. 9. Copie d'un mot

La partie supérieure du diagramme de la machine de Turing définit une boucle dont l'effet est de reporter successivement les lettres du mot x à droite du symbole \$. On sort de la boucle en atteignant le symbole $\#$ qui marque la fin du mot x. La figure 9 représente une configuration initiale et la configuration finale à laquelle aboutit le calcul.

Il est naturellement possible de concevoir des variantes de la machine de Turing ci-dessus; par exemple, la machine représentée figure 10, si elle est mise en opération dans la même configuration :

$$w \uparrow \cent x \# u \$$$

a pour effet de reporter à droite du signe \$ le mot $\widetilde{x}$, où $\widetilde{x}$ est formé en inversant le sens de lecture du mot x.

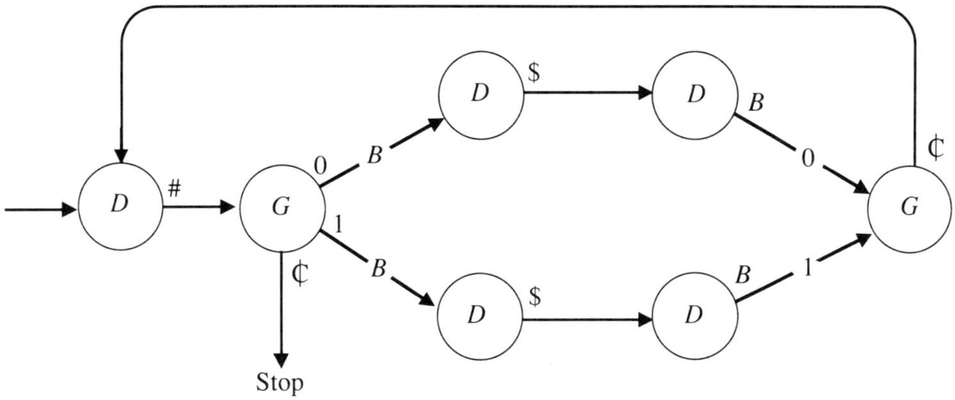

Fig. 10. Copieur inverse

1.6. Ecriture binaire

On considère la machine de Turing, dont l'alphabet comporte les symboles 0, 1, ¢, # ainsi que le symbole blanc B et qui est représentée à la figure 11. Cette machine est mise en opération dans la configuration :

$$\uparrow \# 1^n ¢$$

La partie supérieure du diagramme produit une boucle; chaque parcours de boucle amène l'effacement de certains des symboles 1 écrits entre les deux séparateurs # et ¢; si p est le nombre de symboles 1 restant au début du parcours de boucle, alors, ce nombre est remplacé à la fin du parcours par $H(p)$, où H est la fonction qui associe à un entier son quotient entier par 2; de plus, un 1 ou un 0 est ajouté dans la première case blanche à droite du symbole ¢ suivant que le reste $P(p)$ du nombre p, dans la division par deux, est un ou zéro. On sort de la boucle lorsque tous les 1 sont effacés et on ajoute un # à la fin de la bande. On constate donc que, dans la configuration finale, se trouve imprimé à droite du symbole ¢ le mot $\widetilde{\text{bin}}(p)$ #, où $\widetilde{\text{bin}}(p)$ est la représentation binaire «inversée» de l'entier p (où le chiffre des unités est le plus à gauche).

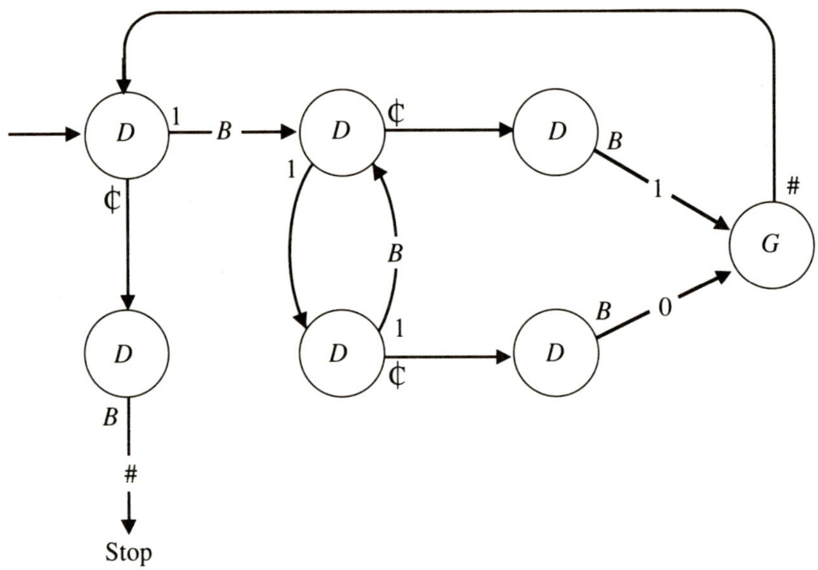

Fig. 11. Compteur binaire

A ce point, le lecteur voit clairement apparaître la possibilité de concevoir une véritable programmation des machines de Turing en utilisant certaines machines simples comme «sous-programmes» de machines plus évoluées. On peut en particulier, mettre en séquence deux machines en identifiant les états finaux de la première à l'état initial de la suivante.

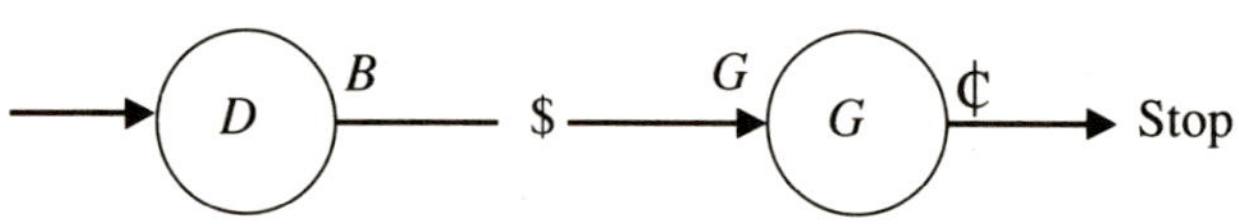

Fig. 12. Machine de Turing

Par exemple, on peut considérer la machine représentée à la figure 12 et opérer la mise en séquence (dans cet ordre) des machines représentées aux figures 11, 12 et 10; ceci permet d'obtenir une machine calculant la représentation binaire d'un nombre p à partir de sa représentation unaire. La figure 13 montre les étapes de calcul correspondant à la mise en action de chaque machine.

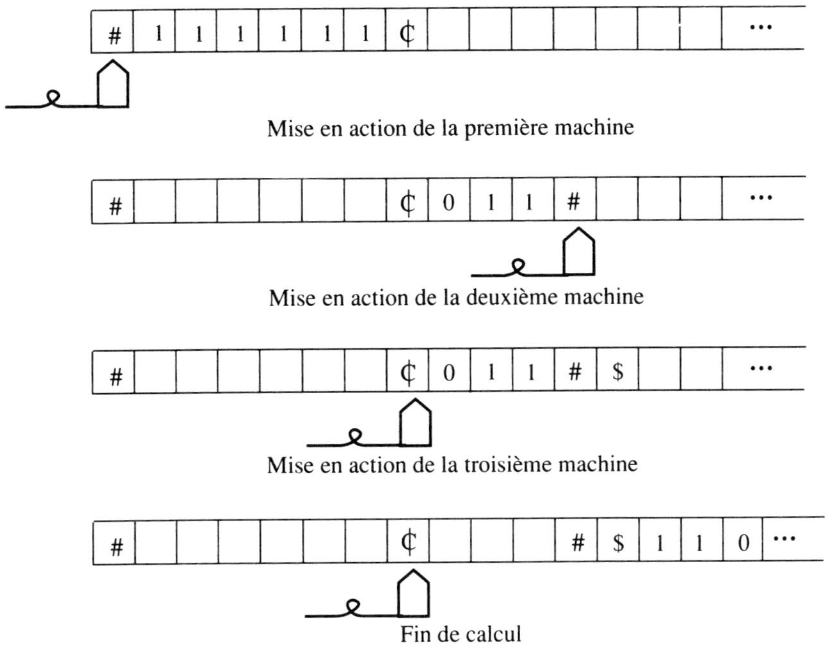

Fig. 13. Calcul de la représentation binaire d'un entier unaire

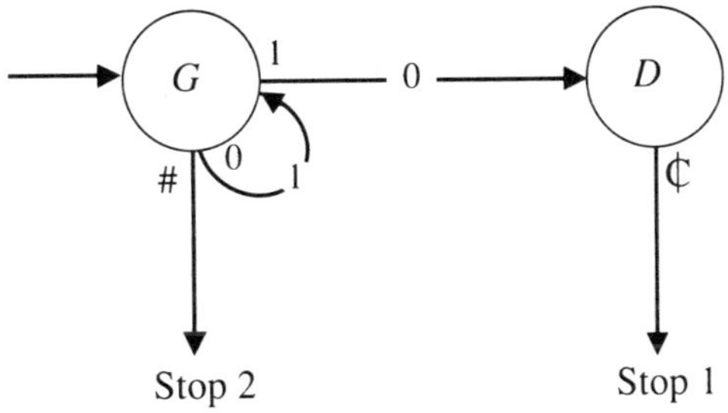

Fig. 14. Machine à décrémenter

Il existe naturellement d'autres façons de combiner les machines. La machine représentée à la figure 14, mise en opération dans une configuration initiale :

$$\# x \uparrow ₵ \quad (x \quad \text{élément de} \quad \{0,1\}^*)$$

a pour effet de décrémenter d'une unité le nombre p dont la représentation binaire se trouve entre les marqueurs $\#$ et ₵.

L'arrêt se produit par l'état noté stop 1 sauf dans le cas où seuls des zéros se trouvent entre les deux marqueurs, auquel cas stop 2 est utilisé ; la figure 15 fournit une représentation symbolique de cette machine.

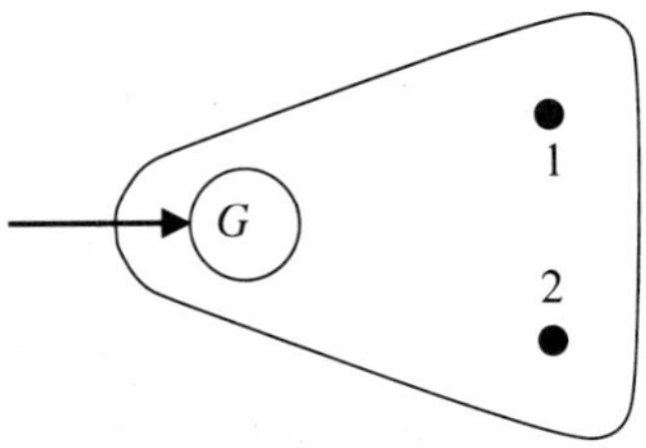

Fig. 15. Représentation symbolique d'une machine à deux états finaux

On peut alors utiliser cette représentation pour définir une autre machine de Turing dont l'effet est d'écrire à droite du symbole ₵, p symboles égaux à 1. Cette machine apparaît à la figure 16.

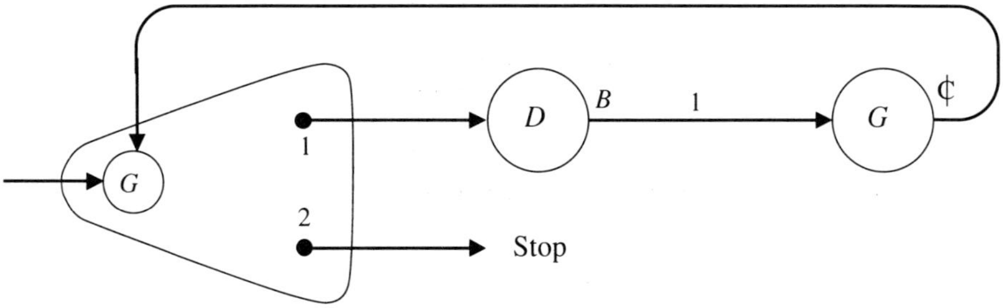

Fig. 16. Compteur unaire

Dans le reste de ce paragraphe, on va s'intéresser à la mise en œuvre des principales opérations arithmétiques ; contrairement à de nombreux auteurs, on opérera en notation binaire et non en notation unaire : l'arithmétique binaire nous paraît en effet la plus naturelle. Bien entendu, les conversions entre les deux modes de numération sont réalisables par machine de Turing, ainsi qu'on vient de le voir, ce qui fait qu'au plan théorique, les deux approches sont équivalentes.

1.7. Addition

La figure 17 représente un additionneur binaire ; l'alphabet de la machine se compose, outre B, des symboles 0, 1, #, ₵, α et β.

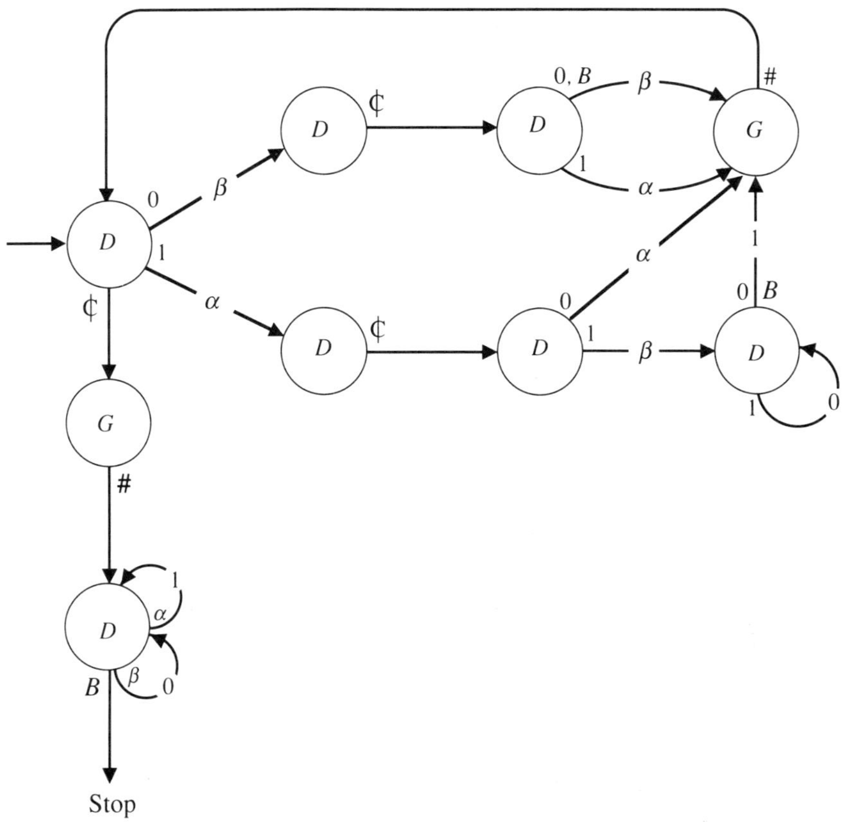

Fig. 17. Additionneur

Pour additionner les nombres m et n, on met la machine en opération dans la configuration suivante :

$$\uparrow \# \, \widetilde{\mathrm{bin}}(m) \; \text{¢} \; \widetilde{\mathrm{bin}}(n)$$

où $\widetilde{\mathrm{bin}}(m)$ représente l'écriture binaire inversée du nombre m. La partie supérieure du diagramme définit une boucle; après le retour à l'état initial, le chiffre des unités du nombre m est remplacé par β ou α selon qu'il valait 0 ou 1 et celui du nombre n est remplacé par β ou α selon que la quantité $m + n$ vaut 0 ou 1 modulo 2. On sort de la boucle lorsque tous les chiffres de m ont été remplacés; on trouve alors à droite du symbole \$ l'écriture binaire inversée de $m + n$, certains chiffres étant remplacés par β (pour 0) ou α (pour 1); la partie inférieure du diagramme restaure l'écriture binaire (inversée) de m et de $m+n$. La figure 18 montre, sur un exemple $(13+57)$ la configuration initiale, la configuration de sortie de boucle et la configuration finale du ruban mémoire de l'additionneur.

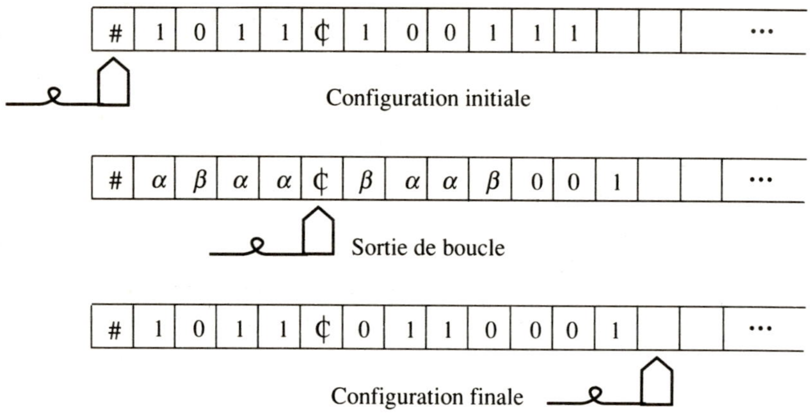

Fig. 18. Addition de deux entiers

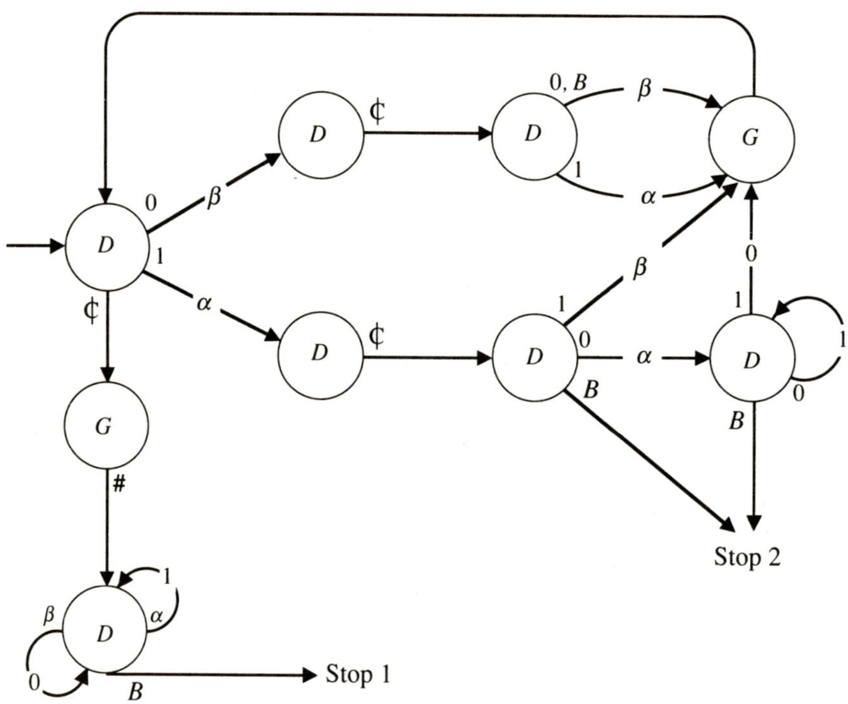

Fig. 19. Soustraction

Sur le même modèle que l'additionneur de la figure 17, il est possible de construire une MT qui calcule $n - m$; une telle machine est représentée figure 19.

La sortie stop 1 correspond à l'achèvement du calcul ; la sortie stop 2, au cas d'impossibilité ($m > n$). Il est naturellement possible d'utiliser cette machine pour reconnaître si m est plus grand que n.

1.8. Multiplication

Compte tenu de la notation binaire adoptée où l'écriture se fait de gauche à droite, la multiplication par 2 est une opération moins simple qu'elle ne le paraît ; la machine représentée à la figure 20 fait passer d'une configuration initiale $\uparrow$ ₵$\widetilde{\text{bin}}(p)$ à une configuration finale ₵ $\widetilde{\text{bin}}(2p) \uparrow$ ainsi qu'on s'en convainc facilement.

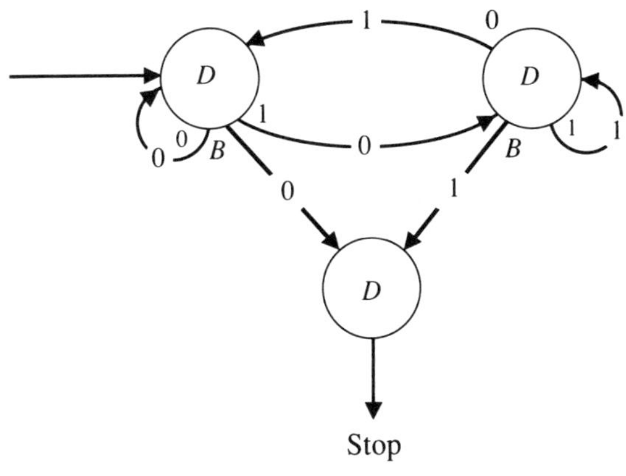

Fig. 20. Multiplication par 2

On se propose maintenant de calculer le produit xy de deux nombres entiers en partant d'une configuration initiale :

$$\# \ \widetilde{\text{bin}\, y} \uparrow \# \, \widetilde{\text{bin}\,(x)}$$ ₵

Pour cela on utilise l'additionneur de la figure 17 et la MT de la figure 20, que l'on combine suivant le diagramme qui apparaît à la figure 21.

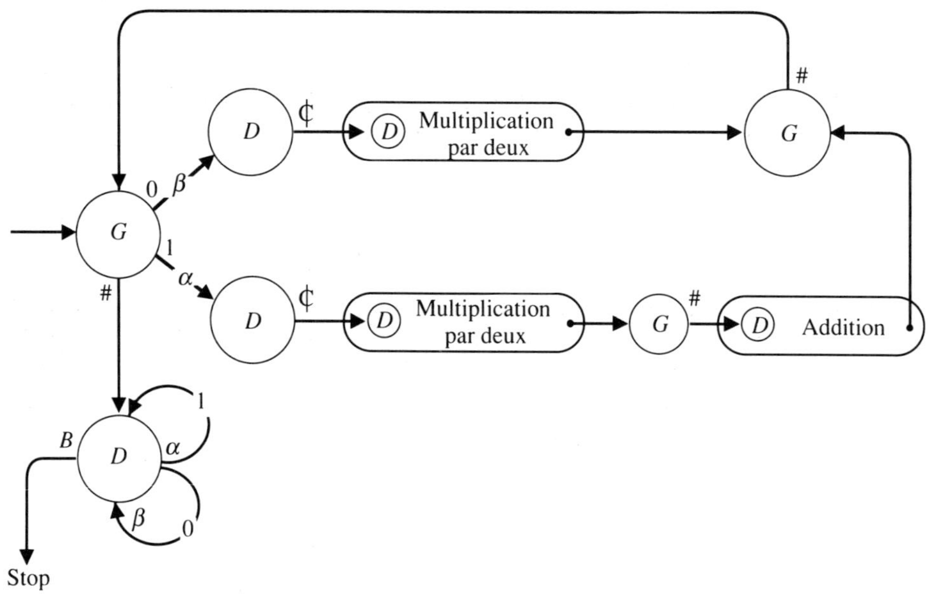

Fig. 21. Multiplicateur

On rappelle que l'on note $H(p)$ et $P(p)$ le quotient et le reste de p dans la division par 2; on peut alors définir une suite (y_i) par :

$$\begin{aligned} y_0 &= y \\ y_{i+1} &= H(y_i) \end{aligned}$$

L'écriture binaire de y_i s'obtient à partir de celle de y en enlevant les i chiffres de poids le plus faible; par suite, si n est la longueur de la représentation binaire donnée de y, on a $y_n = 0$. La machine de Turing représentée à la figure 21 calcule successivement les produits $xy_{n-1}, xy_{n-2}, \ldots, xy_0$ en exploitant la relation :

$$xy_i = 2xy_{i+1} + xP(y_i)$$

Le résultat s'imprime à droite du symbole ¢; les détails sont laissés au lecteur.

2. VARIANTES DE LA NOTION DE MACHINE DE TURING

La définition de la machine de Turing peut paraître quelque peu arbitraire et on peut y apporter diverses modifications ; on va voir dans ce paragraphe que les diverses variantes que l'on peut imaginer conduisent toutes à la même classe de calculs.

2.1. Machines à plusieurs rubans

La modification la plus naturelle que l'on peut envisager consiste à munir la machine de rubans mémoires supplémentaires ; chaque ruban dispose d'une tête de lecture et chaque pas de calcul de la machine dépend de son état q et des symboles $a_1, \ldots, a_k$ lus sur les k rubans ; comme dans le cas de la machine standard, l'action se décompose en trois :

i) substitution à *chaque* symbole a_i d'un symbole $\sigma_i(q, a_1, \ldots, a_k)$,

ii) déplacement de *chaque* tête de lecture dans une direction $\Delta_i(q, a_1, \ldots, a_k)$,

iii) transition de la machine vers un nouvel état $\delta(q, a_1, \ldots, a_k)$.

Il est commode d'autoriser une tête de lecture à rester stable tandis que les autres se déplacent ; on suppose donc que les fonctions Δ_i prennent leurs valeurs dans un ensemble à trois éléments (G, S, D), le symbole S impliquant une absence de déplacement.

Il est naturellement possible de rendre la description ci-dessus tout à fait formelle ; cela ne paraît pas abolument nécessaire ; en effet, il n'y a pas de différence essentielle avec les machines à un ruban.

L'utilisation de rubans supplémentaires, permet principalement d'éviter les allers-retours de la tête de lecture dans des opérations telles que le transfert de données. La figure 22 représente le diagramme d'une machine à deux rubans effectuant le transfert d'un mot x de $\{0, 1\}^*$ d'un ruban sur l'autre ainsi que les configurations marquant le début et la fin du calcul. On comparera à la MT de la figure 8 (section 1.5) ; les conventions adoptées pour le diagramme sont des extensions naturelles de celles adoptées pour les MT standard.

Les machines de Turing à plusieurs bandes se révèlent également adaptées aux problèmes de recherche de motifs. On va présenter un exemple qui sera très utile dans la suite ; on considère un ruban comportant outre des cases blanches, les symboles 0, 1, ainsi que des marqueurs #, ₵ et \$, ce dernier utilisé pour indiquer la dernière case non blanche ; sur ce ruban, on cherche à repérer le premier motif de la forme $\#x$ où x est un mot

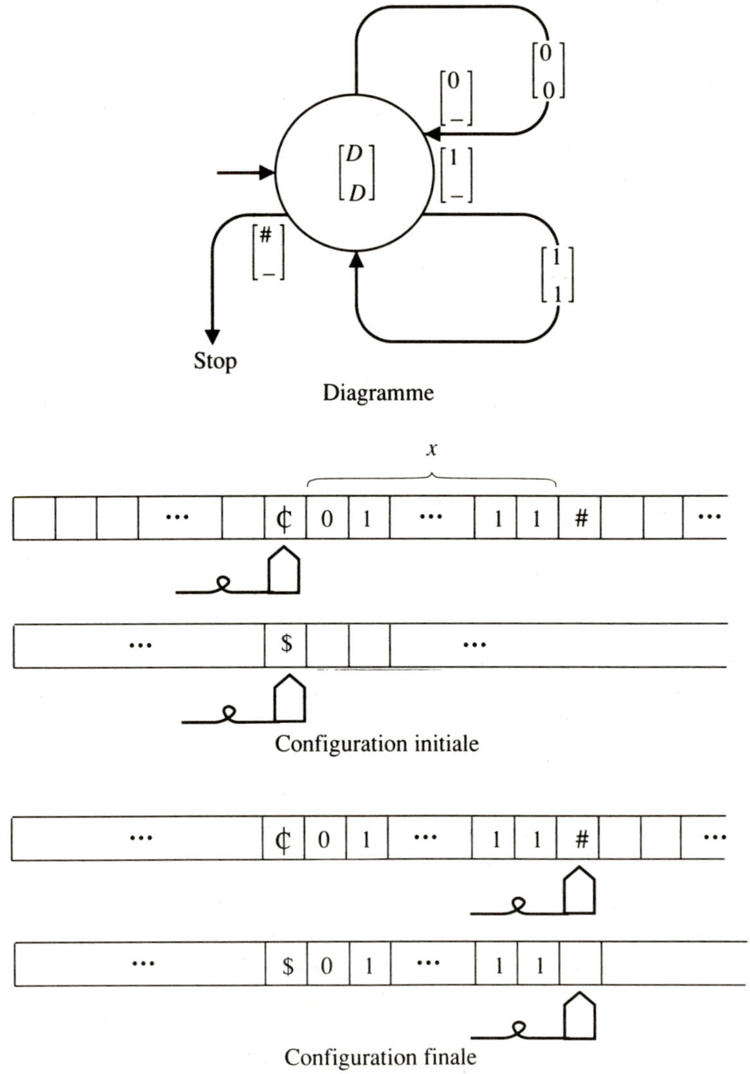

Fig. 22. Transfert de données d'un ruban à l'autre

donné de $\{0,1\}^*$; il s'agit d'une version abstraite d'un problème tout à fait habituel consistant à rechercher sur une bande, une information codée par son adresse x. Le problème est résolu par la machine à deux rubans de la figure 23. La configuration initiale du second ruban est $\uparrow\#x$; la machine s'arrête en positionnant la tête de lecture du premier ruban juste après le motif cherché (sortie stop 1) ou en rencontrant le symbole de fin de bande \$ (sortie stop 2).

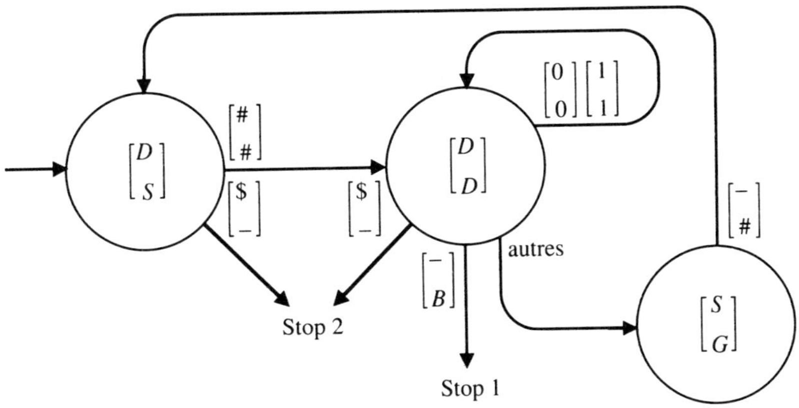

Fig. 23. Recherche de motif

2.2. Réduction à un ruban

Il est bien clair que toute tâche réalisée par une machine de Turing standard peut être réalisée par une machine à plusieurs rubans : il suffit d'ignorer tous les rubans sauf un. On va montrer inversement qu'une MT à plusieurs rubans peut être *simulée* par une machine à un seul ruban. Le concept de *simulation* appelle quelques explications même si son contenu est intuitivement clair : le conditionnement des données étant différent, il est nécessaire d'opérer certaines transformations. Sans chercher à formaliser à l'excès, on retiendra les caractéristiques suivantes :

i) la configuation initiale de la machine simulante est calculée simplement à partir de celle de la machine à simuler ;

ii) il existe un sous-ensemble P de l'ensemble des états de la machine simulante tel que, à partir des configurations correspondant aux états de P, on puisse retrouver, par un calcul simple, la suite des configurations de la machine simulée.

Reste à préciser ce qu'est un calcul simple; les configurations étant représentées par des mots; on peut identifier cette notion à celle de fonction calculée par une machine séquentielle (section 2.11 du chapitre 1) ; quelques conventions s'imposent pour le cas des fonctions de plusieurs variables dans le détail desquelles on n'entrera pas. On va plutôt présenter assez précisément le principe d'une simulation d'une machine M à deux rubans d'alphabet $\{0, 1, B\}$ par une machine M' à un seul ruban ; bien entendu, une construction analogue s'applique à un nombre quelconque de rubans et à un alphabet arbitraire.

Chaque configuration de M est codée par une configuration de M' obtenue comme suit : on numérote les cases du ruban de M' par les entiers 0, 1, 2... ; la case d'indice 0 contient un marqueur \$; le contenu du premier ruban est reporté dans les cases 2, 5, 8..., celui du second dans les cases d'indice congru à zéro modulo 3 ; les cases d'indices $3i + 1$ sont en général blanches, sauf si la tête de lecture du premier (resp. du deuxième) ruban est positionné devant la i-ème case, auquel cas la case d'indice $3i + 1$ contient le symbole $\uparrow$ (resp. $\downarrow$) ; dans le cas où les têtes de lectures sont toutes deux en position i, on place dans la case $3i + 1$ un symbole particulier $\updownarrow$. La figure 24 présente un exemple de ce processus de codage.

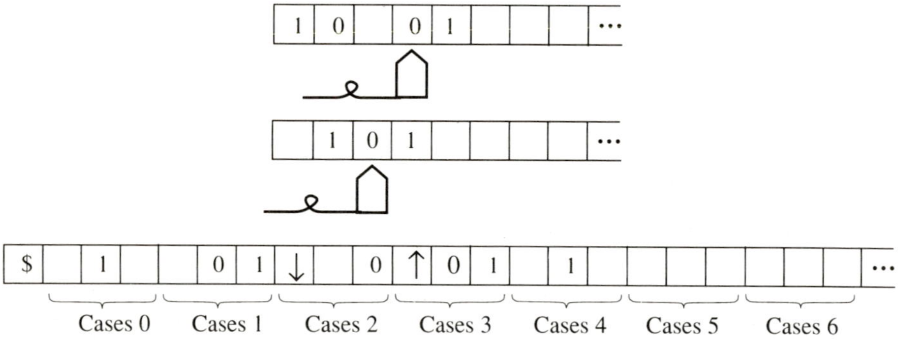

Fig. 24. Codage sur un seul ruban

A chaque état q de la machine M, correspond un état de la machine M' que l'on note également q ; ces états sont les états *principaux* de M' ; chaque retour à un état principal marque la fin de la simulation d'un pas de calcul. Cette simulation se décompose en plusieurs phases.

1) Repérage des positions des deux têtes de lecture et reconnaissance des symboles correspondants.
2) Modifications apportées aux symboles lus et aux positions des têtes.
3) Changement d'état.

Le diagramme de la machine simulante est composé à partir de machines élémentaires réalisant les tâches décrites ci-dessus ; par exemple, la figure 25 représente une machine M_R effectuant la première de ces tâches en étant mise en opération à partir de la case marquée par un \$, la figure 26 montre à titre d'exemple comment on peut revenir au départ puis imprimer un zéro sur le premier ruban, déplacer vers la gauche la tête de lecture de ce ruban, tout en laissant inchangé le contenu du second ruban. Chaque état principal q de la machine M' est l'origine d'une copie de la machine M_R; chacune des neuf sorties de M_R est liée à une machine qui effectue les actions correspondant à l'état q et aux deux symboles $[a, b]$ déterminés par M_R; la borne de sortie de chacune de ces neuf machines est alors liée à l'état principal qui convient, soit $\delta(q, a, b)$.

On notera qu'avec deux rubans, il est facile de simuler une machine de Turing ayant un ruban mémoire infini dans les deux sens; la considération de tels rubans doublement infinis n'accroît donc pas non plus la puissance de calcul des MT.

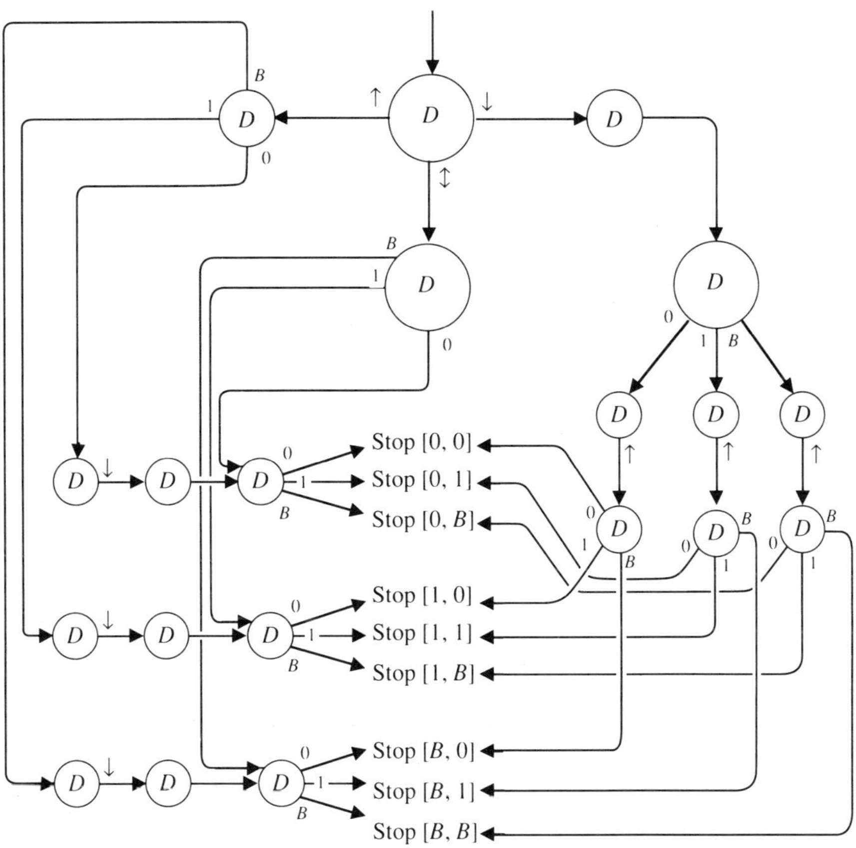

Fig. 25. Reconnaissance des symboles lus par la machine simulée

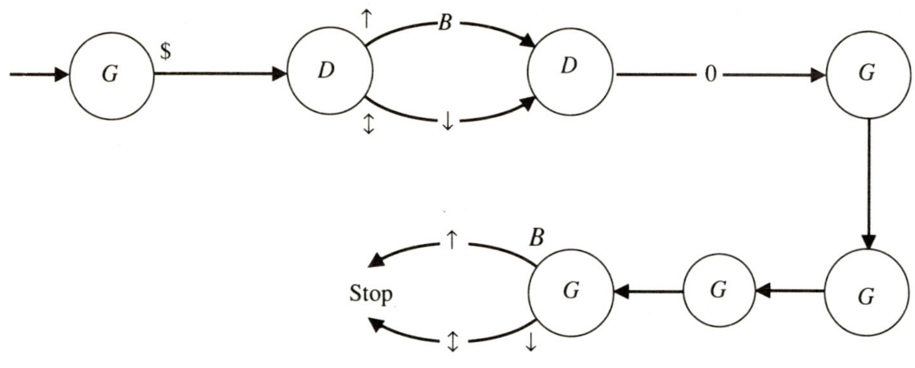

Fig. 26. Exemple de mise à jour des rubans

2.3. Réduction de l'alphabet

Dans les sections précédentes, on a souvent trouvé commode d'augmenter l'alphabet des machines de Turing en utilisant par exemple des marqueurs divers comme #, ₵, $... On va voir en fait que toute machine de Turing peut être simulée par une MT ayant un alphabet à deux éléments $\{1, B\}$. Ce résultat théorique est bien en accord avec la pratique : la technologie impose le plus souvent de coder toutes les informations avec seulement deux symboles 0 et 1 ; on utilise d'ailleurs parfois 0 au lieu de B pour représenter le symbole blanc.

Comme dans la section précédente, on se bornera à donner le principe de la simulation dans le cas particulier d'un alphabet Σ à quatre éléments $\{a, b, c, B\}$. Chaque lettre de cet alphabet est codée par deux symboles :

a	par	11
b	par	$1B$
c	par	$B1$
B	par	BB

ce qui permet de coder un mot de Σ^* par un mot de $\{1, B\}^*$ de longueur double. A chaque configuration du ruban de la machine à simuler M, est ainsi associée une configuration de la machine simulante M' ; il suffit de préciser que l'on place la tête de lecture de M' sur la première des deux cases possibles ; un exemple est représenté à la figure 27.

Comme dans la section précédente, on associe à chaque état q de la machine M un état de M' que l'on note également q ; ces états sont appelés états

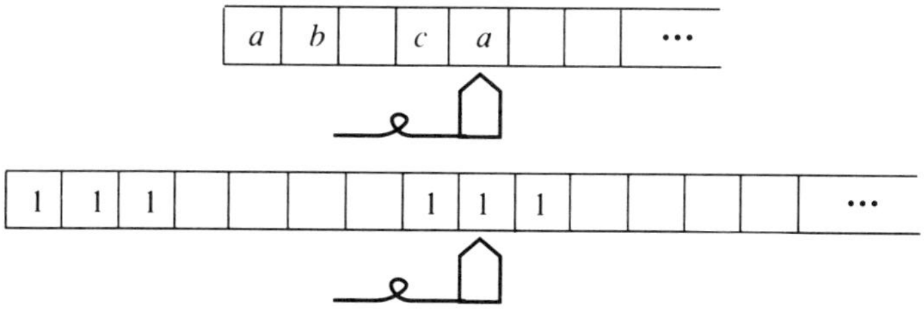

Fig. 27. Codage par un alphabet à deux symboles

principaux : chaque retour à un état principal marque la fin de la simulation d'un pas de calcul. Cette simulation se décompose en plusieurs phases.

1) Examen de la case sur laquelle est positionnée la tête de lecture, de la case immédiatement à droite et détermination du symbole correspondant de Σ.
2) Modifications apportées aux deux symboles lus et à la position de la tête de lecture.
3) Changement d'état.

La construction du diagramme de M' est, comme dans la section précédente, opérée de façon modulaire; les détails de la construction sont laissés au lecteur. A titre d'exemple, la figure 28 décrit un module réalisant la première tâche.

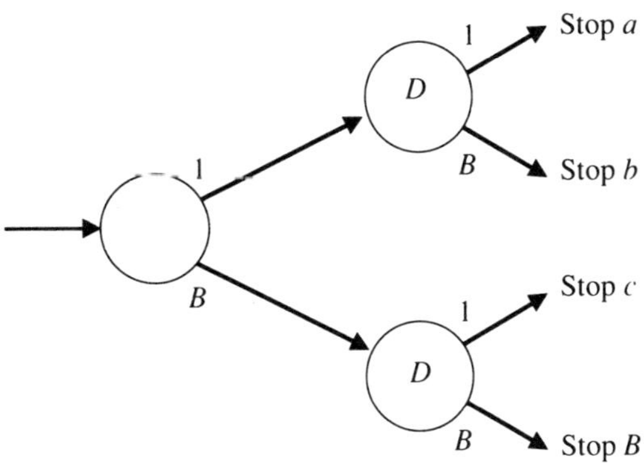

Fig. 28. Reconnaissance d'un symbole codé

3. MACHINES À ACCÈS DIRECT

On va maintenant envisager un second modèle de calculateur très proche dans sa conception des calculateurs réels, à cela près que sont éliminées les restrictions sur la taille des nombres qui sont manipulés.

3.1. Description

Une *machine à accès direct* (en abrégé MAD, en anglais *random access machine*) se compose :

i) d'un périphérique d'entrée;

ii) d'un nombre (potentiellement) infini de *registres* numérotés $r_0, r_1, \ldots,$ $r_i, \ldots$ le registre r_0 prend le nom d'*accumulateur* et joue un rôle particulier;

iii) d'un périphérique de sortie;

iv) d'un compteur de programme;

v) d'un programme.

Chaque registre r_i contient un entier positif ou négatif de taille arbitraire, mais on suppose toujours que tous les registres sauf un nombre fini sont vides ou, si l'on préfère, ont un contenu nul. On note $c(i)$ le contenu du registre r_i.

Le périphérique d'entrée et le périphérique de sortie sont tous deux constitués d'une liste finie d'entiers; de plus, dans le cas du périphérique d'entrée, un dispositif convenable pointe vers un élément de la liste.

Enfin, le compteur de programme contient un entier (positif).

Bien entendu, l'utilisation de mots empruntés au langage technologique tels que «périphérique» ou «registre» a pour but de rendre la description que l'on vient de faire assez concrète (cf. la figure 29). On a en réalité défini simplement une structure mathématique finie. Cette structure prend diverses valeurs ou *configurations*; on appellera en particulier *configuration initiale* associée à $(n_1, \ldots, n_k)$ toute configuration telle que :

i) le périphérique d'entrée contient une liste d'entiers positifs ou négatifs $(n_1, \ldots, n_k)$ et le pointeur est positionné sur le premier élément de la liste;

ii) tous les registres sont vides;

iii) le périphérique de sortie contient la liste vide;

iv) le compteur de programme est à zéro.

Le rôle du programme est de modifier progressivement la configuration de

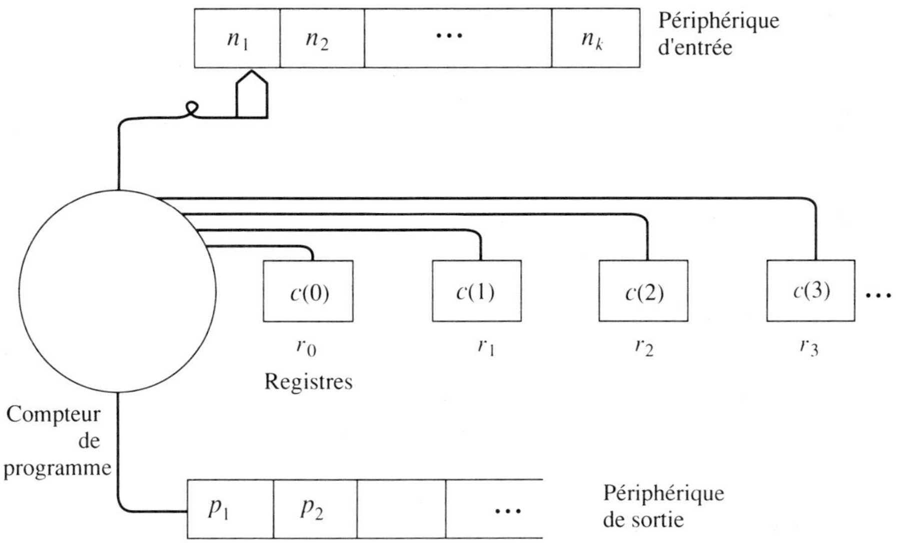

Fig. 29. Machine à accès direct

la machine jusqu'à un arrêt éventuel suivant des règles qui seront précisées dans la section suivante ; un tel processus est en tous points comparable à l'exécution d'un programme compilé.

3.2. Fonctionnement

Le programme d'une machine à accès direct se compose d'une suite finie d'*instructions* numérotées (pas nécessairement par des entiers consécutifs). Chaque pas de calcul consiste en l'exécution de l'instruction dont le numéro est indiqué par le compteur du programme. Comme on va le voir, ces instructions sont exprimées dans un langage impératif simple, tout à fait analogue à un langage machine. Les instructions disponibles se répartissent en quatre groupes :

1) instructions d'entrée/sortie,
2) instructions de transfert,
3) opérations arithmétiques,
4) instructions de contrôle.

Chaque instruction des trois premiers groupes se traduit par une action spécifique sur la configuration de la machine ; après cette action le compteur de programme est augmenté d'une unité. En revanche, les intructions du dernier groupe agissent exclusivement sur le compteur de programme. On va maintenant passer en revue les instructions et les actions correspondantes.

1. Instructions d'entrée/sortie

READ : transfère dans l'accumulateur l'entier du périphérique d'entrée sur lequel est positionné le pointeur; avance ce pointeur vers l'entier suivant (l'entier qui se trouvait dans l'accumulateur avant l'éxécution de cette instruction se trouve effacé).

WRITE : ajoute le contenu de l'accumulateur dans le périphérique de sortie (ceci n'affecte pas le contenu de l'accumulateur qui est inchangé).

2. Instructions de transfert

LOAD : tout comme les opérations arithmétiques, cette instruction s'applique à un opérande entier; elle provoque le chargement de cet opérande dans l'accumulateur (et donc l'effacement de l'entier qui s'y trouvait auparavant). On distingue trois modes :

i) le mode *immédiat* LOAD $= i$ où l'opérande i est donné sous forme numérique;

ii) le mode *direct* LOAD i où l'opérande est le contenu du i-ème registre $c(i)$;

iii) le mode *indirect* LOAD $\uparrow i$ où l'opérande est le contenu du registre d'indice $|c(i)|$ soit $c(|c(i)|)$.

STORE : cette instruction provoque le transfert du contenu de l'accumulateur dans le i-ème registre (STORE i) ou dans le registre d'indice $|c(i)|$ (STORE $\uparrow i$).

3. Opérations arithmétiques

PLUS : ajoute l'opérande au contenu de l'accumulateur. Cette instruction, comme la suivante, est utilisable en mode immédiat, direct ou indirect.

MULT : multiplie le contenu de l'accumulateur par l'opérande.

DIV $= 2$: remplace le contenu de l'accumulateur par son quotient (entier) par deux.

Il reste à examiner les instructions du dernier groupe; contrairement aux précédentes, ces instructions modifient seulement le compteur de programme, c'est-à-dire en fin de compte l'ordre dans lequel sont exécutées les instructions; ce sont elles qui permettent la réalisation des structures de contrôle habituelles (branchements conditionnels ou inconditionnels, boucles...).

4. Instructions de contrôle

START : avance le compteur de programme à un.

GOTO n : donne au compteur de programme la valeur n.

IF $\geqslant 0$ THEN n : donne au compteur de programme la valeur n si le contenu de l'accumulateur est positif ou nul; dans le cas contraire, incrémente ce compteur d'une unité.

STOP : arrête l'exécution du programme.

3.3. Utilisation

Le formalisme des MAD est particulièrement bien adapté au calcul de fonctions numériques : on peut ainsi considérer la fonction partielle $f(n_1, \ldots, n_k)$ donnée par le premier entier, s'il existe, qui est écrit dans le périphérique de sortie à partir de la configuration initiale associée à $(n_1, \ldots, n_k)$.

Les fonctions définies sur les mots d'un alphabet Σ ne sont cependant pas exclues : en codant les éléments de Σ par des entiers $0, \ldots, q-1$ on peut à tout mot de Σ^* de longueur k associer une suite $(n_1, \ldots, n_k)$; en réduisant modulo q les entiers écrits en sortie, on obtient, quand la machine s'arrête, un mot $f(x)$. En fait, on verra ultérieurement que les machines à accès direct effectuent exactement les mêmes tâches que les machines de Turing. On va pour l'instant donner quelques exemples de MAD.

Il est bien clair que l'on aurait pu enrichir l'arsenal d'instructions utilisables et ajouter (par exemple) des opérations arithmétiques de soustraction, division (entière), voire d'exponentiation. Il n'a pas paru nécessaire de le faire; il n'est pas difficile en effet de réaliser ces opérations à l'aide des autres : par exemple, le programme qui suit calcule la différence de deux entiers n_1 et n_2 donnés dans cet ordre (les commentaires sont naturellement ignorés par le programme) :

```
0  START
1  READ          {lecture du nombre n1}
2  STORE 1
3  READ          {lecture du nombre n2}
4  MULT = -1     {calcul de -n2}
5  PLUS 1        {calcul de n1 - n2}
6  WRITE
7  STOP
```

On peut également, bien que ce soit plus délicat, effectuer la division (entière) de deux nombres p et q; on se bornera à envisager le cas où p

est positif ou nul et q strictement positif. Le programme qui suit réalise alors l'opération :

0	START	
1	READ	{lecture du nombre p}
2	STORE 1	{création d'une variable x_1 et affectation $x_1 := p$}
3	READ	{lecture du nombre q}
4	STORE 2	{ création d'une variable x_2, $x_2 := q$}
5	LOAD = 0	
6	STORE 3	{création d'une variable x_3, $x_3 := 0$}
7	LOAD 2	{début d'une boucle}
8	MULT = −1	
9	PLUS 1	{calcul de $x_1 - x_2$}
10	IF $\geqslant$ 0 THEN 12	
11	GOTO 20	{fin de calcul si $x_1 < x_2$}
12	STORE 1	{$x_1 := x_1 - x_2$}
13	LOAD 3	
14	PLUS = 1	
15	STORE 3	{$x_3 := x_3 + 1$}
16	GOTO 7	{fin de boucle}
20	LOAD 3	
21	WRITE	{écriture du résultat}
22	STOP	

Ce programme comprend une boucle while dont l'expression en langage PASCAL est :

while $x_1 - x_2 \geqslant 0$ **do**
  begin
    $x_1 := x_1 - x_2$;
    $x_3 := x_3 + 1$
  end;

Cette boucle est parcourue un nombre de fois égal au quotient cherché de p par q; le programme proposé n'est donc pas très satisfaisant pour de grandes valeurs de p à cause de la durée excessive de son exécution. On reviendra au paragraphe 5 sur la notion de temps d'exécution et on pourra alors voir précisément en quoi le second programme qui est envisagé ci-dessous est meilleur que le premier.

0	START	
1	READ	
2	STORE 1	{$x_1 := p$}

3	READ	
4	STORE 2	$\{x_2 := q\}$
5	LOAD = 0	
6	STORE 3	$\{x_3 := 0\}$
7	LOAD 1	
8	STORE 4	$\{x_4 := x_1\}$
9	LOAD 3	{début de boucle}
10	PLUS 2	
11	MULT = −1	
12	PLUS 4	{calcul de $x_4 - x_3 - x_2$}
13	IF ⩾ 0 THEN 15	
14	GOTO 40	{fin de calcul si $x_4 - x_3 < x_2$}
15	LOAD 3	
16	PLUS 4	
17	DIV = 2	
18	LOAD 5	$\{x_5 := (x_3 + x_4) \text{ div } 2\}$
19	MULT 2	
20	MULT = −1	
21	PLUS 1	{calcul de $x_1 - x_5 * x_2$}
22	IF ⩾ 0 THEN 26	
23	LOAD 5	
24	STORE 4	{if $x_1 - x_5 * x_2 < 0$ then $x_4 := x_5$}
25	GOTO 9	{fin de boucle}
26	LOAD 5	
27	STORE 3	{if $x_1 - x_5 * x_2 \geqslant 0$ then $x_3 := x_5$}
28	GOTO 9	{fin de boucle}
40	LOAD 3	
41	WRITE	{écriture du résultat}
42	STOP	

Ce programme est fondé sur une recherche par dichotomie; il utilise une boucle qui sc traduit comme suit :

```
while x4 - x3 ⩾ x2 do
   begin
      x5 := (x3 + x4)div 2;
      if x5 * x2 ⩽ x1 then x3 := x5
      else x4 := x5
   end;
```

On peut développer toute une programmation des MAD; ce n'est pas ici le lieu pour le faire; on va terminer cette section en présentant un programme calculant la fonction $n!$ (où $n!$ vaut zéro si n est $\leqslant 0$); ce programme est, en somme, la traduction du programme PASCAL suivant :

```
function fact (m : integer) : integer;
  var n, s : integer;
  begin
     n := m;
     s := 1;
     while n > 0 do
        begin
           s := s * n;
           n := n - 1
        end
     fact := s
  end;
```

Le texte du programme de la machine à accès direct est alors le suivant :

```
 0  START
 1  READ
 2  STORE 1          {n := m}
 3  LOAD = 1
 4  STORE 2          {s := 1}
 5  LOAD 1           {début de la boucle while}
 6  MULT = −1
 7  IF ⩾ 0 THEN 15   {fin de calcul si n est ⩽ 0}
 8  LOAD 2
 9  MULT 1
10  STORE 2          {s := s * n}
11  LOAD = −1
12  PLUS 1
13  STORE 1          {n := n − 1}
14  GOTO 5           {fin de boucle}
15  LOAD 2
16  WRITE
17  STOP
```

3.4. Simulation d'une machine à accès direct par une machine de Turing

Le problème posé par la simulation d'une MAD par une machine de Turing est essentiellement le suivant : comment coder sur une mémoire à accès séquentiel, comme le ruban d'une MT, l'ensemble des informations contenues dans les registres d'une machine ? Ce problème est naturellement posé au niveau théorique, mais n'est pas sans implications pratiques. Que le lecteur pense un instant, pour s'en convaincre, aux problèmes posés par le stockage d'informations sur les disques magnétiques ou optiques (pour ces derniers, on trouve d'ailleurs plus de contraintes que pour les machines de Turing puisque les données, une fois enregistrées, ne peuvent être modifiées).

La solution proposée consiste d'abord à représenter un entier positif ou négatif en notation binaire précédée d'un zéro ou d'un un suivant que l'entier est $\geqslant 0$ ou non ; chaque registre r_i ainsi que son contenu $c(i)$ peut alors être codé par un mot :

$$\# \operatorname{bin}(i) \text{¢} x \#$$

où x représente l'entier $c(i)$ avec la convention faite précédemment. Ces mots sont ensuite placés sur le ruban d'une machine de Turing dans un ordre quelconque, séparés éventuellement par des blancs qui sont ignorés. Un marqueur \$ est placé au début et un autre \$ à la fin (figure 30) ; les registres vides ne sont pas nécessairement codés.

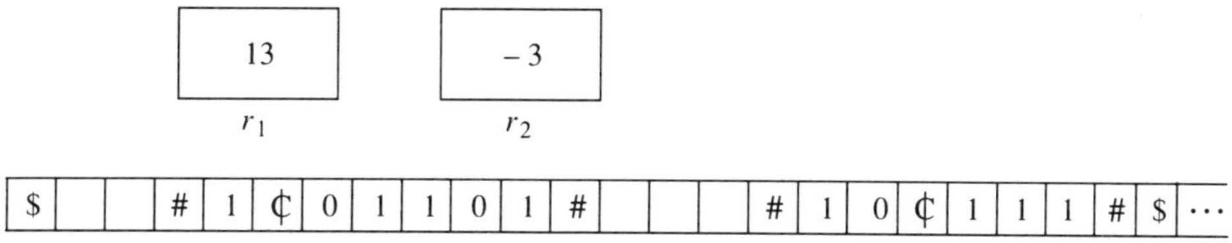

Fig. 30. Codage des registres r_1 et r_2

Ces préliminaires étant acquis, on va exposer le principe de la simulation d'une machine à accès direct par une machine de Turing M à cinq rubans ; à chaque instruction de la MAD, d'indice n, est associé un état q_n de la machine simulante ; les états ainsi définis sont appelés états principaux de la machine M ; chaque retour à un état principal marque la fin de la simulation d'une instruction de la MAD ; les rubans de M se trouvent alors dans la configuration suivante :

i) le premier ruban contient le mot

$$\# x_1 \# \dots \# x_k \#$$

où $x_1, \dots, x_k$ sont des mots de $\{0,1\}^*$ qui représentent les entiers $n_1, \dots, n_k$ du périphérique d'entrée ; de plus, la tête de lecture est positionnée juste avant l'entier indiqué par le pointeur d'entrée ;

ii) le second ruban représente le contenu du périphérique de sortie (avec des conventions analogues) ;

iii) le troisième ruban représente le contenu de l'accumulateur (toujours avec les mêmes conventions) ;

iv) le quatrième ruban code l'état de l'ensemble des registres de la machine à l'exception de l'accumulateur, suivant le principe exposé plus haut.

La construction du diagramme de la machine simulante M se fait, comme on a maintenant l'habitude, de façon modulaire : on conçoit d'abord la machine qui réalise la mise à jour des quatre rubans après la prise en compte d'une instruction donnée et on relie ces machines entre elles de façon à préserver l'ordre d'exécution des instructions. L'ensemble est un exercice assez pénible de programmation des machines de Turing : on va esquisser la description des modules correspondant à quelques instructions, ce qui fera également comprendre le rôle de « brouillon » joué par le cinquième ruban, dont on n'a pas encore parlé.

1. Instruction ADD 5

On doit réaliser les tâches suivantes :

i) écriture du mot # 1 0 1 sur le ruban numéro cinq;

ii) recherche du motif ainsi écrit sur le ruban mémoire numéro quatre;

iii) copie sur le ruban de travail (5) de la donnée contenue dans l'accumulateur puis de la donnée suivant le motif trouvé en ii); si le motif n'a pas été trouvé, cette donnée est considérée comme nulle;

iv) calcul de la somme des nombres codés sur le ruban de travail;

v) effacement de la donnée stockée sur le troisième ruban et remplacement par le résultat trouvé en iv).

On se convainc facilement que chacune de ces tâches est réalisable par la machine de Turing. Une machine, effectuant la recherche de motifs, a été définie dans la section 2.1 (figure 23). Des procédés d'addition et de soustraction ont été décrits (dans la section 1.7); quelques modifications doivent être apportées pour tenir compte du signe des entiers à manipuler.

2. Instruction STORE ↑7

C'est une instruction qui modifie le ruban mémoire. On doit successivement réaliser les tâches qui suivent :

i) écriture du motif # 1 1 1 sur le ruban de travail;

ii) recherche du motif # 1 1 1 sur le ruban mémoire;

iii) copie sur le ruban de travail de la donnée, suivant immédiatement le motif trouvé, privée de son premier bit (correspondant au signe);

iv) recherche du registre dont le numéro n vient de se trouver inscrit sur le ruban de travail;

v) effacement du mot associé à ce registre;

vi) effacement du symbole de fin de bande \$ et adjonction d'un mot :

$$\# \operatorname{bin}(n) \not{C} x \#$$

représentant le nouveau contenu du registre n ; n est le numéro de registre inscrit sur le ruban de travail et x le code du contenu de l'accumulateur (ruban numéro 3) ;

vii) impression d'un \$ en fin de bande mémoire.

Un moment de réflexion permet de se convaincre qu'une machine de Turing est apte à réaliser ces diverses tâches.

3. Instruction IF $\geqslant 0$ *THEN 35*

On suppose, pour fixer les idées, que cette instruction est numérotée 17. A partir de l'état q_{17} on construit une machine qui lit le premier bit de la donnée stockée sur le ruban numéro 3 ; cette machine s'arrête dans l'un ou l'autre de deux états stop 0 ou stop 1, suivant que ce premier bit est 0 ou 1, c'est-à-dire suivant que le contenu de l'accumulateur est $\geqslant 0$ ou non. L'instruction de branchement conditionnel est alors simulée en reliant la sortie stop 0 à l'état q_{35} et l'autre sortie à l'état q_{18}.

3.5. Simulation d'une machine de Turing par une machine à accès direct

Il existe plusieurs façons de simuler l'action d'une machine de Turing par une MAD : l'une d'entre elles consiste à associer un registre à chaque case de la machine et à stocker dans d'autres registres les positions des têtes : l'adressage indirect permet de faire les mises à jour successives qu'implique la simulation.

On va présenter un autre procédé de simulation qui n'utilise qu'une faible partie de ressources de la MAD, puisque seuls deux registres interviennent (outre l'accumulateur) sans aucune forme d'adressage indirect. Il est commode de n'envisager cette simulation que dans le cas des machines de Turing à une seule bande dont l'alphabet est réduit à deux symboles 1 et 0 (où 0 représente exceptionnellement le symbole blanc). Compte tenu des sections 2.2 et 2.3, ces restrictions n'amènent en réalité aucune perte de généralité.

Comme on l'a déjà fait précédemment, on peut représenter la configuration du ruban de la machine donnée par un mot :

$$w \uparrow x$$

où w est le mot de $\{0,1\}^*$ écrit à gauche de la tête de lecture et x le mot commençant à la case où se trouve la tête de lecture mais limité à la case extrême contenant un symbole autre que zéro. Finalement, toute configuration est représentée par deux mots w, x de $\{0,1\}^*$; on note n l'entier dont la représentation binaire est $1w$ et m l'entier dont la représentation binaire «inversée» est x. On vérifie bien que les deux représentations binaires considérées ne comportent pas de zéros non significatifs (c'est précisément pour cela que l'on fait précéder w d'un symbole 1).

Réciproquement à partir de deux nombres entiers n et m, on peut retrouver une configuration unique :

$$w \uparrow x$$

définie par $1w = \text{bin}(n)$ et $x = \widetilde{\text{bin}}(m)$, pour autant que n soit non nul. Le principe de la simulation que l'on va décrire est le stockage des nombres n, m dans les deux registres r_1 et r_2 (respectivement). A chaque état de la machine de Turing est associé un groupe d'instruction de la MAD : si $q_0, \dots, q_{r-1}$ est une énumération des états (commençant par l'état de départ), on convient d'entamer à $50i+1$ le groupe d'instructions correspondant à l'état q_i. Le but du sous-programme commençant à $50i+1$ est d'effectuer les tâches suivantes :

i) prendre connaissance du symbole a (0 ou 1) qui est en regard de la tête de lecture;

ii) effectuer les actions d'impression et de déplacement définies par $\sigma(q_i, a)$ et $\Delta(q_i, a)$;

iii) transférer le contrôle du programme au groupe d'instructions commençant à $50j+1$ où j est donné par $\delta(q_i, a)$.

On note que le symbole a, situé au regard de la tête de lecture, est exactement le reste modulo 2 du nombre m, soit $P(m)$ suivant les notations introduites auparavant. Le programme suivant réalise donc la tâche i).

$(50i+)$	1	LOAD 2	
	2	DIV = 2	
	3	MULT = -2	
	4	PLUS 2	
	5	MULT = -1	
	6	IF $\geqslant 0$ THEN $50i+11$	{cas où $P(m) = 0$}
	7	GOTO $50i+31$	{cas où $P(m) = 1$}

Les tâches ii) et iii) sont alors réalisées par le sous-programme commençant à l'instruction $30i+11$ ou $50i+31$ selon que a vaut 0 ou 1. Pour fixer les idées, supposons dans le cas où $a = 0$:

$$\begin{cases} \sigma(q_i, 0) &= 1 \\ \Delta(q_i, 0) &= G \\ \delta(q_i, 0) &= j \end{cases}$$

alors les nombres n et m sont remplacés respectivement par $H(n)$ et $4H(m) + 2 + P(n)$, où H désigne le quotient entier par 2 : en effet, le dernier bit de la représentation binaire de n (à droite) est supprimé; le dernier bit de la représentation de m (à gauche) est remplacé par 1 et un bit supplémentaire $P(n)$ est ajouté. Ceci conduit à écrire, à partir de la ligne $50i + 11$, le sous-programme suivant :

```
(50i+)  11    LOAD 2
        12    DIV = 2
        13    MULT = 4
        14    PLUS = 2
        15    STORE 2            {m := 4 * H(m) + 2}
        16    LOAD 1
        17    DIV = 2            {calcul de H(n)}
        18    MULT = -1
        19    IF ⩾ 0 THEN 50r    {cas où H(n) est nul}
        20    MULT = 2
        21    PLUS 1             {calcul de P(n)}
        22    PLUS 2
        23    STORE 2            {m := m + P(n)}
        24    LOAD 1
        25    DIV = 2
        26    STORE 1            {n := H(n)}
        27    GOTO 50j + 1
```

L'instruction $50r$ à laquelle renvoie la dix-neuvième ligne du sous-programme est une instruction d'arrêt (correspond à la sortie de la tête de lecture vers l'extrémité gauche de la bande); il en va de même des instructions $50k + 1$ lorsque q_k est un état d'arrêt de la machine de Turing donnée.

Le sous-programme écrit à partir de la ligne $50i + 31$ est écrit de façon analogue, en tenant compte des valeurs $\sigma(q_i, 1)$, $\Delta(q_i, 1)$ et $\delta(q_i, 1)$.

4. DÉCIDABILITÉ

Ainsi qu'on vient de le voir, les machines à accès direct et les diverses variantes de machines de Turing sont toutes susceptibles d'effectuer les mêmes tâches. Il en résulte que l'on a ainsi isolé une notion mathématique importante à laquelle on donne le nom d'*effectivité* ou *calculabilité.* Comme on a déjà eu l'occasion de le dire au chapitre 1, les problèmes qui relèvent d'un traitement par machine se répartissent en deux classes suivant qu'une valeur numérique est attendue (*problème de calcul*) ou seulement une réponse oui ou non (*problème de décision*). En ce qui concerne les fonctions de $\mathbb{N}^k$ dans $\mathbb{N}^r$, on conçoit facilement que toute tentative de définition conduit, compte tenu des diverses simulations des machines entre elles, à une notion qui coïncide avec celle introduite à la section 1.3 sous le nom de fonction partielle calculée par une machine de Turing; on donnera désormais, à ces fonctions, le nom de *fonctions calculables* et on précisera, le cas échéant, si ces fonctions sont partout définies en parlant de *fonctions calculables totales.* Le cas des problèmes de décision nécessite en revanche une discussion un peu plus approfondie.

4.1. Problèmes décidables

On peut définir un *problème mathématique* comme la donnée :

i) d'une description générique de certains objets, les uns fixés, les autres pouvant prendre des valeurs (numériques ou non);

ii) d'une question concernant cette situation.

L'énoncé suivant constitue un exemple (très simple) de problème :

«Etant donnés trois entiers positifs m, n, p,
déterminer si p divise le produit mn»

Il est clair que la définition que l'on a donnée plus haut n'isole pas un concept mathématique, mais une notion informelle. Pour aller plus avant, il convient donc de lui substituer une contrepartie formelle qui peut être trouvée dans la notion de *langage.* Pour cela, on procède suivant une méthode de codage qui est maintenant familière au lecteur; c'est ainsi que chaque cas particulier du problème ci-dessus peut être codé par un mot :

$$\#\,\mathrm{bin}(m)\,\#\,\mathrm{bin}(n)\,\#\mathrm{bin}(p)\,\#$$

L'ensemble des codes ainsi formés constitue un langage qui est partitionné en deux sous-langages L^+ et L^- formés respectivement des codes des exemples du problème pour lesquelles la réponse est oui et des autres cas. On dit que L^+ est *associé* au problème.

Tout cela ne permet pas, bien sûr, de parler «du» langage associé à un problème puisque divers codages sont possibles : ainsi, les données peuvent-elles être présentées dans un ordre différent, la notation décimale peut-elle être substituée à la notation binaire, etc. Cependant, pour tous les problèmes considérés dans la suite de l'ouvrage, un fait d'expérience se dégage : les propriétés du langage auxquelles on s'intéresse, ne dépendent pas du codage choisi. Ceci vaut pour autant que le codage soit naturel, ce qui exclut – par exemple – la prise en compte d'informations étrangères au problème ou l'utilisation systématique de la notation «unaire». Ces précautions étant prises, on pourra, par abus de langage, attacher à un problème certaines propriétés des langages associés par codage et – par exemple – parler de *problème décidable* dès que l'on aura défini la notion de *langage décidable.*

Définition. Un langage L d'alphabet Γ est *décidable* s'il existe une machine de Turing M d'alphabet Σ et une partition de l'ensemble des états finaux de M en deux sous-ensembles F^+ et F^- tels que :

i) Γ est inclus dans Σ mais le symbole blanc B n'appartient pas à Γ ;

ii) pour tout mot x de L, la machine M, mise en opération dans la configuration initiale $\uparrow x$, atteint un état final de F^+ ;

iii) pour tout mot x de Γ^*, qui n'appartient pas à L, la machine M, mise en opération dans la configuration $\uparrow x$, atteint un état final de F^-.

On dit que la machine M décide L.

Par abus de langage, on dit qu'un problème est *décidable* si son langage associé est décidable.

Remarque. Le langage L formé des codes correspondant à tous les cas d'un problème est en général très simple, le plus souvent reconnu par automate et donc décidable ; si donc L^+ est décidable, il en va de même de L^- : si un problème est décidable, le problème «contraire» l'est aussi.

On note que la machine de Turing qui permet d'établir la décidabilité d'un langage L d'alphabet Γ, s'arrête sur toutes les données x de Γ^* [ou si l'on préfère à partir de toute configuration initiale $C(x) =\uparrow x$]. La notion de langage décidable ne coïncide donc pas avec la notion de langage *reconnu* introduit dans la section 1.2 puisque pour un tel langage L, rien n'exclut que la machine ne s'arrête pas sur certaines données x du complémentaire de L ; les langages reconnus par une machine de Turing sont quelquefois appelés *semi-décidables.* On verra plus loin que cette notion ne coïncide pas avec celle de décidabilité.

4.2. Le problème de l'arrêt

Le *problème de l'arrêt* est le suivant : étant donnée une machine de Turing M et une configuration initiale C, est-ce que M atteint un état d'arrêt à partir de la configuration initiale C ?

On se propose de montrer que ce problème est indécidable, ce qui fournira un premier exemple de question non susceptible d'une solution mécanique. D'autres exemples ont été mis en évidence, tel le dixième problème de Hilbert, consistant à déterminer si un polynôme P à plusieurs indéterminées à coefficients entiers s'annule en au moins un point à coordonnées entières. Ce problème dépasse cependant le cadre assigné au présent ouvrage.

Pour étudier le problème de l'arrêt, il convient tout d'abord de le formaliser, ce qui correspond essentiellement à coder les machines de Turing. On se restreindra aux machines de Turing à un ruban d'alphabet égal à $\{0, 1\}$ (où 0 est le symbole blanc), mises en opération dans une configuration initiale $\uparrow x$; si la version restreinte du problème est indécidable, il en va de même du problème le plus général. On code d'abord les machines de Turing sous une forme numérique : pour décrire une machine, on se donne son nombre d'états r et on numérote les états $q_0, \ldots, q_{r-1}$ en commençant par l'état de départ ; chaque transition correspondant à un état q_i et un symbole a (égal à zéro ou un) peut être alors représentée par un triplet $t(i, a)$ avec les conventions suivantes :

i) le premier élément de $t(i, a)$ est l'unique indice j tel que $q_j = \delta(q_i, a)$;

ii) le second est $\sigma(q_i, a)$;

iii) le troisième est 0 ou 1 selon que $\Delta(q_i, a)$ est égal à G ou à D.

Naturellement, ceci vaut pour les états q_i qui ne sont pas des états d'arrêt ; si q_i est un état final, on choisit pour valeurs de $t(i, 0)$ et $t(i, 1)$ deux triplets :

$$(s, u, v) \quad (s', u', v')$$

avec u, v, u', v' égaux à 0 ou 1 et s ou $s' \geqslant r$; en particulier deux triplets égaux à $(1, 0, 0)$ conviennent. Pour représenter la machine M, on donne simplement une liste de $6r$ nombres, qui est formée en écrivant bout à bout tous les triplets $t(i, a)$, dans l'ordre :

$$t(0,0) \quad t(0,1) \quad t(1,0) \quad t(1,1) \quad \ldots \quad t(r-1,0) \quad t(r-1,1)$$

Inversement, toute suite de nombres $\nu = (n_i)_{1 \leqslant i \leqslant k}$ est le code numérique d'une machine de Turing pour autant que :

i) sa longueur k soit multiple de 6 ;

ii) tous les indices i congrus à 2 ou 0 modulo 3 soient tels que $n_i = 0$ ou $n_i = 1$.

Pour définir la machine M_ν de code ν, on pose $r = k/6$, ce qui permet de se fixer un ensemble d'états $\{q_0, \ldots, q_{r-1}\}$. Les états d'arrêt sont les états q_i tels que l'un des entiers n_{6i+1} ou n_{6i+4} est $\geqslant r$; pour les autres, on pose :

$$\begin{aligned}
\Delta(q_i,0) &= G \quad \text{si} \quad n_{6i+2}=0\\
\Delta(q_i,0) &= D \quad \text{sinon}\\
\sigma(q_i,0) &= n_{6i+3}\\
\delta(q_i,0) &= q_j \quad \text{avec} \quad j=n_{6i+1}
\end{aligned}$$

On définit de même la transition correspondant à q_i et 1 en considérant les nombres d'indice $6i+4$, $6i+5$, $6i+6$.

On peut passer d'une représentation numérique à une représentation par un mot en associant à une suite :

$$\nu = (n_i)_{1\leqslant i\leqslant k}$$

le mot :

$$\#\,\mathrm{bin}(n_1)\,\#\,\mathrm{bin}(n_2)\,\#\ldots\#\,\mathrm{bin}(n_k)\,\$$$

Il est facile de vérifier que les mots e qui correspondent aux codes d'une machine de Turing sont reconnus par l'automate fini représenté à la figure 31 ; on note M_e la machine de code e.

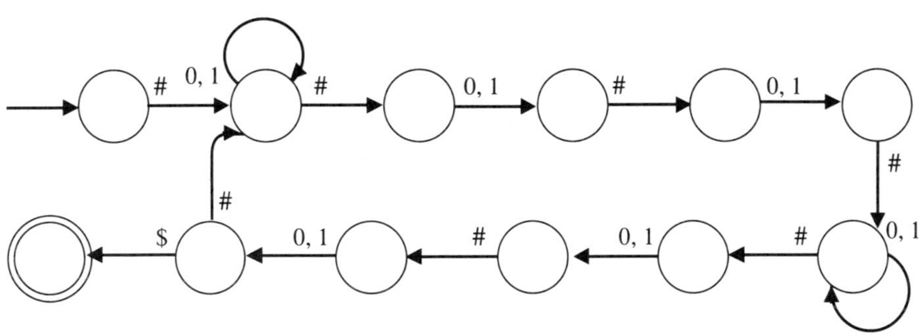

Fig. 31. Automate reconnaissant les codes de machines de Turing

En fin de compte, on peut coder chaque cas particulier du problème de l'arrêt par un mot ex où e code une machine de Turing d'alphabet $\{0,1\}$ et où x est un mot de $\{0,1\}^*$. Ceci permet de définir un langage L_a associé au problème de l'arrêt en posant :

$$L_a = \{ex : \text{la machine } M_e \text{ s'arrête à partir de la configuration } \uparrow x\}$$

Théorème. *Le langage L_a associé au problème de l'arrêt est indécidable.*

On peut donc dire – par abus de langage – que le problème de l'arrêt est indécidable.

Preuve. On commence par régler quelques problèmes de notations : Σ est l'alphabet dans lequel sont écrits les codes des MT et qui se compose des symboles 0, 1, # et \$; ψ désigne l'application de Σ^* dans $\{0,1\}^*$ définie par les clauses suivantes :

i) $\psi(0) \;= 0\,0$;

ii) $\psi(1) \;= 1\,0$;

iii) $\psi(\#) = 0\,1$;

iv) $\psi(\$) \;= 1\,1$;

v) $\psi(uv) = \psi(u)\psi(v)$, u et v éléments de Σ^*.

L'application ψ est injective et l'application inverse φ est définie pour tous les mots de $\{0,1\}^*$ de longueur paire.

En supposant L_a décidable, on va construire une machine de Turing M', d'alphabet $\{0,1\}$, où 0 joue le rôle du symbole blanc, qui, mise en opération dans une configuration initiale $\uparrow u$, s'arrête si et seulement si les conditions suivantes sont réalisées :

i) le mot u s'écrit $\psi(e)u'$ pour un mot e qui est le code d'une machine de Turing ;

ii) le mot $e\psi(e)$ n'appartient pas à L_a.

Il s'agit là d'un exemple du très classique procédé diagonal ; le rôle (technique) de l'application ψ est de ramener les codes de MT à des mots de $\{0,1\}^*$. Une contradiction apparaît si l'on choisit un code e' de la machine de Turing M' et que l'on fait opérer M' sur la donnée $\uparrow\psi(e')$. En effet :

1) si M' atteint un état d'arrêt, alors, d'après les conditions i) et ii) ci-dessus, le mot $e'\psi(e')$ n'appartient pas à L_a ce qui correspond au fait que M' ne s'arrête pas à partir de la configuration $\uparrow\psi(e')$;

2) si maintenant M' n'atteint jamais un état final, alors toujours d'après i) et ii), on voit que le mot $e'\psi(e')$ appartient à L_a, ce qui implique précisément que M' s'arrête sur la donnée $\uparrow\psi(e')$.

Dans les deux cas, on a bien une contradiction ; il reste donc à voir comment on construit M'. On se donne pour cela une machine M qui décide L_a, puis on conçoit une machine (à plusieurs rubans) qui, partant de la donnée d'un mot u de $\{0,1\}^*$, supposée écrite sur un ruban appelé ruban principal, réalise les tâches suivantes.

1) Regrouper les lettres de u deux par deux et calculer progressivement $\varphi(u)$ jusqu'à ce qu'un bloc de deux 1 soit rencontré ; u s'écrit alors $\psi(e)u'$

(dans le cas où une telle décomposition n'est pas trouvée, la machine ne s'arrête pas).

2) Déterminer, sur un ruban auxiliaire, si e est le code d'une MT ; si ce n'est pas le cas, déplacer indéfiniment vers la droite la tête de lecture du ruban principal.
3) Si e est le code d'une MT, déterminer, à l'aide de la machine M fonctionnant sur des rubans auxiliaires, si le mot $e\psi(e)$ appartient à L_a.
4) Si la réponse est négative, arrêter le calcul. Si elle est positive, déplacer indéfiniment vers la droite la tête de lecture du ruban principal.

Compte tenu de l'expérience déjà acquise dans le maniement des MT, on se convainc facilement que ces tâches peuvent être accomplies par une machine $\widehat{M}$ disposant de plusieurs rubans et d'un alphabet assez large (pour englober en particulier l'alphabet de la machine M). Il reste à simuler $\widehat{M}$ par une machine standard M' d'alphabet $\{0, 1\}$ pour achever la preuve du théorème.

Dans son principe, cette simulation est analogue à celle des sections 2.2 et 2.3 : le contenu des rubans auxiliaires peut être codé à la droite du mot $\psi(e)$. Un peu de soin est cependant nécessaire pour effacer, au fur et à mesure des besoins, la donnée «parasite» que constitue le mot u'. On laisse au lecteur la mise au point des détails techniques.

Remarque. Il est clair que les détails techniques de la preuve ci-dessus dépendent fortement de la méthode choisie pour coder le problème de l'arrêt. En revanche, la trame de cette preuve et l'utilisation de la diagonalisation, s'adaptent clairement à toute autre présentation. En ce sens, l'indécidabilité est bien une propriété attachée au problème de l'arrêt, indépendamment du codage adopté.

4.3. Machine universelle

On va établir dans cette section que le problème de l'arrêt est semi-décidable. Pour cela, on va reprendre la simulation des machines de Turing par une machine à accès direct avec un point de vue différent. Jusqu'à présent, on a principalement modélisé la phase d'exécution d'un programme ; la phase préalable (édition et compilation par exemple) a été laissée de côté. Cependant, elle est également réalisable par machine et c'est précisément en l'intégrant dans notre analyse que l'on peut arriver à la notion de *machine universelle.*

On rappelle que, dans la section 3.5, on a présenté la simulation d'une machine de Turing donnée, d'alphabet $\{0, 1\}$, par une MAD. Cette simulation était fondée sur le codage d'une configuration $w \uparrow x$ par deux entiers, m et n, définis par :

$$\begin{aligned} \mathrm{bin}(n) &= 1w \\ \widetilde{\mathrm{bin}}(m) &= x \end{aligned}$$

Ces nombres étaient stockés dans les registres r_1 et r_2 de la machine et le programme de simulation consistait principalement en la mise à jour de ces deux registres. Il s'agit maintenant de rendre ce programme indépendant de la machine de Turing envisagée, les informations concernant la MT et la configuration initiale étant transmises par l'intermédiaire du périphérique d'entrée. Pour cela, il est commode d'utiliser la représentation numérique des MT par une suite de nombres qui a été introduite dans la section précédente. On va maintenant décrire le programme *universel* qui permet de simuler la machine M_ν, mise en opération dans la configuration $w \uparrow x$, à partir de la suite de nombres :

$$\nu, -1, n_0, m_0$$

où :

i) ν est un code numérique de la machine, délimité par la présence du nombre -1 ;

ii) m_0 et n_0 sont les entiers qui codent la configuration initiale de la machine.

Le programme universel se décompose en deux phases.

1) La phase de chargement des données où n_0 et m_0 sont chargés dans les registres r_1 et r_2 respectivement et les nombres de la suite ν dans les registres dont le numéro commence à 7. Au cours de cette phase on vérifie également que ν est bien le code numérique d'une machine dont on calcule le nombre d'états r. Un tel code est, on le rappelle, formé d'une suite de $2r$ triplets :

$$t(0,0), \quad t(0,1), \quad t(1,0), \quad t(1,1), \quad \ldots, \quad t(r-1,0), \quad t(r-1,1)$$

représentant le diagramme de la machine. On peut modifier ce code de façon que $t(i,0)$ et $t(i,1)$ commencent toujours par le nombre r lorsque q_i est un état final. On peut enfin stocker le nombre $-r$ dans le registre r_3.

2) La phase de simulation proprement dite où les registres r_1 et r_2 sont mis à jour conformément aux configurations successives de la machine M_ν.

La mise en œuvre de la première phase ne comporte pas de difficulté particulière ; pour la seconde, il s'agit d'écrire un sous-programme constitué d'une boucle : chaque parcours doit permettre la simulation d'un pas de calcul de la machine de Turing. Tout comme dans la section 3.5, cela consiste à effectuer les tâches suivantes :

i) prendre connaissance de l'état q_i dans lequel se trouve la machine M_ν et du symbole a (0 ou 1) qui est en regard de la tête de lecture;

ii) effectuer les actions d'impression et de déplacement correspondant à l'état q_i et au symbole a;

iii) mettre à jour l'information concernant l'état de la machine.

On convient de représenter l'état courant q_i de la machine en stockant l'indice i dans le registre r_4. On rappelle d'autre part que a est le reste modulo 2 du nombre m noté $P(m)$. Le programme suivant, calcule l'adresse du premier des registres correspondant au triplet :

$$t(i, a)$$

et stocke cette adresse dans le registre r_5; de plus, il arrête l'exécution si q_i est un état final (en supposant que l'instruction 200 est une instruction d'arrêt) :

```
 1  LOAD 2
 2  DIV = 2
 3  MULT = −2
 4  PLUS 2              {calcul de P(m)}
 5  MULT = 3
 6  PLUS = 1
 7  STORE 5             {calcul de 3P(m) + 1}
 8  LOAD 4              {appel de i}
 9  PLUS = 1
10  MULT = 6            {calcul de 6(i + 1)}
11  PLUS 5
12  STORE 5             {calcul de 6(i + 1) + 3P(m) + 1}
13  LOAD ↑ 5
14  PLUS 3
15  IF ⩾ 0 THEN 200     {arrêt dans le cas d'un état final}
```

Suivant les valeurs de $\sigma(q_i, a)$ et $\Delta(q_i, a)$, la tâche ii) est effectuée par l'un ou l'autre de quatre sous-programmes. Le contrôle est transféré au sous-programme convenable après examen des valeurs contenues dans les registres r_{l+1} et r_{l+2}, où l est le contenu de r_5. Le principe de l'écriture de ces quatres sous-programmes a été déjà exposé dans la section 3.5. Si par exemple, on a :

$$\sigma(q_i, a) = 1$$

$$\Delta(q_i, a) = G$$

alors, le sous-programme correspondant, arrête l'exécution si n vaut 1 et sinon, remplace n et m par les nombres $H(n)$ et $4H(m) + 2 + P(n)$ respectivement (où H désigne le quotient entier dans la division par deux).

Une fois la tâche ii) accomplie, le contrôle du programme est transféré au groupe d'instructions suivant, qui réalise le changement d'état et réinitialise la boucle de mise à jour.

(100+)	1	LOAD ↑ 5	{détermination de $\delta(q_i, a)$}
	2	STORE 4	{changement d'état}
	3	GOTO 1	{fin de boucle}

La construction de la machine universelle est maintenant achevée et on peut énoncer le théorème suivant.

Théorème. *Le problème de l'arrêt est semi-décidable.*

Ce résultat joint au théorème de la section 4.2, montre que la décidabilité et la semi-décidabilité sont bien deux notions distinctes.

Preuve. A partir d'un code numérique ν et de nombres n_0 et m_0 représentant une configuration initiale $C = w \uparrow x$, on peut, à l'aide de la machine universelle, simuler l'action de M_ν sur C. La machine universelle peut elle-même être simulée par une machine de Turing M qui opère à partir de la donnée :

$$ew\#x\#$$

où e est le code de la machine M_ν.

Il est clair que M s'arrête sur cette donnée si et seulement si M_e s'arrête à partir de la configuration C ; M reconnaît donc un langage associé au problème de l'arrêt (dans sa forme générale), qui est donc bien semi-décidable.

La machine de Turing M qui apparaît dans la preuve précédente, est une machine de Turing universelle. La plupart des ouvrages présentent, conformément à une tradition que nous n'avons pas suivie, la construction détaillée d'une telle machine qui est, ensuite, utile à divers développements théoriques. Ces développements dépassent le cadre de l'ouvrage qui va, dès le paragraphe suivant, revenir à des questions bien en deçà de la décidabilité. C'est pourquoi la construction d'une MAD universelle, à la fois simple et plus instructive, a été préférée.

5. COMPLEXITÉ

Comme on vient de le voir, le phénomène d'indécidabilité marque la limite absolue du champ qui peut être couvert par l'action des calculateurs. Cela dit, les limitations pratiques qui peuvent s'opposer, dans certains cas, à l'utilisation d'un ordinateur sont le plus souvent d'un autre ordre : un procédé de décision nécessitant un temps d'exécution gigantesque est proscrit, même en tenant compte des progrès technologiques attendus. Le but de ce paragraphe est de se doter d'un instrument qualitatif permettant d'évaluer la valeur d'un algorithme, l'idée de base étant d'observer le comportement asymptotique de la fonction qui donne le temps d'exécution à partir de la taille des données.

5.1. Comportement asymptotique des fonctions de $\mathbb{N}$ dans $\mathbb{N}$

Dans tout ce qui suit les lettres $f, g, h \dots$ désignent des fonctions de $\mathbb{N}$ dans $\mathbb{N}$.

Définition

i) On dit que f est d'*ordre de grandeur infiniment petit* par rapport à g et on écrit :

$$f = o(g)$$

si, quel que soit $\varepsilon > 0$, il existe n_0 tel que l'on ait :

$$\forall n \geqslant n_0 \qquad f(n) \leqslant \varepsilon \cdot g(n)$$

ii) On dit que f est d'*ordre au plus* g et on écrit :

$$f = O(g)$$

s'il existe une constante M et un entier n_0 tels que l'on ait :

$$\forall n \geqslant n_0 \qquad f(n) \leqslant M \cdot g(n)$$

Remarque. Dans le cas où g ne s'annule pas on a simplement à vérifier – suivant le cas – que le rapport f/g tend vers zéro ou est borné.

Exemples

i) La fonction 2^n est un $o(n!)$.

ii) Soient Σ, Γ deux alphabets finis et $k : \Sigma^* \to \Gamma^*$ une fonction calculable par une machine séquentielle M ; on définit une fonction f en associant à un entier n la longueur maximale des éléments $k(x)$, où x est un mot de Σ^* de longueur n.

Proposition. *La fonction f ainsi associée à une machine séquentielle est un $O(n)$.*

Preuve. A chaque pas de calcul, la machine écrit un mot ; les longueurs des divers mots possibles sont bornées par un entier l ; on a donc :

$$f(n) \leqslant ln$$

Définition. Deux fonctions f, g sont *de même ordre* si on a à la fois :

$$f = O(g)$$
$$g = O(f)$$

Exemple. Les fonctions 2^{n^2} et $2^{\left(n+\frac{1}{n}\right)^2}$ sont de même ordre.

Définition. On dit que f est *polynomialement bornée* par rapport à g, s'il existe un polynôme P à coefficients entiers positifs tel que l'on ait :

$$\forall n \qquad f(n) \leqslant P(g(n))$$

Deux fonctions f, g telles que chacune soit polynomialement bornée par rapport à l'autre sont dites *polynomialement liées* ou encore *polynomialement équivalentes.*

Note. Les définitions ci-dessus s'étendent naturellement au cas de deux fonctions définies sur un même ensemble E à valeurs dans $\mathbb{N}$.

Proposition. *Soient f, g des fonctions de $\mathbb{N}$ dans $\mathbb{N}$ dont la limite est infinie ; f est polynomialement bornée par rapport à g, si et seulement si il existe un entier k tel que :*

$$f = O(g^k)$$

Preuve. On suppose d'abord f polynomialement bornée par rapport à g ; soit P un polynôme tel que :

$$\forall n \quad f(n) \leqslant P(g(n))$$

Ecrivant :

$$P(x) = a_0 + a_1 x + \ldots + a_k x^k \quad \text{avec} \quad a_i \geqslant 0$$

il vient, pour n assez grand :

$$f(n) \leqslant (a_0 + a_1 + \ldots + a_k)(g(n))^k$$

Si, inversement, f est un $O(g^k)$, alors, à partir d'un certain rang n_0, on a :

$$f(n) \leqslant M(g(n))^k$$

soit pour tout n :

$$f(n) \leqslant M(g(n))^k + \sum_{i=0}^{n_0} f(i)$$

5.2. Taille d'un système de données

La notion de «problème mathématique» a déjà été discutée dans ce chapitre (cf. la section 4.1). Lorsque l'on donne des valeurs spécifiques aux variables (numériques ou non) qui interviennent dans l'énoncé générique d'un problème, on obtient un *système de données.* Comme on se propose de classer les solutions algorithmiques d'un problème en étudiant la fonction qui donne le temps d'exécution à partir des données, il convient, à ce point, de discuter la notion de *taille* d'un système de données.

Si l'on se tourne vers une version codée du problème, toute ambiguïté semble levée : chaque système de données est représenté par un mot et il suffit de prendre pour taille du système la longueur du mot correspondant.

Si l'on revient à la notion informelle de problème, aucune définition rigoureuse n'est évidemment possible ; un fait d'expérience se dégage cependant :

Les diverses notions de taille associées aux versions codées d'un même problème sont polynomialement liées.

Ce fait s'étend souvent à d'autres notions de taille définies directement à partir des valeurs numériques attachées à un système de données. Bien entendu, ce qui vient d'être dit n'est pas susceptible d'une preuve mathématique : nous nous contenterons de l'illustrer par quelques exemples.

1. Taille d'un graphe

On rappelle qu'un *graphe* (non orienté) est un couple constitué d'un ensemble fini non vide V appelé ensemble des *sommets* du graphe et d'un ensemble E, formé de paires d'éléments de V, que l'on appelle ensemble des *arêtes.*

Si deux sommets u et v forment une arête, on dit qu'ils sont *adjacents*; si l'on énumère les sommets du graphe $u_1, \ldots, u_n$, on peut définir une matrice carrée $A = (a_{ij})_{\substack{1\leqslant i\leqslant n \\ 1\leqslant j\leqslant n}}$ de dimension n, appelée *matrice d'adjacence*, en posant :

$$\begin{aligned} a_{ij} &= 1 \quad \text{si} \quad u_i \quad \text{et} \quad u_j \quad \text{forment une arête} \\ a_{ij} &= 0 \quad \text{sinon.} \end{aligned}$$

Le couple (n, A) constitue une structure de donnée permettant la spécification d'un graphe; cette structure de donnée peut être codée par un mot sur l'alphabet $\{0, 1, \#\}$ obtenu en écrivant la représentation codée de n :

$$\text{bin}(n)\,\#$$

suivie de l'énumération des coefficients de A (par exemple ligne par ligne). La taille du graphe est alors la taille du mot obtenu.

Une autre méthode consiste à associer à chaque sommet a_i la liste l_i des sommets adjacents que l'on appelle *liste d'adjacence.* Chaque liste d'adjacence l peut être codée par un mot :

$$\widehat{l} = \text{bin}(j_1)\,\#\,\text{bin}(j_2)\,\#\ldots\#\,\text{bin}(j_k)\,\#$$

où $j_1, \ldots, j_k$ sont les indices des sommets de la liste. Le mot :

$$\widehat{l_1}\,\#\,\widehat{l_2}\,\#\,\ldots\,\#\,\widehat{l_n}\,\#$$

constitue alors un code du graphe donné et une nouvelle notion de taille est obtenue en considérant la longueur de ce mot.

En notant $t_1(G)$ et $t_2(G)$ les deux valeurs ainsi obtenues comme taille d'un graphe G, on constate que l'on a :

$$\begin{gathered} t_1(G) = n^2 + \lfloor \log n \rfloor + 2 \\ n \leqslant t_2(G) \leqslant n^2 \lfloor \log n \rfloor + 2n^2 + n \end{gathered}$$

où $\lfloor \log n \rfloor$ désigne la partie entière du logarithme à base 2 de n. De cette façon on voit que les deux notions de taille sont polynomialement liées entre elles ainsi qu'à la dimension du graphe. On réalise également que la représentation par liste d'adjacence peut être avantageuse dans le cas où le nombre d'arêtes est bien inférieur à n^2.

2. Taille d'une liste d'entiers

Comme on l'a déjà vu, une liste l d'entiers $n_1, \ldots, n_k$ est codée sur l'alphabet $\{0, 1, \#\}^*$ par le mot :

$$\text{bin}(n_1) \# \text{bin}(n_2) \# \ldots \# b_n(n_k) \#$$

On peut ainsi mesurer la taille de la liste par la longueur t de son code.

Si m est le plus grand des nombres $n_1, \ldots, n_k$, on a :

$$k + \lfloor \log m \rfloor \leqslant t \leqslant k(\lfloor \log m \rfloor + 2)$$

(en prenant pour convention que log 0 vaut zéro).

Les deux fonctions t et $k + \log m$ sont donc polynomialement liées.

5.3. Complexité des calculs sur machine de Turing

Soit M une machine de Turing à un ruban et soit $C = w \uparrow x$ une configuration initiale du ruban; on a déjà défini dans la section 1.2 de ce chapitre la suite des calculs de la machine à partir de la configuration C; on appellera *complexité* du calcul, ou *coût* du calcul, ou encore *temps* de calcul, le nombre de pas nécessaires pour atteindre un état final. Dans le cas où un état final n'est jamais atteint, on dit que la complexité est infinie. On note $T_M(C)$ le coût du calcul effectué par la machine M sur la configuration initiale C.

On peut définir la taille d'une configuration $C = w \uparrow x$ comme la longueur du mot wx ; on définit alors la *complexité* de la machine M comme la fonction T_M qui à un entier n associe :

$$\sup\{T_M(C) : C \quad \text{configuration de taille } n\}$$

Cette fonction prend des valeurs entières positives, éventuellement infinies (pour tenir compte des cas où la machine ne s'arrête pas).

Les définitions ci-dessus s'étendent naturellement aux machines de Turing à plusieurs rubans. Pour simplifier, on s'intéressera seulement au cas où les machines sont mises en opération dans une configuration particulière où tous les rubans ont leurs têtes de lectures positionnées sur la case initiale et où tous sont vierges sauf un. Ces configurations sont définies par le contenu $\uparrow x$ du ruban non vierge et représentées simplement par le mot x si bien que la taille d'une telle donnée initiale est $|x|$.

Bien entendu, le temps de calcul nécessaire pour résoudre tel ou tel problème dépend de la machine utilisée : ce phénomène a déjà été évoqué dans les paragraphes précédents à propos de recherche de motifs ou de transfert de données : c'est ainsi que la machine décrite dans la section 1.5, dont l'effet est de reporter un mot x à droite d'un symbole, a un temps de calcul qui est (avec les notations de la section 1.5) minoré par $|x|$ $(|x| + |u|)$, alors que l'utilisation d'un ruban auxiliaire autorise facilement un temps qui est un $O(|x|+|u|)$. Cela dit, la perte de temps consécutive à l'utilisation d'un modèle de calcul moins élaboré peut être évaluée et majorée : soit par exemple M une machine de Turing à plusieurs rubans et soit M' la machine à un ruban qui simule M suivant le principe exposé dans la section 2.2 de ce chapitre; on note $T(x)$ le coût du calcul opéré par M à partir de la configuration initiale x et $T'(x)$ le temps de calcul de M' sur la configuration initiale qui correspond à x; on a alors :

Proposition 1. *Il existe deux constantes a et b dépendant de la machine de Turing M telles que l'on ait :*

$$T(x) \leqslant T'(x) \leqslant a(T(x))^2 + bT(x)$$

Preuve. En se reportant à la simulation décrite dans la section 2.2, on réalise que la première majoration est claire; en ce qui concerne la seconde, on constate que chaque pas de calcul de la machine M est simulé par un aller-retour de la tête de lecture de M' sur son unique ruban. Durant cet aller-retour, sont réalisés :

1) le repérage des positions des k têtes de lecture de M et la reconnaisance des symboles correspondants;

2) les modifications à apporter aux symboles lus et aux positions des têtes.

Chaque tête de lecture de la machine simulée ne peut s'écarter du début de la bande que d'un nombre de cases majoré par $T(x)$; l'aller-retour de la machine simulante ne porte donc que sur les m premières cases avec $m \leqslant (k+1)T(x) + 2$. Puisqu'il y a $T(x)$ phases de simulation, on trouve bien une majoration du type proposé : on peut prendre $a = 2(k+1)$ et l'on évalue b de façon à tenir compte des déplacements «locaux» nécessités par le point 2 de la simulation.

D'une façon générale chaque simulation donne lieu à une majoration du temps de calcul analogue – dans son principe – à celle que l'on vient d'établir. Ainsi, par exemple, dans la simulation d'une machine de Turing à un ruban M par une machine d'alphabet réduit à $\{1, B\}$ (section 2.3), on a, en notant T et T' le temps de calcul respectif de la machine donnée et de celle qui réalise la simulation, la proposition suivante.

Proposition 2. *Il existe une constante k dépendant de la machine M telle que l'on ait :*

$$T \leqslant T' \leqslant kT$$

La preuve de la proposition est laissée au lecteur; on peut prendre $k = 3^{\lceil \log |\Sigma| \rceil}$ où Σ est l'alphabet de la machine M et où $\lceil \log \rceil$ désigne la partie entière par excès du logarithme à base 2.

5.4. Complexité des calculs sur machine à accès direct

Une première méthode pour évaluer la complexité d'un calcul par MAD consiste à faire le décompte du nombre d'instructions exécutées. Bien qu'une telle mesure puisse être tout à fait significative sous certaines conditions (on y reviendra), elle risque souvent de conduire à des conclusions équivoques; en effet, elle ignore la taille des nombres stockés dans les différents registres de la MAD; or, même dans la pratique, la manipulation de grands nombres nécessite des procédures particulières, comme l'arithmétique en double précision, qui peuvent être coûteuses en temps. Un exemple va illustrer le caractère inadapté de cette première notion de complexité : si l'on calcule $n!$ avec le programme proposé à la fin de la section 3.3, on constate que la boucle du programme est parcourue n fois, ce qui conduit à l'exécution d'un nombre d'instruction qui est un $O(n)$. Or, la simple écriture du résultat nécessite, à l'évidence, un temps d'exécution proportionnel au nombre de chiffres qui est d'ordre $n \log n$ (c'est là une conséquence simple de la formule de Stirling).

La définition de complexité que l'on va proposer est fondée sur l'affectation d'un coût élémentaire à l'exécution de chaque instruction; ce coût dépend de la configuration interne de la machine au moment où l'instruction est exécutée; la complexité du calcul est la somme des coûts élémentaires. On va maintenant passer en revue les instructions décrites dans la section 3.2 afin d'expliquer le mode d'évaluation de leur coût élémentaire.

1. Instructions d'entrée/sortie

READ, WRITE : le coût de cette instruction est mesuré par le nombre de chiffres de l'entier n à lire ou à écrire soit, en tenant compte du signe $\lfloor \log(|n|) \rfloor + 2$.

2. Instructions de transfert

LOAD : le coût de cette instruction se décompose en plusieurs termes.

i) L'un est le nombre de chiffres du nombre n transféré dans l'accumulateur soit $\llcorner \log(|n|) \lrcorner + 2$.

ii) Les autres sont des coûts d'accès aux données :

$\llcorner \log(i) \lrcorner + 1$ dans le cas du mode direct (LOAD i) ; l'entier n est alors $c(i)$;

$\llcorner \log(i) \lrcorner + 1 + \llcorner \log|c(i)| \lrcorner + 1$ dans le cas du mode indirect ; l'entier n est alors $c(|c(i)|)$.

Dans le cas du mode immédiat, (LOAD $= i$), l'entier n est précisément i et il n'y a pas de coût d'accès.

STORE : le coût d'exécution est la somme du nombre de chiffres de l'entier à stocker et du coût d'accès au registre de stockage calculé comme précédemment.

3. Opérations arithmétiques

PLUS : on ajoute au coût d'accès aux données les nombres de chiffres respectifs des deux nombres à additionner.

MULT : on ajoute au coût d'accès le produit des nombres de chiffres des quantités à multiplier.

DIV = 2 : le coût est donné par :

$$\llcorner \log(|c(0)|) \lrcorner + 2$$

4. Instructions de contrôle

Seules les instructions de branchement conditionnel comptent pour une unité ; les autres (START, STOP, GOTO) sont ignorées.

Note. On pourrait, pour simplifier, affecter la multiplication du même coût que l'addition. Cette approximation est commode et elle est légitime si l'on peut négliger le coût de l'opération proprement dite vis-vis du coût des manipulations de données ; ceci est bien conforme à la pratique où multiplications et additions sont câblées. L'approximation est en défaut si un algorithme se compose principalement de multiplications de grands nombres. Il est alors plus raisonnable de prendre comme contribution au coût total la quantité mn où m et n sont les nombres de chiffres des entiers à multiplier. En effet, l'algorithme de multiplication standard de deux entiers de n chiffres nécessite un nombre d'opérations sur les bits qui est un $O(n^2)$. Il existe d'ailleurs des algorithmes plus performants (appelés multiplications rapides) qui permettent d'améliorer cette borne mais qui dépassent le cadre de cet ouvrage.

Exemple. Le calcul de $n!$ par le programme de la section 3.3 a un coût total qui est un $O(n^2(\log n)^2)$: le programme se compose essentiellement d'une boucle parcourue n fois et dont l'instruction principale est une multiplication par un entier $\leqslant n$ d'une quantité dont le nombre de chiffres est un $O(n \log n)$.

5.5. Equivalence polynomiale des diverses notions de complexité

Si l'on adopte une définition de taille d'une liste d'entiers (cf. la section 5.2), on peut définir la *complexité* (ou *coût*) d'une machine à accès direct comme la fonction qui associe à un entier n la borne supérieure des coûts des divers calculs correspondants à des données de taille n (supposées rangées dans le périphérique d'entrée). Il est alors instructif de comparer les coûts des machines de Turing et des machines à accès direct dans les simulations décrites au paragraphe 3.

On commence par la simulation d'une machine à accès direct par une machine de Turing; soit l la liste d'entiers du périphérique d'entrée et soient $T(l)$ et $T'(l)$ les temps de calcul respectifs de la MT et la MAD sur la donnée correspondant à l.

Proposition. *Il existe un nombre a dépendant de la machine à accès direct tel qu'on ait :*

$$T(l) \leqslant T'(l) \leqslant a(T(l))^2$$

On rappelle que la simulation s'effectue par phases, chaque phase simulant l'exécution d'une instruction de la MAD. On note $t_k(l)$ le coût élémentaire de la k-ième instruction de la machine à accès direct et $T_k(l)$ la somme des coûts des k premières instructions. Les majorations à établir sont alors conséquences du lemme suivant.

Lemme. *Il existe des constantes α et β telles que :*

i) la longueur du ruban mémoire à la fin de la k-ième phase de simulation est majorée par $\alpha T_k(l)$;

ii) la durée de la k-ième phase de simulation est comprise entre $t_k(l)$ et $2\alpha T_{k-1}(l) + \beta(t_k(l))^2$.

Le lemme permet de minorer $T'(l)$ par $T(l)$ et de majorer $T'(l)$ par :

$$\sum_{k=1}^{K} \left(2\alpha T_{k-1}(l) + \beta(t_k(l))^2\right)$$

(où K est le nombre d'instructions exécutées jusqu'à l'arrêt) ; on obtient finalement la majoration :

$$T'(l) \leqslant 2\alpha(T(l))^2 + \beta(T(l))^2$$

qui est bien du type attendu.

Preuve du lemme

i) Le premier point est établi par récurrence sur k. Durant la k-ième phase de simulation, le ruban mémoire peut, dans certains cas, être prolongé par adjonction d'un mot :

$$\#\,\mathrm{bin}(i)\,¢\,x\#$$

Ceci se produit par exemple dans le cas d'une instruction STORE ; la longueur du mot ajouté est alors :

$$4 + u + v$$

où u est le nombre de chiffres de l'adresse i et v le nombre de chiffres de la valeur absolue du mot codée par x (le premier bit de x représente un signe). On a alors :

$$4 + u + v \leqslant 4 + t_k(l) \leqslant 5t_k(l)$$

ce qui permet de mener la récurrence à terme (avec $\alpha = 5$).

ii) Pour voir que la durée de la k-ième phase de simulation est minorée par $t_k(l)$, il suffit de constater que chacun des nombres entrant (par son nombre de chiffres) dans le calcul du coût $t_k(l)$ est copié, repéré sur la bande mémoire ou calculé sur la bande auxiliaire.

Pour ce qui concerne la majoration, on peut établir l'existence de la constante β pour chaque instruction apparaissant dans le programme de la MAD. On va se borner à examiner le cas d'une instruction, soit, pour fixer les idées, MULT 5. Les tâches suivantes sont réalisées durant la simulation :

1) écriture du mot # 101 sur le ruban mémoire ;

2) recherche du motif ainsi écrit sur le ruban mémoire;

3) copie sur le ruban de travail de la donnée contenue dans l'accumulateur puis de la donnée suivant le motif trouvé en 2); si le motif n'a pas été trouvé, cette donnée est considérée comme nulle;

4) calcul du produit des nombres codés sur le ruban de travail;

5) effacement de la donnée stockée sur le ruban correspondant à l'accumulateur et remplacement par le résultat trouvé en 4.

La première étape nécessite un nombre d'opérations constant; les points 2) et 3) peuvent être réalisés durant un aller-retour de la tête de lecture du ruban mémoire soit, d'après la première partie du lemme, en temps majoré par $2\alpha T_{k-1}(l)$.

Si m et n sont les longueurs des nombres à multiplier (y compris leur signe), alors $t_k(l)$ est défini par mn. La tâche 4) peut être accomplie à l'aide d'une MT analogue à celle décrite dans la section 1.8; le temps de calcul est un $O(mn(m+n))$ ainsi que le lecteur le vérifiera facilement (l'utilisation d'un ruban supplémentaire autoriserait un $O(mn)$, mais cette amélioration n'est pas utile); enfin la dernière partie du travail 5) se fait en temps $O(m+n)$. En utilisant l'inégalité $m+n \leqslant 2mn$, on majore la durée d'exécution des tâches iv) et v) par un $O((mn)^2)$.

On obtient finalement une majoration du type :

$$2\alpha T_{k-1}(l) + \beta(t_k(l))^2$$

pour une constante convenable β.

5.6. Equivalence polynomiale des diverses notions de complexité *(suite)*

On passe maintenant à la simulation d'une machine de Turing M à un ruban et d'alphabet $\{0,1\}$, par une machine à accès direct, suivant le procédé décrit dans la section 3.5. On rappelle que le principe d'une telle simulation est le contrôle des deux nombres n et m représentant la configuration $w \uparrow x$ de la machine M [$\text{bin}(n) = 1w$, $\widetilde{\text{bin}}(m) = x$]. On note t la taille de la configuration initiale, T et T' les temps de calcul respectifs de la machine de Turing et de la MAD.

Proposition. *Il existe une constante a (dépendant de la machine de Turing) telle qu'on ait :*

$$T \leqslant T' \leqslant aT(T+t)$$

Preuve. On note d'abord que la tête de lecture de la machine de Turing ne peut, au cours du calcul, s'éloigner de sa position initiale de plus de T pas; on en déduit que les nombres m, n restent toujours de taille au plus $t+T$. Par ailleurs, en se reportant à la section 3.5, on constate que chaque pas de calcul de la MT est simulée par l'exécution d'une partie du programme de la MD qui ne comporte pas de boucle. Chaque instruction est une instruction arithmétique ou une instruction de transfert portant sur un nombre de taille $\leqslant t+T$; la simulation d'un pas de calcul se fait donc en un temps majoré par une quantité proportionnelle à $t+T$.

5.7. Le temps polynomial

Définition. Un langage L d'alphabet Γ est *décidable en temps polynomial* s'il existe une machine de Turing M d'aphabet Σ, une partition de l'ensemble des états finaux en deux ensembles F^+ et F^- et un polynôme P à coefficients entiers tels que :

i) Γ est inclus dans Σ mais le symbole blanc n'appartient pas à Γ;

ii) pour tout mot x de L, la machine M, mise en opération dans la configuration $\uparrow x$, atteint un état final de F^+ en au plus $P(|x|)$ étapes;

iii) pour tout mot x de Γ^*, qui n'appartient pas à L, la machine M, mise en opération dans la configuration $\uparrow x$, atteint un état final de F^- en au plus $P(|x|)$ pas de calculs.

Autrement dit, la complexité d'une machine M qui décide L est polynomialement bornée. On parle aussi de coût polynomial ou de complexité polynomiale. On note $\mathscr{P}$ la classe des langages décidables en temps polynomial. Bien entendu, il est possible de substituer à la machine de Turing un autre modèle de calcul ou de s'intéresser à des machines d'un type particulier. Ceci ne modifiera pas la définition de la classe $\mathscr{P}$, compte tenu du fait suivant qui n'est que l'expression des propositions établies dans les sections 5.3, 5.5, 5.6.

Dans les simulations des diverses machines entre elles, les fonctions de complexité sont polynomialement liées.

En toute rigueur, ceci ne s'applique qu'à des fonctions de complexités T telles que $T(n) \geqslant n$. On peut se ramener à ce cas sans affecter en rien la définition de la classe $\mathscr{P}$. (Le lecteur est invité à expliciter la raison de cette remarque en se reportant à l'énoncé de la proposition de la section 5.6.)

Par abus de langage, on dira qu'un problème est *décidable* (*ou résoluble*) *en temps polynomial* si son langage associé l'est. Bien qu'il s'agisse là d'une notion informelle, elle est largement utilisable; en effet, on a déjà mentionné comme fait d'expérience que les diverses notions de taille associées à un problème sont – en général – polynomialement liées. Le caractère polynomialement borné du temps de calcul est alors indépendant de la notion choisie.

On peut naturellement définir la classe des fonctions calculables en temps polynomial qui est – à cause du fait énoncé plus haut – indépendante du modèle de calculateur choisi. La plupart des algorithmes qui sont praticables sur machines, qu'ils calculent des fonctions ou résolvent des problèmes, ont un coût polynomial. On a donc isolé une notion mathématique stable et importante, qui permet de séparer – au plan théorique – les calculs praticables de ceux qui ne le sont pas; certains auteurs donnent à cette notion le nom de *faisabilité*.

5.8. Complexité moyenne

Dans ce qui précède on s'est intéressé à des notions de complexité qui privilégient l'étude du «plus mauvais cas» : plus précisément, si $t(x)$ désigne la taille d'une donnée x et si $T(x)$ désigne la complexité du calcul associé à x, on a défini la complexité T par :

$$T(n) = \sup\{T(x) : t(x) = n\}$$

Dans certains cas, en particulier si un algorithme est utilisé de façon répétée ou si les données ont un caractère aléatoire, on s'intéresse au comportement «moyen» du temps de calcul. Formellement, on peut se donner une distribution de probabilité (p_n) sur l'ensemble des données de taille n et définir une fonction de complexité moyenne :

$$T(n) = \sum_{t(x)=n} p_n(x) \cdot T(x)$$

qui n'est autre que l'espérance mathématique de la variable aléatoire «temps de calcul». Dans les cas les plus usuels d'un mot de longueur n ou d'un nombre de n chiffres, on choisit habituellement la distribution uniforme.

5.9. Pratique de l'analyse d'algorithmes

Analyser un algorithme, c'est étudier le comportement asymptotique de la fonction de complexité qui lui est associée. Naturellement, l'évaluation dépend dans une certaine mesure du modèle choisi; sauf mention contraire, ce modèle est la machine à accès direct. Dans le but de simplifier l'évaluation de la complexité, on est fréquemment amené à faire certaines hypothèses.

Une hypothèse simplificatrice très naturelle et très conforme à la structure même des calculateurs est celle qui consiste à supposer que tous les nombres manipulés durant l'exécution d'un programme sont de taille bornée par un entier donné (l'apparition d'un nombre excédant les limites permises produisant un message d'erreur). Dans ces conditions, l'exécution de chaque instruction d'une MAD a un coût borné par une constante et la complexité est du même ordre que le nombre d'instructions exécutées. On est ainsi ramené à une méthode présentée au début de la section 5.4 et consistant à dénombrer les instructions machine.

Dans la pratique, il arrive que l'on procède à d'autres simplifications consistant – par exemple – à ignorer le coût des transferts de données ou à privilégier certaines opérations (comme les comparaisons dans les algorithmes de tri).

5.10. Complexité en espace

Tout comme la notion de temps de calcul, la notion d'espace mémoire nécessaire à un calcul est susceptible de mathématisation.

S'agissant d'une machine de Turing à un ruban, on peut définir l'*espace de calcul* comme la taille maximale des configurations successives $w \uparrow x$; on rappelle que cette taille est mesurée par $|w| + |x|$. On parle également de la *complexité en espace* du calcul. De façon tout à fait équivalente, l'espace de calcul est la position de la case la plus à droite occupée au cours du calcul par un symbole non blanc. Cette dernière définition s'étend telle quelle aux machines à plusieurs rubans.

Si l'on se tourne maintenant vers les machines à accès direct, on peut définir la taille d'une configuration, comme la somme :

$$\sum_{i=0}^{\infty} \nu(c(i))$$

où ν est la fonction : «nombre de chiffres», avec la convention $\nu(0) = 0$. On note que la somme est finie et on appelle complexité en espace la taille maximum observée au cours d'un calcul.

A partir de la notion d'espace de calcul, on peut définir la complexité en espace d'une MT ou d'une MAD, dans le plus mauvais cas comme en moyenne. Tout comme la complexité en temps, la notion de complexité en espace a une certaine stabilité : dans les diverses simulations des machines entre elles, les espaces de calcul restent du même ordre. Le lecteur pourra énoncer (et démontrer) les analogues des propositions des sections 5.3 et 5.6.

En ce qui concerne la simulation d'une machine à accès direct par une machine de Turing (section 5.5), elle doit être légèrement modifiée (pour économiser l'espace) : après chaque phase de simulation, le ruban mémoire est «comprimé» c'est-à-dire recopié sur un ruban auxiliaire avec suppression des blancs. On a alors, en notant S l'espace de calcul de la MAD, S' celle de la MT et t la taille de la liste des données l :

Proposition. *Il existe un nombre a dépendant de la machine à accès direct tel qu'on ait :*

$$S(l) \leqslant S'(l) \leqslant a \sup(S(l), t)$$

On trouve bien des fonctions de complexité du même ordre si l'on fait l'hypothèse $S(l) \geqslant t$.

On peut poursuivre l'analogie et définir – par exemple – la classe des problèmes résolubles en espace polynomial. Un telle étude dépasse le cadre de l'ouvrage et de plus, les contraintes de temps paraissent, en l'état actuel de la technologie, plus radicales que les contraintes d'espace.

6. INDICATIONS BIBLIOGRAPHIQUES

La notion de machine de Turing est due à Turing [1936] ; l'idée de fonder la théorie de la calculabilité sur un modèle quasi mécanique est également apparue, au même moment, dans les travaux de Post [1936]. Le concept de machine à accès direct a été formalisé dans un article de Stepherdson et Sturgis [1963].

De nombreux ouvrages fournissent une introduction à la théorie des machines de Turing et plus généralement à la théorie des fonctions récursives qui sera présentée au chapitre suivant.

La notion de complexité en temps d'une machine de Turing apparaît dans un article de Hartmanis et Stearns [1965]. Il s'agit là des premiers pas d'une théorie qui a pris depuis un considérable essor : il suffit pour s'en convaincre de consulter la compilation exhaustive de Wagner et Wechsung [1986]. Le lecteur souhaitant approfondir le sujet trouvera les résultats de base en complexité algorithmique dans le livre de Hopcroft et Ullman [1979] et un exposé plus complet dans celui de Balcázar, Diaz et Gabarró [1988].

Chapitre 3
Fonctions récursives

Dans le chapitre précédent, on a pu isoler le concept de fonction calculable à partir de diverses modélisations de la notion de machine. On revient maintenant sur ce concept, en l'abordant sous l'angle de la programmation : une fois encore, on est naturellement conduit à circonscrire la même classe de fonctions, que l'on parte d'une programmation de style fonctionnel (LISP) ou impératif (PASCAL).

1. FONCTIONS RÉCURSIVES

1.1. Définitions des fonctions récursives primitives

Les fonctions récursives sont des fonctions dont le domaine est une partie d'un produit $\mathbb{N}^k$ de l'ensemble des entiers et dont les valeurs sont entières ; k est appelé le *nombre d'arguments* de la fonction. Elle sont définies à partir d'un petit nombre de fonctions simples par des règles de clôture qui seront détaillées plus loin. Cette approche est analogue, dans son principe, à celle des langages fonctionnels tels que LISP. Pour accentuer l'analogie, on adoptera dans ce qui suit diverses conventions directement inspirées de constructions de ce langage. C'est ainsi que l'on notera :

$$(fn_1 \ldots n_k)$$

la valeur de la fonction f pour les arguments $n_1, \ldots, n_k$. On utilisera également la notation *lambda* qui permet de décrire une fonction définie par un calcul ; c'est ainsi que :

$$(\mathit{lambda}\ (n)\ (+\ n\ 1))$$

représente la fonction qui à un entier n associe son successeur. Enfin, on assignera des noms à des fonctions par l'intermédiaire de procédés de définition du type suivant :

$$(de\ carré\ (x)\ (*\ n\ n))$$

qui permet d'associer le nom carré à la fonction n^2.

Les fonctions récursives simples sont les fonctions suivantes :

i) la constante 0 (fonction à zéro argument) ;
ii) les projections (*lambda* $(n_1 n_2 \ldots n_k)$ n_i) ;
iii) la fonction (*lambda* $(m\ n)$ $(=\ m\ n)$) qui vaut 1 si m et n sont égaux et 0 sinon ;
iv) l'addition et la multiplication des entiers

$$(lambda\ (m\ n)\ (+\ m\ n))$$
$$(lambda\ (m\ n)\ (*\ m\ n))$$

Les *fonctions récursives primitives* sont toutes celles que l'on peut obtenir à partir des fonctions simples par applications successives des procédés de *substitution* et de *récurrence primitive*, que l'on va maintenant définir.

La *substition* de k fonctions à r arguments $g_1, \ldots, g_k$ dans une fonction f à k arguments est la fonction qui associe à des entiers $n_1, \ldots, n_r$ la valeur de f aux points :

$$\begin{array}{llll} (g_1 & n_1 & \ldots & n_r) \\ (g_2 & n_2 & \ldots & n_r) \\ & & \ldots\ldots & \\ (g_k & n_1 & \ldots & n_r) \end{array}$$

Dans le cas où $k = 3$ et $r = 2$, cette fonction est définie par :

$$(lambda\ (m\ n)\ (f\ (g_1\ m\ n)\ (g_2\ m\ n)\ (g_3\ m\ n)))$$

Exemples

1) En substituant 0 aux deux arguments de l'égalité, on obtient la constante 1.
2) La fonction carré proposée plus haut est obtenue en substituant l'identité (qui est une projection) aux deux arguments d'un produit.

Le procédé de *récurrence primitive* associe à deux fonctions f et g, ayant respectivement k et $k+2$ arguments, une fonction h à $k+1$ arguments, dont la valeur en $n, n_1, \ldots, n_k$ est :

$$\begin{array}{ll} (f\ n_1 \ldots n_k) & \text{si } n \text{ vaut } 0 \\ (g\ (h\ m\ n_1 \ldots n_k)\ n\ n_1 \ldots n_k) & \text{si } n \text{ vaut } m+1 \end{array}$$

Exemple. La fonction à un argument, qui vaut 0 si $n = 0$ et $n-1$ sinon, est obtenue par récurrence primitive à partir de la constante 0 et de :

$$(\mathit{lambda}\ (m\ n)\ (+\ m\ (=\ (=\ n\ 1)\ 0)))$$

Le schéma de récurrence primitive est un cas particulier des définitions récursives admises par le langage LISP. Pour $k = 1$, il prend la forme suivante :

```
(de h (n m)
   (cond ((= n 0) (f m))
         (t (g (h (- n 1) m) n m))))
```

Pour le lecteur qui ignore le langage LISP, on rappelle que la primitive *cond* se compose d'une suite de couples test/action : les tests sont examinés en séquence et si l'un d'eux est satisfait, l'action correspondante est évaluée; t est un test toujours satisfait.

On notera qu'une fonction récursive primitive à r arguments a pour domaine $\mathbb{N}^r$ tout entier. On remarquera également que le choix initial des fonctions simples est susceptible de multiples variantes. C'est ainsi que le produit est défini par récurrence primitive à partir de l'addition, sous la forme suivante :

```
(de * (nm)
   (cond ((= n 0) 0)
         (t (+ (* (- n 1) m) m))))
```

De même peut-on définir l'addition à partir de la fonction successeur :

$$(\mathit{lambda}\ (n)\ (+\ n\ 1))$$

1.2. Quelques fonctions récursives primitives

Il existe une programmation des fonctions récursives primitives, analogue à la programmation en langage LISP. Sans chercher à être exhaustif, on va ci-dessous donner quelques exemples.

Proposition 1. *L'exponentiation est récursive primitive.*

Preuve. Elle est définie par une récurrence primitive qui correspond au programme LISP suivant [où n^- est mis à la place de $(- \ n \ 1)$] :

```
(de exp (m)
   (cond ((= n 0) 1)
         (t (* (exp n⁻ m) m))))
```

Proposition 2. *Les fonctions suivantes sont récursives primitives :*

i) la parité d'un entier (c'est-à-dire son reste modulo 2) ;

ii) la fonction qui à n associe la partie entière de $\frac{n}{2}$;

iii) la fonction qui à n et k associe la partie entière de $\frac{n}{2^k}$.

Preuve. La parité est définie par le programme LISP :

```
(de par (n)
   (cond ((= n 0) 0)
         (t (= 0 (par n⁻)))))
```

et la partie entière de $\frac{n}{2}$ par :

```
(de div2 (n)
   (cond ((= n 0) 0)
         (t (+ (div2 n⁻) (par n⁻)))))
```

On laisse au lecteur le soin d'expliciter la troisième récurrence.

Définition. On appelle *prédicat* à k arguments toute fonction de domaine $\mathbb{N}^k$ tout entier dont les valeurs sont 0 ou 1.

A un prédicat p est associé l'ensemble des entiers $n_1, \ldots, n_k$ tels que :

$$(p \ n_1 \ldots n_k)$$

vaut 1. On peut donc, par un léger abus de langage, parler d'intersection, de réunion... de prédicats ayant le même nombre d'arguments.

Proposition 3. *Toute combinaison booléenne de prédicats récursifs primitifs est un prédicat récursif primitif.*

Preuve. L'intersection correspond au produit des prédicats, la complémentation de p au prédicat $1 - p$ et la différence symétrique à l'addition modulo 2. Reste le cas de la réunion que l'on peut prendre comme somme de l'intersection et de la différence symétrique.

Remarque. Cette proposition montre que, si $p_1, \ldots, p_r$ sont des prédicats récursifs primitifs à k arguments et $f_1, \ldots, f_r, f_{r+1}$ des fonctions récursives primitives, la définition donnée ci-après en LISP conduit à une fonction g également récursive primitive.

```
(de g (n1 ... nk)
   (cond ((p1 n1 ... nk) (f1 n1 ... nk))
         ...
         ((pr n1 ... nk) (fr n1 ... nk))
         (t (fr+1 n1 ... nk))))
```

Il suffit, pour le voir, d'écrire cette fonction sous la forme :

$$\sum_{i=1}^{r+1} q_i f_i$$

où q_i est le prédicat défini – avec une notation ensembliste – par :

$$p_i \cap (\mathbb{N}^k - \bigcup_{j<i} p_j)$$

et où l'on a posé $p_{r+1} = \mathbb{N}^k$.

Soit p un prédicat à $k+1$ arguments notés $n, n_1, \ldots, n_k$; si les derniers arguments $n_1, \ldots, n_k$ sont fixés, on appelle *solution* de p tout entier n tel que la valeur de :

$$(p\ n\ n_1 \ldots n_k)$$

soit 1. La fonction qui, à $n_1, \ldots, n_k$, associe la plus petite solution de p n'est pas forcément récursive primitive : elle peut en effet ne pas être définie en certaines valeurs. On a en revanche la proposition suivante.

Proposition 4. *La fonction qui à $n, n_1, \ldots, n_k$ associe la plus petite solution de p, qui est $< n$ si elle existe et la valeur n sinon, est récursive primitive.*

Preuve. La fonction considérée correspond au programme LISP suivant :

$$
\begin{array}{l}
(de\ f\ (n\ n_1 \ldots n_k) \\
\quad (cond\ ((=\ n\ 0)\ 0) \\
\qquad ((p\ (f\ n^-\ n_1 \ldots n_k)\ n_1 \ldots n_k)\ (f\ n^-\ n_1 \ldots n_k)) \\
\qquad (t\ n)))
\end{array}
$$

Par une méthode analogue à celle utilisée dans la remarque précédente, on peut se ramener à un format précisément récursif primitif.

En conservant les notations de la preuve précédente, on note que l'existence d'une solution de p qui est $< n$ s'exprime par le prédicat récursif primitif :

$$(lambda\ (n\ n_1 \ldots n_k)\ (p\ (f\ n\ n_1 \ldots n_k)\ n_1 \ldots n_k))$$

que l'on note aussi, en s'écartant de LISP :

$$\exists m < n\ (p\ m\ n_1 \ldots n_k)$$

De façon analogue, le fait qu'aucun entier $< n$ n'est solution de p s'exprime par le prédicat :

$$(lambda\ (n\ n_1 \ldots n_k)\ (=\ (f\ n\ n_1 \ldots n_k)\ n))$$

que l'on écrit aussi à l'aide du prédicat $\overline{p}$ complémentaire de p sous la forme :

$$\forall m < n\ (\overline{p}\ m\ n_1 \ldots n_k)$$

A partir de ce qui précède, on obtient le corollaire suivant.

Corollaire. *La fonction $n - m$ (définie par 0 si n est $< m$) est récursive primitive, de même que le prédicat $m < n$.*

Preuve. La proposition 4, appliquée au prédicat $m + k = n$ implique l'existence d'une fonction récursive primitive qui vaut $n - m$ si n est $> m$ et n sinon. Il est aisé de modifier cette fonction de façon à lui donner la valeur 0 si m est $\geqslant n$. On définit alors $m < n$ par $n - m \neq 0$.

1.3. Codage des suites

Proposition. *L'application qui à m, n associe*

$$\frac{(m+n)(m+n+1)}{2} + m$$

est récursive primitive et définit une bijection de $\mathbb{N} \times \mathbb{N}$ sur $\mathbb{N}$ d'inverses récursives primitives.

Preuve. L'entier $\frac{(m+n)(m+n+1)}{2} + m$ représente le rang du couple (m, n) dans l'énumération diagonale de $\mathbb{N} \times \mathbb{N}$ réalisée conformément à la figure 1 ; le lecteur est invité à le vérifier et à montrer que l'on a bien une bijection. En notant *paire* cette bijection, on peut considérer le prédicat donné par :

$$(de\ p\ (m\ n\ k)\ (=\ (paire\ m\ n)\ k))$$

qui définit m et n de façon unique à partir de k. Les deux coordonnées m et n sont donc des fonctions de k que l'on notera *pc* et *sc*. Pour voir que ces fonctions sont récursives primitives, il suffit de noter que n est la plus petite solution $< k+1$ du prédicat :

$$\exists m < (+\ k\ 1)\ (p\ m\ n\ k)$$

et de procéder de façon analogue pour m.

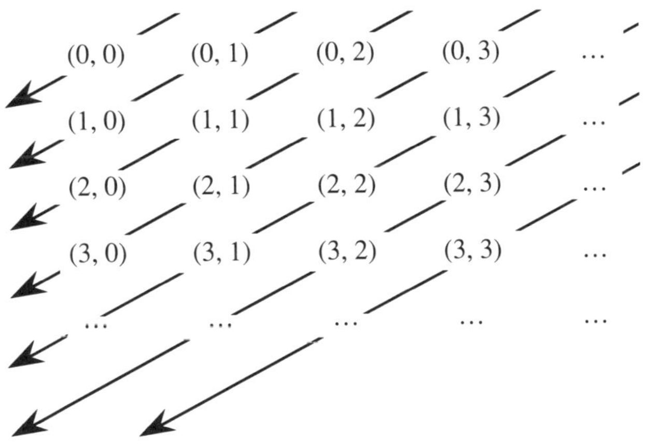

Fig. 1. Enumération diagonale de $\mathbb{N} \times \mathbb{N}$

A l'aide de la fonction paire, on peut construire des bijections récursives primitives de n'importe quelle puissance $\mathbb{N}^k$ de $\mathbb{N}$ sur $\mathbb{N}$. La fonction suivante triple réalise cette construction pour $k = 3$

$$(de\ triple\ (m\ n\ p)\ (paire\ m\ (paire\ n\ p)))$$

On peut également associer à toute suite finie d'entiers s un code numérique $\widehat{s}$ de façon que les opérations habituelles [calcul de la longueur $|s|$, calcul du i-ème élément $0 \leqslant i < |s| \ldots$] soient récursives primitives. La définition de $\widehat{s}$ se fait par récurrence sur $|s|$: on donne à la liste vide le code 0 et à une liste, dont le premier élément est l'entier n et la queue de liste t, la valeur :

$$(ajouter\ n\ \widehat{t})$$

de la fonction définie par :

$$(de\ ajouter\ (n\ m)\ (+\ (paire\ n\ m)\ 1))$$

A partir d'un code $l \neq 0$, on peut calculer la tête de la liste correspondante et le code numérique de la queue par les fonctions récursives suivantes :

$$(de\ t\hat{e}te\ (l)\ (pc\ (-\ l\ 1)))$$

$$(de\ queue\ (l)\ (sc\ (-\ l\ 1)))$$

Ces fonctions jouent essentiellement le rôle du *car* et du *cdr* de LISP. L'itération de la fonction *queue* se fait comme suit de façon récursive primitive :

```
(de iter (i,l)
   (cond ((= i 0) l)
         ((= iter i⁻ l) 0) 0)
         (t (queue (iter i⁻ l)))))
```

La longueur de la suite de code l est le premier entier i tel que la valeur de :

$$(iter\ i\ l)$$

soit nulle. Comme la valeur de :

$$(queue\ l)$$

est $< l$ tant que l est $\neq 0$, l'entier i est bien défini et est $< l$, ce qui autorise une définition récursive primitive. On laisse au lecteur le soin de préciser la fonction :

$$(lambda\ (i\ l)\ (\acute{e}l\acute{e}ment\ i\ l))$$

qui calcule le i-ième élément de la suite de code l et le prédicat :

$$(lambda\ (n\ l)\ (appartient\ n\ l))$$

qui teste si l'entier n apparaît dans la suite codée par l.

1.4. Généralisations de la récurrence primitive

L'existence de bijections primitives entre $\mathbb{N}^k$ et $\mathbb{N}$ permet de ramener l'étude des fonctions à k arguments à l'étude des fonctions à un seul argument. Explicitons le procédé en prenant, pour fixer les idées, $k = 3$. On utilise alors la fonction récursive primitive déjà définie plus haut :

$$(\textit{lambda}\ (n_1\ n_2\ n_3)\ (\textit{triple}\ n_1\ n_2\ n_3))$$

qui réalise une bijection entre $\mathbb{N}^3$ et $\mathbb{N}$. On note *c1*, *c2*, *c3* les fonctions qui calculent les trois coordonnées n_1, n_2, n_3 de :

$$(\textit{triple}\ n_1\ n_2\ n_3)$$

On peut alors définir une fonction fu en posant :

$$(\textit{de}\ fu\ (n)\ (f\ (\textit{c1}\ n)\ (\textit{c2}\ n)\ (\textit{c3}\ n)))$$

De la même façon, on peut «contracter» trois fonctions f, g, h d'arguments $n_1, \ldots, n_k$ en une seule, par la définition suivante :

$$(\textit{de}\ fgh\ (n_1 \ldots n_k)\ (\textit{triple}\ (f\ n_1 \ldots n_k)\ (g\ n_1 \ldots n_k)\ (h\ n_1 \ldots n_k)))$$

Ce procédé de contraction permet de généraliser le schéma de récurrence primitive. Décrit informellement, ce schéma, présenté dans la section 1.1, permet d'étendre la classe des fonctions récursives primitives en autorisant, dans l'expression qui définit une nouvelle fonction f en ses arguments $n, n_1, \ldots, n_k$, l'usage de la valeur :

$$(f\ n^-\ n_1 \ldots n_k)$$

en plus des fonctions déjà connues. Par contraction, on peut de même introduire simultanément plusieurs nouvelles fonctions f, g, h, ..., en autorisant dans chacune, l'usage des valeurs :

$$(f\ n^-\ n_1 \ldots n_k)$$
$$(g\ n^-\ n_1 \ldots n_k)$$
$$(h\ n^-\ n_1 \ldots n_k) \ldots$$

Le codage des suites finies permet d'autres généralisations. Soit q une fonction récursive primitive telle que la valeur $(q\ n)$ soit $< n$, sauf si $n = 0$.

A partir de fonctions récursives primitives f et g, ayant respectivement k et $k+2$ arguments, on définit une fonction h à $k+1$ arguments comme suit :

```
(de h (n n1 ... nk)
   (cond ((= n 0) (f n1 ... nk))
         (t (g (h (q n) n1 ... nk) n n1 ... nk))))
```

Proposition. *La fonction h est également récursive primitive.*

Preuve. Pour simplifier les notations, on se restreindra au cas où k vaut 1 et on écrira m à la place de n_1. Au lieu de définir h, on définit une fonction lh dont la valeur en n, m est un code numérique de la suite des valeurs :

$$(g\ n\ m)(g\ n^-\ m)\ldots(g\ 0\ m)$$

La fonction tête de la section précédente permet alors le calcul de h. Le lecteur est invité à vérifier que le programme LISP suivant définit bien lh à partir des fonctions déjà connues et qu'il respecte le format récursif primitif.

```
(de lh (n m)
(cond ((= n 0) (ajouter (f m) 0))
      (t (ajouter (g (élément (- n⁻ (q n)) (lh n⁻ m))) (lh n⁻ m)))))
```

Exemple. La proposition précédente est particulièrement utile lorsque l'on définit des fonctions en opérant sur l'écriture binaire des arguments. Soit, par exemple, la fonction f qui vaut 0 au point 0 et qui, sinon, remplace dans l'écriture binaire de n chaque 0 par 01 et chaque 1 par 11. Cette fonction est récursive, ainsi qu'en témoigne la définition suivante où *par* est la fonction parité et où le rôle de q est joué par la fonction *div2* introduite dans la section 1.2, proposition 2.

```
(de f (n)
   (cond ((= n 0) 0)
         ((= (par n) 0) (+ (* 4 (f (div2 n))) 1))
         (t (+ (* 4 (f (div2 n))) 3))))
```

L'exemple ci-dessus se généralise au cas de n'importe quelle fonction calculable par une machine séquentielle, au sens de la section 2.11 du chapitre 1. Ces fonctions vont de Σ^* dans Γ^*, où Σ et Γ sont deux alphabets, mais, en associant à chaque élément de Σ (resp. Γ) un code numérique, on obtient une fonction qui opère sur des entiers écrits dans une base convenable.

1.5. Contrôle d'une machine de Turing

Soit M une machine de Turing d'alphabet $\{0, 1\}$ où 0 est le symbole blanc. Conformément à la définition 1.1 du chapitre 2, on supposera qu'il s'agit d'une machine ayant un seul ruban fini à gauche. Toute configuration :

$$C = w \uparrow x$$

de ce ruban peut être repérée par deux entiers m et n, comme cela a déjà été expliqué dans la section 3.5 du chapitre 2 : n est l'entier dont la repésentation binaire est $1w$ et m celui dont la représentation binaire inversée est le mot x. Finalement, en énumérant l'ensemble Q des états sous la forme :

$$Q = \{q_0, \ldots, q_r\}$$

on peut repérer par un troisième indice i l'état q_i de la machine. On convient que 0 représente l'état de départ et r l'état final de M que l'on suppose unique. On suppose la machine M mise en opération dans une configuration initiale :

$$C_0 = \uparrow x$$

de codes $1, k$ et l'on se propose de calculer les valeurs des trois entiers n, m i qui repèrent les paramètres de M après j pas de calcul.

Proposition. *Il existe trois fonctions récursives primitives qui calculent les valeurs prises par les trois paramètres m, n, i de la machine de Turing après j pas de calcul à partir de la position initiale correspondant au triplet* $(1, k, 0)$.

Preuve de la proposition. On va construire trois fonctions d'arguments j, k que l'on notera *gauche*, *droite*, *état* et qui calculent respectivement les valeurs de n, m et i. Cette construction repose sur le procédé de récurrence primitive simultanée présenté au début de la section précédente et qui conduit bien à des fonctions récursives primitives. Les définitions prennent la forme suivante :

```
(de gauche (j, k)
   (cond ((= j 0) 1)
         ...
         (t (gauche j⁻ k))))
```

$$
\begin{array}{l}
(de\ droite\ (j\ k) \\
\quad (cond\ ((=\ j\ 0)\ k) \\
\qquad\qquad \ldots \\
\qquad\qquad (t\ (droite\ j^-\ k)))) \\
(de\ \acute{e}tat\ (j\ k) \\
\quad (cond\ ((=\ j\ 0)\ 0) \\
\qquad\qquad \ldots \\
\qquad\qquad (t\ (\text{état}\ j^-\ k))))
\end{array}
$$

Il reste à préciser ce qui remplace les points de suspension. Observons d'abord qu'à partir du code m, on peut calculer le symbole en regard de la tête de lecture qui est la parité de m :

$$(lambda\ (m)\ (par\ m))$$

Revenant aux points de suspension, on note que conformément au format de la primitive *cond*, on doit écrire des couples :

$$(\{\text{test}\}\{\text{action}\})$$

Chacun des tests correspond à deux entiers l'un $< r$ représentant un état non final, l'autre étant l'un des symboles 0 ou 1. L'action correspondante réalise la mise à jour des paramètres de M que provoquent l'impression, le déplacement et la transition liés au couple (état, symbole) considéré. Le dernier test t correspond à l'arrêt de M (qu'il soit conséquence d'un état final ou d'une sortie de la tête de lecture à gauche du ruban). Un exemple permettra d'être plus explicite. Supposons que l'on ait :

$$
\begin{aligned}
\sigma(q_3, 0) &= 0 \\
\Delta(q_3, 0) &= G \\
\delta(q_3, 0) &= 7
\end{aligned}
$$

(où σ, Δ, δ sont les fonctions d'impression, de déplacement et de transition de M) ; la définition de la fonction *gauche* comportera alors le test qui est l'intersection des prédicats suivants :

$$
\begin{array}{l}
(=\ (\acute{e}tat\ j^-\ k)\ 3) \\
(=\ (par\ (droite\ j^-\ k))\ 0) \\
(\geqslant\ (gauche\ j^-\ k)\ 1)
\end{array}
$$

associé à l'action :

$$(div2\ (gauche\ j^-\ k))$$

La dernière condition du test vérifie que n n'est pas devenu nul, ce qui correspond à une sortie de la tête de lecture à gauche du ruban ; les deux premières testent si l'état et le symbole lu ont bien les valeurs respectives 3 et 0. Les actions suivantes apparaissent avec le même test dans le texte des deux autres fonctions :

$$(+\ (*\ (\mathit{droite}\ j^-\ k)\ 2)\ \mathit{par}\ (\mathit{gauche}\ j^-\ k)))$$

$$7$$

Les définitions des trois fonctions sont complètes quand on a épuisé tous les couples (état, symbole) possibles.

Corollaire. *Si la complexité de M est bornée par une fonction récursive primitive, alors les paramètres (n, m) correspondant à la configuration finale de M s'expriment à partie de la donnée initiale k par deux fonctions récursives primitives.*

Preuve du corollaire. On renvoie au paragraphe 5 du chapitre 2 pour la définition de la complexité qui s'exprime en fonction de la longueur de la configuration initiale $\uparrow x$, c'est-à-dire du nombre de chiffres de k. Comme ce nombre de chiffres est fonction récursive primitive de k (le lecteur est invité à le vérifier), on obtient finalement un majorant de la complexité sous la forme d'une fonction récursive primitive notée :

$$(\mathit{lambda}\ (k)\ (\mathit{compl}\ k))$$

Les valeurs de n et m correspondant à la configuration finale de M sont alors données par :

$$(\mathit{gauche}\ (\mathit{compl}\ k)\ k)$$

$$(\mathit{droite}\ (\mathit{compl}\ k)\ k)$$

ce qui achève la preuve du corollaire.

Du corollaire, il est facile de déduire que toute fonction calculable en temps polynomial est récursive primitive. Le résultat reste vrai pour le temps exponentiel, doublement exponentiel, etc., ce qui montre que la classe des fonctions récursives primitives suffit largement aux besoins de l'informatique.

1.6. Récurrences non primitives

Bien qu'elles suffisent largement à couvrir tous les besoins des calculs pratiques, ainsi qu'on vient de l'observer, les fonctions récursives primitives ne permettent pas une théorie satisfaisante. Cette affirmation n'a pas un caractère abstrait ; considérons la fonction *ack*, appelée fonction d'Ackermann, et correspondant à la définition suivante :

```
(de ack (n m)
  (cond ((= n 0) (+ m 1))
        ((= m 0) (ack (- n 1) 1))
        (t (ack (- n 1) (ack n (- m 1))))))
```

Cette fonction est parfaitement acceptée par l'interprète LISP et évaluée, au moins pour les petites valeurs ; par exemple :

$$(ack\ 3\ 4)$$

retourne 125. De fait, le programme ci-dessus définit bien une fonction de $\mathbb{N}^2$ dans $\mathbb{N}$: le calcul de $(ack\ n\ m)$ ne fait appel qu'à des valeurs de la fonction *ack* pour des arguments (n', m') qui précèdent $(n,\ m)$ dans l'ordre lexicographique sur les couples ; cet ordre est un bon ordre (toute partie non vide a un plus petit élément) et la considération du plus petit argument pour lequel le calcul ne se termine pas conduirait à une contradiction. Il va de soi que la récurrence utilisée n'est pas primitive : on peut d'ailleurs démontrer que la fonction d'Ackermann n'est pas récursive primitive ; nous l'admettons.

Pour sortir du cadre des fonctions récursives primitives, revenons à la notion de solution d'un prédicat récursif p d'arguments $n, n_1, \ldots n_k$ introduite dans la section 1.2 et considérons la fonction qui associe aux entiers $n_1, \ldots, n_k$ la plus petite solution de p, si elle existe. Cette fonction notée :

$$(lambda\ (n_1 \ldots n_k)\ mu\ (n)\ (p\ n\ n_1 \ldots n_k))$$

n'a pas forcément pour domaine $\mathbb{N}^k$ tout entier ; on parle parfois de fonction *partielle* sur $\mathbb{N}^k$ suivant une terminologie déjà évoquée au chapitre précédent.

On va montrer la puissance du schéma de *minimisation* que l'on vient d'introduire, en prouvant qu'il permet d'obtenir la fonction d'Ackermann. La construction qui suit est un peu délicate et son étude peut être omise en première lecture. Observons d'abord que toute fonction de $\mathbb{N}^k$ dans $\mathbb{N}$ nulle, sauf en un nombre fini de points $(n_1, m_1), \ldots (n_r, m_r)$ où elle vaut respectivement $k_1, \ldots, k_r$, peut être représentée par un entier l qui est le code de la suite :

$$(triple\ n_1\ m_1\ k_1)$$
$$\dots$$
$$(triple\ n_r\ m_r\ k_r)$$

La valeur de la fonction est calculée à partir de l de façon récursive primitive : elle est égale au plus petit entier $k < l$ tel que $(triple\ n\ m\ k)$ soit élément de l et à zéro si un tel entier n'existe pas. On note :

$$(lambda\ (l\ n\ m)\ (valeur\ l\ n\ m))$$

cette application de décodage. En la substituant à *ack* dans la définition récursive de la fonction d'Ackermann, on obtient une nouvelle fonction *valack* toujours récursive primitive :

```
(de valack (l n m)
   (cond ((= n 0) (+ m 1))
         ((= m 0) (valeur l n⁻ 1))
         (t (valeur l n⁻ (valeur l n m⁻)))))
```

On dira que l est une *approximation* de la fonction d'Ackermann lorsque :

i) les entiers $(valeur\ l\ n\ m)$ et $(valack\ l\ n\ m)$ coïncident à chaque fois que le premier est non nul (ce qui signifie que $(valeur\ l\ n\ m)$ vaut zéro ou vérifie la définition récursive de la fonction d'Ackermann) ;

ii) pour tout n, l'ensemble des points m, où $(valeur\ l\ n\ m)$ est non nul, est un segment initial des entiers.

Contrairement aux apparences, on vient de définir un prédicat récursif primitif : il suffit en effet de tester les valeurs correspondant aux seuls entiers n, m qui sont $< l$. Le lemme suivant montre que $(ack\ n\ m)$ peut être calculé à partir de la plus petite approximation l de la fonction d'Ackermann telle que $(valeur\ l\ m\ n)$ soit non nul.

Lemme. *Soient m, n deux entiers;*

i) *pour toute approximation l de la fonction d'Ackermann telle que :*

$$(valeur\ l\ n\ m)$$

soit non nul, les deux entiers :

$$(ack\ n\ m)$$

et

$$(valeur\ l\ n\ m)$$

sont égaux;

ii) *il existe une approximation l de la fonction d'Ackermann telle que :*

$$(valeur\ l\ n\ m)$$

soit non nul.

Preuve. Les deux assertions sont prouvées de façon analogue. La méthode consiste à considérer un contre-exemple (n, m) minimal dans l'ordre lexicographique et à en déduire une contradiction. Les détails sont laissés au lecteur.

La construction que l'on vient de proposer pour la fonction d'Ackermann s'étend évidemment à d'autres utilisations de la récurrence et justifie – au plan théorique – l'utilisation très libérale que font les langages de programmation de ce procédé. Une étude tout à fait générale de la récurrence dépasse cependant le cadre de cet ouvrage.

1.7. Fonctions récursives générales

On appelle *fonctions récursives générales* les fonctions, définies sur une partie d'un produit cartésien de $\mathbb{N}$ à valeurs dans $\mathbb{N}$, qui sont obtenues à partir des fonctions récursives simples par applications successives des procédés de substition, de récurrence primitive et de minimisation.

Remarque. On peut en fait se passer du procédé de récurrence primitive. Le fait que l'on obtienne la même classe de fonctions est un résultat technique délicat que nous omettons.

Comme on manipule des fonctions partielles, il convient de définir avec précision les domaines de ces fonctions. On note :

$$(f\ n_1\ \ldots\ n_k)\downarrow$$

pour exprimer que $(n_1, \ldots, n_k)$ appartient au domaine de f. On fait alors les conventions suivantes.

i) Le domaine de la fonction obtenue en substituant k fonctions à r arguments $g_1, \ldots, g_k$ dans une fonction f à k arguments est défini par les conditions :

$$(g_1\ n_1 \ldots n_r)\downarrow$$
$$\ldots$$
$$(g_k\ n_1 \ldots n_r)\downarrow$$
$$(f\ (g_1\ n_1 \ldots n_r) \ldots (g_k\ n_1 \ldots n_r))\downarrow$$

ii) Le domaine de la fonction h à $k+1$ arguments, définie par récurrence primitive à partir des fonctions f et g ayant respectivement k et $k+2$ arguments, est défini par récurrence sur n par les conditions :

$$(f\ n_1 \dots n_k)\downarrow \qquad \text{si } n = 0$$

$$\begin{cases} (h\ m\ n_1 \dots n_k)\downarrow \\ (g\ (h\ m\ n_1 \dots n_k)\ n\ n_1 \dots n_k)\downarrow \end{cases} \qquad \text{si } n \text{ vaut } m+1$$

iii) Le domaine de la fonction g à k arguments, définie par minimisation à partir d'une fonction f à $k+1$ arguments en associant à $n_1 \dots n_k$ le plus petit entier n s'il existe tel que $(f\ n\ n_1 \dots n_k)$ soit égal à 1, correspond à la conjonction de la condition exprimant l'existence d'un tel entier n et des conditions :

$$(f\ 0\ n_1 \dots n_k)\downarrow$$
$$(f\ 1\ n_1 \dots n_k)\downarrow$$
$$\dots$$
$$(f\ n\ n_1 \dots n_k)\downarrow$$

Comme on le verra ultérieurement, il est rare que l'on ait à appliquer le procédé de minimisation à autre chose qu'un prédicat récursif primitif, ce qui rend nos précautions quelque peu excessives.

Théorème. *Toute fonction partielle calculable est récursive générale.*

La réciproque de ce théorème sera établie dans le second paragraphe de ce chapitre. Précisons que par calculable, on entend calculable par machine de Turing, au sens de la définition 1.3 du chapitre 2. Si l'on veut prendre le mot calculable dans un sens informel, on ne peut évidemment plus démontrer de théorème. On obtient cependant une assertion très intéressante sur le plan épistémologique, qui exprime l'opinion que les fonctions récursives épuisent la classe des fonctions susceptibles d'un calcul mécanique. Cette assertion est une variante de la *Thèse de Church* présentée dans la section 1.5 du chapitre précédent et est couramment admise.

Preuve du théorème. La preuve s'appuie sur les résultats de la section 1.5, dont nous reprenons les notations. On établit d'abord que les paramètres (n, m), correspondant à la configuration finale d'une machine de Turing M, du type considéré dans cette section, s'expriment à partir de la donnée initiale k par une fonction récursive générale (qui est non définie si M ne s'arrête pas). Pour cela, on définit une fonction *arrêt* qui calcule le plus petit entier j s'il existe, tel qu'on ait :

$$(=\ (\textit{état}\ j\ k)\ r)$$

ou encore :

$$(=\ (gauche\ j\ k)\ 0)$$

Ces deux tests correspondent aux deux modes d'arrêt de M, par état final ou par sortie de la tête de lecture à gauche du ruban. La configuration finale est alors déterminée par les entiers :

$$(gauche\ (arr\hat{e}t\ k)\ k)$$

et

$$(droite\ (arr\hat{e}t\ k)\ k)$$

Le reste de la preuve du théorème est la solution d'un simple problème technique : les machines de Turing utilisées dans le calcul des fonctions à k arguments $n_1, \ldots, n_k$ n'ont pas pour alphabet {0, 1} puisque leur configuration initiale correspond au mot :

$$\#\ \mathrm{bin}(n_1)\ \# \ldots \#\ \mathrm{bin}(n_k)\ \#$$

Cela dit, ces machines peuvent être simulées par des machines d'alphabet {0, 1}, suivant le principe exposé dans la section 2.3 du chapitre 2. Il suffit donc de vérifier que la fonction qui calcule, à partir de $n_1, \ldots, n_k$, la configuration initiale de la machine simulante est récursive de même que celle qui décode la configuration finale. Ces fonctions sont en fait récursives primitives : c'est essentiellement le contenu de l'exemple proposé à la fin de la section 1.4 et auquel nous renvoyons le lecteur. La preuve du théorème est ainsi achevée.

2. FONCTIONS CALCULABLES PAR PROGRAMME

Pour valider, autant que faire se peut, la Thèse de Church, mentionnée dans la section 1.7, il est important de comparer les fonctions récursives avec celles qui sont effectivement calculables par des programmes d'un langage tel que PASCAL. Une telle comparaison semble poser problème puisque les fonctions récursives opèrent sur les entiers naturels alors que les programmes manipulent des entiers positifs ou négatifs et aussi des nombres flottants. En fait, un moment de réflexion montre que l'on a affaire à un problème de codage. Afin de l'éliminer, on va se borner à examiner un fragment réduit du langage PASCAL dont on montrera successivement qu'il permet de programmer les fonctions récursives et qu'il peut être compilé sur une machine à accès direct et donc – d'après le chapitre 2 – sur une machine de Turing.

2.1. Le PASCAL réduit

Le fragment du langage PASCAL que l'on veut considérer est une version très légèrement modifiée de celle qui a été introduite au chapitre 1 sous le nom de PASCAL réduit et dont l'analyse lexicale a été faite dans la section 5.2 de ce chapitre. Ce langage utilise un alphabet comportant :

i) des lettres $a \ldots z$;

ii) des chiffres $0 \ldots 9$;

iii) les symboles d'opérations $+ \; *$;

iv) le symbole $-$;

v) les symboles $< \; =$;

vi) le symbole : (pour affectation :=) ;

vii) les symboles de séparation ( ) ; , et le symbole blanc.

Les mots clés du langage sont :

begin, end, if, then, else, while, do, read, write, reset

Seul le type entier est utilisé, ce qui évite toute déclaration. On utilise les constructions habituelles du PASCAL autorisées par les mots clés et les symboles introduits, avec quelques restrictions ou modifications : le signe $-$ n'est utilisé que dans l'écriture des constantes entières négatives, la suite <= n'est pas admise, les programmes se terminent par un **end** sans autre ponctuation. On dispose de fichiers numérotés 0, 1, 2, ... et les fonctions **read** et **write** permettent de lire et d'écrire dans ces fichiers ; c'est ainsi que :

write (1, xx)

écrit la valeur de la variable xx dans le fichier numéro 1.

L'instruction :

reset (i)

permet de se replacer au début du fichier du numéro i (sans modifier son contenu). Tout ordre d'écriture ultérieur sur le fichier i provoque, avant son exécution, l'effacement du fichier.

On note que certaines des primitives les plus courantes de PASCAL ont été omises ; c'est le cas de la primitive **for**. En effet, une instruction comme :

for i := 1 **to** n **do** Π;

où Π est un programme, peut être remplacée par la suite d'instructions :

```
i := 1;
while  i < n+1 do
       begin
              Π;
              i := i+1
       end;
```

On notera également que l'on aurait pu réduire encore le nombre des mots clés : c'est ainsi que les instructions du type :

$$\textbf{if } \theta_1 < \theta_2 \textbf{ then } \Pi_1 \textbf{ else } \Pi_2;$$

où θ_1, θ_2 sont des expressions construites à partir des variables et Π_1, Π_2 des programmes, peuvent être éliminées à l'aide de variables y_1, y_2, z n'apparaissant pas dans Π_1, Π_2 ni θ_1, θ_2 sous la forme :

```
y1 := θ1;
y2 := θ2;
z := 0;
while  y1 < y2 do
       begin
              Π1;
              y1 := 1;
              y2 := 0;
              z := 1;
       end;
while z = 0 do
       begin
              Π2;
              z := 1
       end;
```

Il en va bien sûr de même pour les instructions :

$$\textbf{if } \theta_1 = \theta_2 \textbf{ then } \Pi_1 \textbf{ else } \Pi_2;$$

on se ramène ainsi à des programmes composés d'affectations et d'ordres de lecture/écriture avec comme seule structure de contrôle la boucle **while**. Ceci ne signifie pas, évidemment, que ce dernier style de programmation soit à recommander.

2.2. Programmation des fonctions récursives

Soit f une fonction partielle de $\mathbb{N}^k$ dans $\mathbb{N}$ et soit Π un programme du PASCAL réduit; on dit que Π *calcule* f si l'exécution du programme Π, dans un environnement où le fichier numéroté 0 contient k entiers $n_1, \ldots, n_k$

et où les autres fichiers sont vides, satisfait les conditions suivantes :

i) aucun ordre d'écriture ne concerne le fichier de numéro 0;

ii) le fichier de numéro 1 n'est jamais réinitialisé;

iii) l'exécution se termine si et seulement si f est définie pour les arguments $n_1, \ldots, n_k$;

iv) dans le cas où l'exécution se termine, le fichier numéroté 1 contient un unique entier m qui est la valeur de f en $n_1, \ldots, n_k$.

Théorème. *Toute fonction récursive est calculable par un programme.*

Preuve du théorème. Les fonctions récursives simples introduites dans la section 1.1 sont calculables par des programmes élémentaires n'utilisant aucune structure de contrôle; c'est ainsi que la multiplication est calculée par le programme suivant :

```
begin
        read (0, x);
        read (0, y);
        z := x * y;
        write (1, z)
end
```

On montre ensuite que la famille des fonctions calculables par un programme est close par substitution. Pour simplifier les notations, on envisage le cas où l'on substitue trois fonctions g_1, g_2, g_3 de deux variables aux trois arguments d'une fonction f. On suppose que les programmes Π_1, Π_2, Π_3, Π calculent respectivement les fonctions g_1, g_2, g_3, f. Si i et j sont des indices de fichiers, on note :

$$\Pi\ (i \to j)$$

le programme obtenu remplaçant tous les ordres concernant le fichier numéroté 0 par des ordres analogues concernant le fichier i et de même avec 1 et j. La fonction obtenue par substitution correspond alors au programme suivant (où j est un indice de fichier n'apparaissant dans aucun des programmes considérés).

```
begin
Π1 (0 → j);
reset (0);
Π2 (0 → j);
reset (0);
Π3 (0 → j);
reset (j);
Π (j → 1);
end
```

On s'intéresse ensuite au cas d'une fonction h à $k+1$ arguments $(n, n_1, \ldots, n_k)$ définie par récurrence primitive à partir de deux fonctions f et g ayant respectivement k et $k+2$ arguments (se reporter à la section 1.1 pour une définition précise). A partir de programmes Π et Σ qui calculent les fonctions f et g, on peut programmer la récurrence. On utilise pour cela des variables x, y, z, t, u n'apparaissant pas dans Π ni Σ et des registres numérotés j, l ayant la même propriété. On symbolise par :

transf (0, l)

l'instruction de transfert copiant k valeurs du fichier d'indice 0 sur le fichier d'indice l, soit :

```
for t := 1 to k do
    begin
        read (0, u);
        write (l, u)
    end;
```

La récurrence prend alors la forme suivante :

```
begin
    read (0, y); {donne à y la valeur de l'argument n}
    Π (0 → j);
    reset (j);
    read (j, x);
    reset (j); {calcule f en n1, ..., nk et affecte la valeur
                    calculée à x}
    if y> 0 then for z := 1 to y do
        begin
            reset (0);
            write (l, x);
            write (l, z);
            read (0, t); { avance d'une donnée dans le fichier d'entrée}
            transf (0, l);
            reset (l);
            Σ (l → j);
            write (j, x);
            reset (j);
        end; {fin de la boucle calculant successivement dans le cas où n
                est non nul, les valeurs de h pour 1, 2, ..., n}
    write (1, x)
end
```

Il reste, pour terminer la preuve du théorème, à examiner le procédé de minimisation. Il s'agit, en somme, de programmer une fonction :

$$(lambda\ (n_1 \ldots, n_k)\ mu\ (n)(=\ (f\ n\ n_1 \ldots\ n_k)\ 1))$$

à partir d'un programme Π qui calcule f. Le principe est simple : on calcule :

$$(f\ 0\ n_1 \ldots n_k)$$

puis, à l'aide d'une boucle **while**, on parcourt la suite :

$$(f\ 0\ n_1 \ldots n_k)$$
$$(f\ 1\ n_1 \ldots n_k)$$
$$\ldots$$

tant que n'a pas été trouvée la valeur 1. La mise en œuvre de ce principe dans un programme du PASCAL réduit est laissée au lecteur à titre d'exercice. La preuve du théorème est ainsi achevée.

La démonstration ci-dessus appelle plusieurs remarques liées à la méthodologie de la programmation.

Remarques

1) Le PASCAL réduit, au contraire du PASCAL standard, ne contient pas d'instruction de branchement inconditionnelle (**goto**). Se trouve ainsi établi – au plan théorique – le fait que l'on puisse se passer de ce type d'instructions, dont l'abus conduit souvent à un mauvais style de programmation.
2) On peut noter que les fonctions récursives primitives peuvent être programmées sans utiliser de boucle **while**, à condition naturellement d'autoriser, à la place, l'usage des boucles **for**. La primitive **while** est donc intimement liée au procédé de minimisation et, au contraire du **goto**, ne peut être éliminée sans restreindre la classe des fonctions que l'on peut programmer. L'utilisation systématique de **for** à la place de **while** n'est – au demeurant – pas à recommander, même si l'on programme des fonctions récursives primitives. Ces fonctions ont en effet d'autres définitions faisant usage de la minimisation et qui peuvent conduire à une programmation plus fine. Le lecteur est invité à valider cette remarque par une revue de la programmation d'algorithmes standard qu'il connaît.

2.3. Compilation du PASCAL réduit

Afin de clore le cercle d'idées qui ont été discutées dans ce chapitre et dans le chapitre précédent, on va brièvement montrer comment l'exécution d'un programme du PASCAL réduit peut être simulée sur une machine à accès direct et, par suite, sur une simple machine de Turing. Contrairement à ce qu'indique le titre de cette section, il ne s'agit pas, à proprement parler, de *compilation*, puisque le procédé de simulation est décrit en termes plus ou moins formels et non automatisé. On renvoie le lecteur au chapitre 8 de l'ouvrage pour une présentation de certains des outils mathématiques qui permettent une véritable compilation.

Pour implanter sur une MAD un programme Π du PASCAL réduit, il est commode de lui faire subir, au préalable, certaines transformations de façon à aboutir à un programme Π' vérifiant les conditions suivantes.

i) Les tests des boucles **while** et des instructions de branchements **if** ... **then** ... **else** sont de la forme $y < z$ ou $y = z$, où y et z sont des identificateurs de variables ou des constantes numériques.

ii) Les affectations sont de la forme :

$$x := y\,;$$

$$x := y + z\,;$$

$$x := y * z\,;$$

avec les mêmes conventions sur y et z.

iii) Les ordres d'écriture sont de la forme :

$$\textbf{write}\ (j,\ x)$$

où x est une variable.

Le détail des transformations à réaliser est assez naturel et se comprend facilement sur quelques exemples : si θ_1 et θ_2 sont des termes construits à partir de variables, on peut remplacer les constructions du type :

$$\textbf{while}\ \theta_1 < \theta_2\ \textbf{do}\ \Sigma\,;$$

par une suite d'instructions utilisant de nouvelles variables y_1, y_2

```
y1 := θ1;
y2 := θ2;
while  y1 < y2 do
      begin
         Σ;
         y1 := θ1;
         y2 := θ2
      end;
```

On s'est ainsi ramené à une boucle satisfaisant i) ; on procède ainsi pour tous les tests opérés par le programme donné Π. Une méthode analogue permet de ne considérer que des ordres d'écriture portant sur des variables. Enfin, pour décomposer une assignation :

$$x := \theta_1 ;$$

en assignations élémentaires, il suffit de reproduire, en s'aidant de nouvelles variables, la construction de l'expression θ_1 ; c'est ainsi que :

$$x := (u_1 * u_2) + (u_3 + (-2)) ;$$

est remplacée par :

$$t_1 := u_1 * u_2 ;$$
$$t_2 := u_3 + (-2) ;$$
$$x := t_1 + t_2 ;$$

Une fois toutes ces transformations réalisées, on peut allouer à chaque variable x du programme Π' obtenu, un registre $r(x)$ de la machine à accès direct (distinct de l'accumulateur). On note N le plus grand des indices des registres ainsi attribués. On attribue ensuite à chaque fichier j, utilisé dans le programme Π' (à l'exception des fichiers 0 et 1), un indice $m_j > N$ et on note M le plus grand indice ainsi attribué. Au cours de l'exécution, le registre $r(x)$ contiendra les valeurs successives prises par la variable x et l'on rangera les valeurs courantes du fichier j, soit :

$$y_1, \ldots, y_k$$

dans les registres d'indices :

$$m_j + M, \ldots, m_j + kM$$

le registre m_j contenant, quant à lui, l'adresse $m_j + (k+1)M$ de la position disponible suivante.

Il reste à effectuer la traduction du programme Π' en termes d'instructions de la machine à accès direct. On reprend pour cela la construction du programme Π' et, là cncore, quelques exemples suffisent à appréhender le processus. Une instruction élémentaire du type :

$$x := y + z ;$$

où x, y, z sont des variables, est simulée par la suite :

LOAD $r(y)$
ADD $r(z)$
STORE $r(x)$

De même, l'instruction :

$$\textbf{write } (j,\ x);$$

est-elle transformée, si j est distinct de 0 et 1, en :

LOAD $r(x)$	
STORE $\uparrow m_j$	{écriture de x}
LOAD m_j	
ADD $= M$	
STORE m_j	{incrémentation du pointeur de fin de fichier}

Si j vaut 1, on écrit simplement :

$$\textbf{write } r(x)$$

L'implémentation d'une instruction de branchement :

$$\textbf{if } y < z \textbf{ then } \Sigma_1 \textbf{ else } \Sigma_2;$$

se fait à partir des traductions de Σ_1 et Σ_2 : on renumérote les instructions de façon que celles correspondant à Σ_1 soient d'indices compris entre 5 et p et celles correspondant à Σ_2, compris entre $p+2$ et q. On écrit alors :

1	LOAD $r(z)$	
2	MULT $= -1$	
3	ADD $r(y)$	{calcul de $y - z$}
4	IF $\geqslant 0$ THEN $p+2$	
5		
$\vdots$		{simulation de Σ_1}
p		
$p+1$	GOTO $q+1$	
$p+2$		
$\vdots$		{simulation de Σ_2}
q		

L'implémentation d'une boucle **while** est analogue; pour simuler :

$$\textbf{while } y < z \textbf{ do } \Sigma;$$

on numérote de 5 à p un programme *MAD* correspondant à Σ et on écrit :

1	LOAD $r(z)$	
2	MULT $= -1$	
3	ADD $r(y)$	$\{$calcul de $y - z\}$
4	IF $\geqslant 0$ THEN $p+2$	
5		
$\vdots$		$\{$simulation de $\Sigma\}$
p		
$p+1$	GOTO 1	

La construction que l'on vient de faire montre que l'exécution d'un programme du PASCAL réduit peut être simulée sur une MAD et donc sur une machine de Turing. Compte tenu des résultats du paragraphe 1, les calculs des machines de Turing se ramènent à leur tour moyennant des codages simples, à des fonctions récursives. On a donc isolé – sous le nom de fonctions récursives – une classe stable et naturelle de fonctions qui marque les limites extrêmes de ce qui relève de l'informatique. Les problèmes indécidables, dont on a montré l'existence au chapitre 2, conduisent à des langages non décidables par machine de Turing et donc – par codage – à des prédicats non récursifs : une solution algorithmique de ces problèmes est ainsi exclue à priori.

3. COMPLEXITÉ DES PROGRAMMES

3.1. Evaluations de complexité

Comme on l'a noté dans le paragraphe 5 du chapitre 2, certains problèmes décidables se révèlent, à postériori, ne pas être susceptibles d'un traitement par machine, à cause d'une excessive complexité des calculs. Il importe donc, lorsqu'un algorithme est implémenté, d'évaluer sa complexité. Au plan théorique, une telle évaluation conduit à programmer l'algorithme considéré directement sur une machine de Turing ou une MAD et les deux notions de complexité qui s'en déduisent sont d'ailleurs extrêmement proches, ainsi qu'on l'a vu. Pratiquement, le problème se pose différemment, puisque l'on dispose, en général, de la spécification de l'algorithme dans un langage de haut niveau tel que PASCAL. Ainsi qu'on l'a noté dans la section 5.9 du chapitre 2, il est fréquent d'introduire certaines notions de complexité ad hoc, comme le nombre de comparaisons dans le cas des algorithmes de tri. Une autre méthode est suggérée par la simulation développée dans la section 2.3 et s'applique aux algorithmes dont la spécification est suffisamment simple pour pouvoir s'exprimer en PASCAL réduit.

Soit Π un programme de PASCAL réduit dont on suppose, pour simplifier, qu'il n'utilise que les fichiers principaux de numéros 0 et 1. Si Π, est exécuté dans un environnement où le fichier 0 contient les entiers :

$$n_1, \ldots, n_k$$

on dit que la *taille* des entrées est :

$$\sum_{i=1}^{k} (\lfloor \log(|n_i|) \rfloor + 2)$$

Cette définition est conforme aux conventions de la section 5.2 du chapitre 2. On peut alors évaluer, en fonction de la taille n des entrées :

i) la taille maximale $\tau(n)$ des entiers manipulés durant l'exécution (où la taille d'un entier est le nombre de ses chiffres en écriture binaire, y compris son signe) ;
ii) le nombre $\alpha(n)$ d'additions durant l'exécution ;
iii) le nombre $\mu(n)$ de multiplications effectuées durant l'exécution ;
iv) le nombre $\gamma(n)$ de comparaisons effectuées durant l'exécution (comme tests de boucle ou de branchement) ;
iv) le nombre $\delta(n)$ de transferts effectués durant l'exécution (ordres de lecture/écriture et affectations $x := y$).

On note $\widehat{T}(n)$ la quantité :

$$\mu(n) \cdot [\tau(n)]^2 + (\alpha(n) + \gamma(n) + \delta(n))\tau(n)$$

et $T(n)$ la complexité de la machine à accès direct qui simule le programme Π. On a alors la proposition suivante.

Proposition. *$T(n)$ est un $O(\widehat{T}(n))$.*

Indications sur la preuve. On reprend les notations de la section 2.3. On note d'abord que le passage de Π à Π' décompose les calculs mais ne change pas le nombre des opérations à effectuer durant l'exécution. On note ensuite qu'un nombre fini de registres, indépendant de n, est utilisé par la machine à accès direct. Chaque instruction élémentaire du PASCAL se traduit donc par un groupe d'instructions de la MAD qui contribue à la complexité totale par une quantité majorée par :

$$K[\tau(n)]^2 \text{ dans le cas des multiplications}$$

$$K\tau(n) \text{ dans les autres cas}$$

où K est une constante. Il reste à évaluer la contribution apportée à la complexité de la MAD par chaque entrée dans une boucle **while** ou dans un branchement **if**... **then** ... **else**, c'est-à-dire, par chaque évaluation d'un test de comparaison. Cette contribution est bornée par :

$$K\tau(n)$$

En sommant toutes les contributions, on obtient $K\widehat{T}(n)$ comme majorant de la complexité $T(n)$ de la MAD. La proposition est ainsi prouvée.

3.2. Calculs pratiques

Dans la pratique, même si un algorithme ne s'exprime pas en PASCAL réduit, par exemple parce qu'il manipule des tableaux, on procède comme dans la section précédente en évaluant la taille $\tau(n)$ des entiers manipulés durant l'exécution et le nombre des diverses opérations. Pour rendre cette approche correcte, il suffirait d'étendre le travail de simulation fait pour le PASCAL réduit à des versions plus larges de PASCAL. Quoi qu'il en soit, c'est une méthode couramment utilisée pour évaluer la complexité d'un algorithme. Le lecteur est invité à l'appliquer à l'évaluation d'algorithmes qu'il connaît.

4. INDICATIONS BIBLIOGRAPHIQUES

Le concept de fonction récursive est relativement ancien. Il a trouvé sa formulation précise dans les travaux de Gödel [1931] et Kleene [1936].

On trouvera des exposés sur les fonctions récursives dans de nombreux ouvrages : Brainerd et Landweber [1974], Cutland [1980], Machtey et Young [1978], Minsky [1967], Yasuhara [1971]. Chacun de ces ouvrages présente un point de vue différent et on a tenté – dans ce chapitre et le précédent – une synthèse originale.

Bien entendu, on n'a présenté que les éléments d'une théorie très riche, la récursivité. Le lecteur désireux d'approfondir cette théorie se reportera aux ouvrages de Rogers [1967] et Soare [1987].

Chapitre 4 *Calcul propositionnel*

Le présent chapitre est le premier de ceux qui sont consacrés à la logique. Sans chercher à donner une définition, ce qui n'est pas l'objet de cet ouvrage, on peut dire que la logique se caractérise par une claire distinction entre des objets de type syntaxique ou si l'on veut typographique, les formules, et leurs interprétations sémantiques. L'exemple simple du calcul propositionnel où les variables ne prennent que deux valeurs (vrai/faux) nous permettra d'isoler ce trait. Nous avons choisi de donner des formules une représentation syntaxique relativement complexe puisque nous les considérerons comme des arbres et non comme des suites de symboles. Ce point de vue, largement influencé par l'informatique, constitue en fait une simplification, qui sera mieux perçue ultérieurement dans l'étude plus complexe du calcul des prédicats.

1. ARBRES

1.1. Définition

Un *arbre* est un ensemble fini partiellement ordonné ayant les propriétés suivantes :

i) il existe un élément plus petit que tous les autres appelé *racine* de l'arbre ;

ii) les minorants de tout élément forment un ensemble totalement ordonné.

Exemple. Soit Σ un alphabet et k un entier. L'ensemble des mots de Σ^* de longueur au plus égale à k, muni de la relation « u est un facteur gauche de v », est un arbre.

Les éléments d'un arbre sont appelés *nœuds* (ou *sommets* ou *points*). Les *successeurs*, ou *fils*, d'un nœud a sont les nœuds b plus grands que a tels qu'aucun sommet ne se trouve entre a et b. Les nœuds qui n'ont pas de successeur sont dits *terminaux.* On les appelle aussi les *feuilles* de l'arbre. Les autres nœuds sont dits *internes.*

Si l'on munit chaque nœud d'une relation d'ordre total sur l'ensemble de ses successeurs, on obtient un *arbre ordonné.* Dans la suite, sauf mention expresse du contraire, nous supposerons toujours les arbres ordonnés.

On appelle *degré* le nombre maximal de successeurs d'un point de l'arbre; un arbre est *binaire* si tout élément a au plus deux successeurs. Dans le cas de deux successeurs, il est d'usage d'appeler *fils gauche* (resp. *fils droit*) le plus petit (resp. le plus grand) des deux.

A tout nœud a d'un arbre T est associé le *sous-arbre* T_a formé des éléments b de T tels que $b \geqslant a$. Si T est un arbre binaire et si la racine de T a deux successeurs, les deux sous-arbres correspondants sont appelés sous-arbres *gauche* et *droit.*

1.2. Termes arithmétiques

Le plus souvent, on aura à considérer des *arbres étiquetés*, où chaque nœud est muni d'une étiquette, élément d'un alphabet Σ ou mot de Σ^*. Bien entendu, des nœuds distincts peuvent recevoir la même étiquette. On va maintenant développer un exemple qui illustrera les notions introduites jusqu'à présent. On se donne un alphabet Σ tel que $\Sigma = \{x, y, z, +, *\}$ et l'on définit un *terme arithmétique* T de variables x, y, z comme un arbre ordonné et étiqueté ayant les propriétés suivantes :

i) les feuilles de T sont étiquetées par l'un des symboles x, y ou z;

ii) les autres nœuds de T (s'il en existe) sont étiquetés par l'un des symboles $+$ ou $*$ et ont chacun deux successeurs exactement.

La figure 1 donne une représentation graphique d'un tel arbre : chaque nœud est représenté par un cercle au centre duquel figure une étiquette; il est relié par un trait à ses successeurs qui sont ordonnés de gauche à droite. Enfin, comme c'est l'usage, la racine se trouve au plus haut : l'ordre de l'arbre est donc lu de haut en bas.

Il est possible de substituer à la définition donnée plus haut une autre qui lui est équivalente.

Définition. On appelle *terme arithmétique* de variables x, y, z tout arbre T ayant l'une ou l'autre des propriétés suivantes :

i) T est réduit à une feuille étiquetée x, y ou z;

ii) la racine de T est étiquetée par l'un ou l'autre des symboles $+$ ou $*$; elle a deux successeurs et chacun des sous-arbres gauche et droit est un terme arithmétique de variables x, y, z.

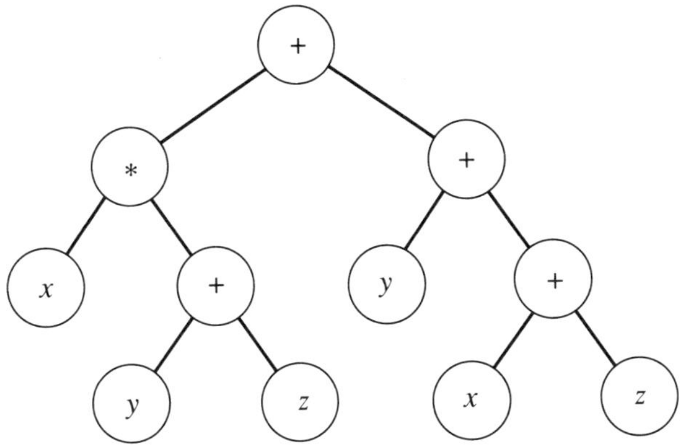

Fig. 1. Terme arithmétique

On note que cette définition est *récursive* en ce sens que pour vérifier qu'elle s'applique à un arbre T, on doit l'appliquer à deux sous-arbres (et ainsi de suite). Pour voir qu'aucune circularité n'en résulte, on peut introduire la *hauteur* d'un arbre qui est le nombre maximal d'éléments d'une partie totalement ordonnée (ou *branche*). On constate alors que la clause i) traite les cas des arbres de hauteur 1 et que la clause ii) définit l'ensemble des termes arithmétiques de hauteur $\leqslant n$ à partir de ceux de hauteur $< n$. On démontre de même, par une récurrence facile sur la hauteur, l'équivalence des deux définitions proposées.

Il se trouve que la seconde définition est mieux adaptée d'un point de vue algorithmique, spécialement si l'on a la faculté d'écrire des procédures récursives.

En langage PASCAL, la représentation d'un terme arithmétique utilise un enregistrement comprenant l'étiquette et deux pointeurs vers les deux nœuds successeurs. Ceci correspond aux déclarations de type suivantes :

```
type terme = ↑nœud;
     nœud = record
               gauche, droit : terme;
               étiquette : char
            end;
```

Une variable p de type terme correspond à un arbre réduit à une feuille si les expressions $p\uparrow.$ *gauche* et $p\uparrow.$ *droit* prennent toutes deux la valeur **nil**.

En LISP, on peut considérer les variables x, y, z comme des atomes. Un arbre T non réduit à une feuille est représenté par une liste $\widehat{T}$ qui vaut :

$$(+\ \widehat{T_1}\ \widehat{T_2}) \quad \text{ou} \quad (*\ \widehat{T_1}\ \widehat{T_2})$$

où $\widehat{T_1}$ (resp. $\widehat{T_2}$) est la liste représentant le sous-arbre gauche (resp. droit) de T et où le symbole $+, *$ correspond à l'étiquette de la racine de T. Le programme récursif suivant crée un prédicat *termep* qui détermine si F est ou non un terme arithmétique de variables x, y, z.

```
(setq var '(x y z))
(setq op '(+ *))
(de termep (F)
    (cond
    ((atom F) nil)
    ((member F var) t)
    ((neqn 3 (length F)) nil)
    ((member (car F) op)(and (termep (cadr F))(termep (caddr F))))
    (t nil)
    ))
```

Le langage PASCAL permet également de telles manipulations récursives : la procédure suivante retourne l'écriture LISP d'un objet p de type terme représentant un terme arithmétique.

```
procedure écrire (p : terme);
begin
   if p <> nil then
   begin
      if ((p↑. étiquette =' +') or (p↑. étiquette =' *')) then write ('(');
      write (p↑. étiquette);
      écrire (p↑. gauche);
      écrire (p↑. droit);
      if ((p↑. étiquette =' +' or (p↑. étiquette =' *')) then write (')')
   end
end;
```

Bien entendu, si l'on donne des valeurs numériques à x, y et z, on peut «propager» ces valeurs à tous les nœuds de l'arbre et obtenir ainsi, au niveau de la racine, la valeur du terme arithmétique. On laisse au lecteur le soin d'écrire la procédure correspondante. Ce point de vue sera en fait systématisé dans la suite.

2. FORMULES DU CALCUL PROPOSITIONNEL

2.1. Définition

Pour définir ce qu'est une formule de calcul propositionnel, on commence par se donner un ensemble de *variables propositionnelles.* Un choix usuel est celui de l'ensemble (non fini) :

$$p0,\ p1,\ p2, \ldots$$

qui correspond au langage reconnu par l'automate de la figure 2.

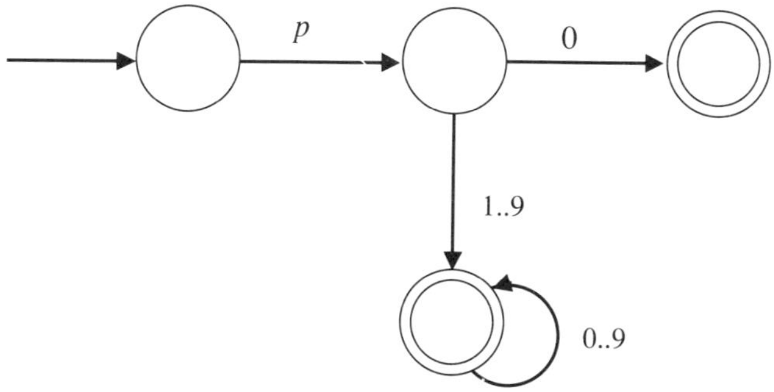

Fig. 2. Automate reconnaissant l'ensemble des variables propositionnelles

On se réservera néanmoins la possibilité d'utiliser d'autres variables : $p, q, r, s, t \ldots$

Définition. Une *formule du calcul propositionnel* est un arbre (étiqueté) F vérifiant l'une ou l'autre des propriétés suivantes :

i) F est réduit à une feuille dont l'étiquette est une variable propositionnelle (on dit alors par abus de langage que F est une variable propositionnelle) ;

ii) la racine de F est étiquetée par l'un des symboles $\wedge, \vee, \rightarrow, \leftrightarrow$, elles a deux successeurs et chacun des sous-arbres gauche et droit est une formule ;

iii) la racine de F est étiquetée par le symbole $\neg$, elle a un seul successeur et le sous-arbre correspondant est une formule.

Les symboles $\wedge, \vee, \rightarrow, \leftrightarrow, \neg$ sont appelés *connecteurs propositionnels.*

On constate que la définition ci-dessus est récursive. La figure 3 donne un exemple de formule du calcul propositionnel. Bien entendu, cette description est relativement encombrante et on va consacrer le reste de ce paragraphe à l'étude de représentations par des mots d'un langage.

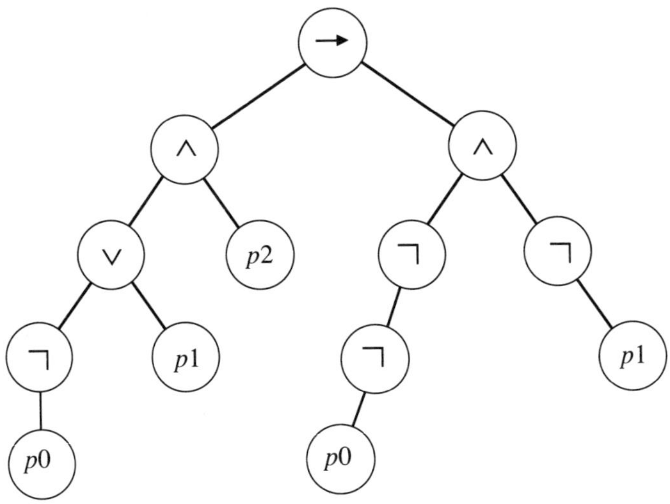

Fig. 3. Formule du calcul propositionnel

2.2. Notation polonaise

Contrairement à ce que l'on pourrait croire, il est possible de représenter une formule par des mots écrits à partir des connecteurs et des variables propositionnelles, sans utiliser la moindre parenthèse. La *notation polonaise préfixée* $\widehat{F}$ d'une formule F est définie par les clauses suivantes :

i) si F est un arbre réduit à une feuille, $\widehat{F}$ est l'étiquette de cette feuille;

ii) si la racine de F est étiquetée par le connecteur $\wedge$, $\widehat{F}$ s'écrit $\wedge\ \widehat{F_1}\ \widehat{F_2}$, où F_1 et F_2 sont les deux sous-arbres gauche et droit. De même pour les connecteurs $\vee$, $\rightarrow$, $\leftrightarrow$;

iii) si la racine de F est étiquetée $\neg$, $\widehat{F}$ s'écrit $\neg\widehat{F_1}$ où F_1 est le sous-arbre correspondant au fils de cette racine.

Du point de vue algorithmique, le passage de F à $\widehat{F}$ est facile. Le lecteur pourra vérifier cette assertion en écrivant un programme dans son langage favori. Dans le cas de la formule considérée ci-dessus, on obtient :

$$\rightarrow\ \wedge\ \vee\ \neg\ p0\ p1\ p2\ \wedge\ \neg\neg\ p0\ \neg\ p1$$

Avant d'envisager le passage inverse, il est nécessaire de prouver que $\widehat{F}$

définit F sans ambiguïté, c'est-à-dire que l'application : $F \to \widehat{F}$ est injective. Pour cela attribuons un *poids* à chaque symbole : -1 à la lettre p, $+1$ à chacun des connecteurs $\wedge$, $\vee$, $\to$, $\leftrightarrow$, 0 au connecteur $\neg$ ainsi qu'aux chiffres $0 \ldots 9$. Le poids d'un mot u est la somme $s(u)$ des poids de ses lettres. On a alors le lemme suivant.

Lemme

i) *Pour toute formule F, $\widehat{F}$ a pour poids -1.*

ii) *Tout facteur gauche de $\widehat{F}$ suivi par la lettre p ou par une variable propositionnelle a un poids $\geqslant 0$.*

Preuve du lemme. La preuve est récursive et suit les clauses de la définition d'une formule. Le cas des variables propositionnelles est clair. Si F est étiqueté par les connecteurs $\wedge$ et si l'on note F_1, F_2 les deux sous-arbres gauche et droit, on a :

$$s(\widehat{F}) = 1 + s(\widehat{F_1}) + s(\widehat{F_2})$$

ce qui, compte tenu de la récurrence, donne bien $s(\widehat{F}) = -1$. Pour vérifier l'assertion ii), on note qu'un facteur gauche non vide de $\widehat{F}$ s'écrit sous l'une des formes suivantes :

$$\begin{array}{ll} \wedge\, u & \text{où } u \text{ est facteur gauche de } \widehat{F_1} \\ \wedge \widehat{F_1} v & \text{où } v \text{ est facteur gauche de } \widehat{F_2} \end{array}$$

On conclut comme plus haut grâce à l'hypothèse récursive. On traite de même le cas des autres connecteurs.

Une fois le lemme établi, on peut montrer le caractère non ambigu de la notation polonaise. Sans entrer dans trop de détails, bornons-nous à observer que tout revient à déterminer, dans une expression du type :

$$\wedge\ \widehat{F_1}\ \widehat{F_2}$$

le début de $\widehat{F_2}$. Compte tenu du lemme, il s'agit du premier symbole qui est soit la lettre p, soit un connecteur et laisse à sa gauche un mot de poids nul (le lecteur est invité à le vérifier avec précision!)

Pour recouvrer l'arbre d'une formule à partir de sa notation polonaise, on peut utiliser la notion de poids et les idées de la preuve précédente. On peut aussi procéder par lecture directe du mot $\widehat{F}$ et construire l'arbre F au fur et à mesure : chaque nouveau symbole rencontré est placé dans le nœud libre le plus à gauche et sont ajoutés à ce nœud le nombre convenable de fils non encore étiquetés, c'est-à-dire libres. La figure 4 représente l'état de l'arbre obtenu après lecture du segment initial :

$$\rightarrow \ \wedge \ \vee \ \neg \ p0$$

de la formule déjà rencontrée. De fait, cet algorithme est assez simple à implémenter.

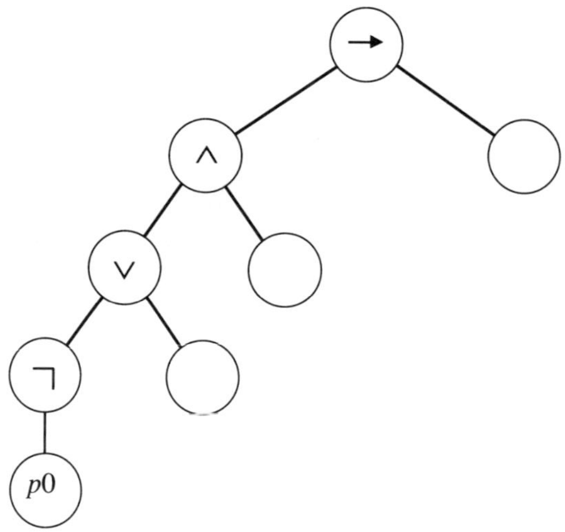

Fig. 4. Construction de l'arbre d'une formule à partir de sa notation polonaise

2.3. Notation totalement parenthésée

Définition. La *notation totalement parenthésée* $\widetilde{F}$ d'une formule F est définie par les clauses suivantes :

i) si F est un arbre réduit à une feuille, $\widetilde{F}$ est l'étiquette de cette feuille;

ii) si la racine de F est étiquetée par le connecteur $\wedge$, $\widetilde{F}$ s'écrit $(\widetilde{F}_1 \wedge \widetilde{F}_2)$, où F_1 et F_2 sont les deux sous-arbres gauche et droit. De même pour les connecteurs $\vee$, $\rightarrow$, $\leftrightarrow$;

iii) si la racine de F est étiquetée $\neg$, $\widetilde{F}$ s'écrit $(\neg \widetilde{F}_1)$ où F_1 est le sous-arbre correspondant au fils de cette racine.

Dans le cas de la formule proposée dans la section 2.1, on obtient :

$$((((\neg\ p0) \vee p1) \wedge p2) \rightarrow ((\neg\ (\neg\ p0)) \wedge (\neg\ p1)))$$

Le fait que la notation parenthésée permette de reconstituer l'arbre d'une formule peut être établi en introduisant – comme dans la section précédente – une notion de poids. On donne aux parenthèses ouvrantes le poids $+1$, aux parenthèses fermantes le poids -1 et aux autres symboles le poids 0.

On a alors le lemme suivant.

Lemme

i) *Pour toute formule F, $\widetilde{F}$ est de poids nul.*

ii) *Si F n'est pas une variable propositionnelle, tout facteur propre non vide de F est de poids > 0.*

Le lemme permet alors la reconstruction de l'arbre F : ainsi la localisation du connecteur $\wedge$ dans une formule du type $(\widetilde{F_1} \wedge \widetilde{F_2})$ est-elle permise par la propriété caractéristique suivante : c'est le premier connecteur laissant à sa gauche un mot de poids 1 exactement.

2.4. Règles de priorité

Afin de limiter le nombre de parenthèses et d'augmenter la lisibilité des formules, il est possible d'adopter certaines conventions; par exemple, il est d'usage de supprimer les parenthèses extrêmes d'une formule $\widetilde{F}$. Cette règle ne doit évidemment pas s'appliquer récursivement (sinon, il n'y a plus de parenthèses). On peut aussi, récursivement cette fois, appliquer les règles suivantes.

Règle 1. Supprimer les parenthèses externes de $\widetilde{F_1}$ dans le cas d'une formule :

$$(\neg \widetilde{F_1})$$

si F_1 est étiquetée par le connecteur $\neg$.

La formule considérée jusqu'à présent devient donc :

$$(((\neg\ p0) \vee p1) \wedge p2) \rightarrow ((\neg\ \neg\ p0) \wedge (\neg\ p1))$$

Règle 2. Supprimer les parenthèses externes de $\widetilde{F_1}$ (resp. $\widetilde{F_2}$) dans une formule :

$$(\widetilde{F_1} \rightarrow \widetilde{F_2})$$

dans le cas où F_1 (resp. F_2) est étiquetée par $\wedge$, $\vee$, $\neg$. On déclare alors que le connecteur $\rightarrow$ a une *plus faible priorité* que les connecteurs $\wedge$, $\vee$, $\neg$.

Il est d'usage de donner effectivement à $\rightarrow$ et $\leftrightarrow$ la plus faible priorité et aussi de donner à $\wedge$, $\vee$ une plus faible priorité que le connecteur $\neg$.

Compte tenu de ces règles, notre formule s'écrit :

$$(\neg\ p0 \vee\ p1) \wedge p2 \rightarrow \neg\neg\ p0 \wedge \neg\ p1$$

Il est possible, si l'on veut, d'adopter une priorité entre $\rightarrow$ et $\leftrightarrow$ (resp. $\wedge$ et $\vee$).

La reconstitution de l'arbre d'une formule à partir d'une notation partiellement parenthésée est naturellement plus complexe; donnons en le principe : on décompose le mot donné en blocs, de poids nul, séparés par des connecteurs. Le premier de ces connecteurs de plus faible priorité est l'étiquette de la racine de l'arbre à construire. En notant u et v les mots écrits respectivement à gauche et à droite du connecteur retenu, privés, si nécessaire, de leurs parenthèses externes, on recommence l'opération récursivement en construisant le sous-arbre gauche à partir de u et le sous-arbre droit à partir de v (dans le cas où le connecteur retenu est $\neg$, u est vide et on n'a à considérer qu'un seul sous-arbre construit à partir de v). On verra ultérieurement au chapitre 8 des procédés plus efficaces que celui qu'on vient de décrire.

3. VALEUR D'UNE FORMULE DU CALCUL PROPOSITIONNEL

3.1. Interprétation des connecteurs

Il s'agit maintenant, comme on l'a annoncé au début du chapitre, d'interpréter sémantiquement les objets syntaxiques que nous avons introduits. Pour cela, on va donner aux variables propositionnelles des valeurs de vérité vrai ou faux (ou si l'on préfère 1 ou 0, ou encore t ou f). Prenons par exemple la formule $(\neg\ p0)$. Si l'on donne à $p0$ la valeur 0 (faux) et si l'on souhaite interpréter le connecteur $\neg$ par une *négation*, il apparaît naturel de donner à $(\neg\ p0)$ la valeur 1 (vrai). Ceci conduit à associer au symbole de négation $\neg$ sa fonction de vérité $f_\neg$, définie par :

$$f_\neg(0) = 1$$
$$f_\neg(1) = 0$$

On associe également aux connecteurs $\wedge$ (*conjonction*), $\vee$ (*disjonction*), $\rightarrow$ (*implication*), $\leftrightarrow$ (*équivalence*) des fonctions de vérités conformes à l'interprétation mathématique qu'on leur donne habituellement, à savoir,

$$\text{pour} \quad f_\wedge : \qquad \begin{cases} f_\wedge(0,0) = 0 & f_\wedge(1,0) = 0 \\ f_\wedge(0,1) = 0 & f_\wedge(1,1) = 1 \end{cases}$$

$$\text{pour} \quad f_\vee : \qquad \begin{cases} f_\vee(0,0) = 0 & f_\vee(1,0) = 1 \\ f_\vee(0,1) = 1 & f_\vee(1,1) = 1 \end{cases}$$

$$\text{pour} \quad f_\to : \qquad \begin{cases} f_\to(0,0) = 1 & f_\to(1,0) = 0 \\ f_\to(0,1) = 1 & f_\to(1,1) = 1 \end{cases}$$

$$\text{pour} \quad f_\leftrightarrow : \qquad \begin{cases} f_\leftrightarrow(0,0) = 1 & f_\leftrightarrow(1,0) = 0 \\ f_\leftrightarrow(0,1) = 0 & f_\leftrightarrow(1,1) = 1 \end{cases}$$

On notera que les définitions qu'on vient de donner, en accord avec la pratique mathématique, s'écartent parfois du langage courant : c'est ainsi qu'en français la disjonction «ou» peut avoir un sens exclusif. On notera aussi le sens retenu pour l'implication, qui ne prend la valeur 0 que si la prémisse (premier argument) est vraie et la conclusion (second argument) fausse.

3.2. Valeur d'une formule

Définition 1. On appelle *distribution de vérité* une application de l'ensemble des variables propositionnelles dans $\{0,1\}$.

Une telle distribution σ étant fixée, on peut définir la *valeur* $\text{Val}(F,\sigma)$ de toute formule F par les clauses suivantes :

i) si F est une variable propositionnelle, $\text{Val}(F,\sigma)$ est la valeur prise par σ en cette variable;

ii) si la racine de F est étiquetée par le connecteur $\wedge$, $\text{Val}(F,\sigma)$ vaut $f_\wedge(\text{Val}(F_1,\sigma), \text{Val}(F_2,\sigma))$ où F_1, F_2 sont les sous-arbres gauche et droit de F. De même, pour les connecteurs $\wedge$, $\to$, $\leftrightarrow$;

iii) si la racine de F est étiquetée $\neg$, $\text{Val}(F,\sigma)$ vaut $f_\neg(\text{Val}(F_1,\sigma))$, où F_1 est le sous-arbre correspondant au fils de cette racine.

Si on préfère, on peut dire que l'on étend en une fonction $\overline{\sigma}$, définie sur tous les nœuds de F, la fonction attribuée par σ aux feuilles en respectant des règles du type suivant :

si a est étiqueté $\wedge$ et a pour fils b et c, on a $\quad \overline{\sigma}(a) = f_\wedge(\overline{\sigma}(b), \overline{\sigma}(c))$

Sous cette forme, on voit clairement que $\mathrm{Val}(F, \sigma)$ ne dépend que des valeurs prises par σ sur les variables propositionnelles qui sont les étiquettes d'une feuille de F (on dit aussi que ces variables ont une *occurence* dans F).

Exemple 1. La formule déjà envisagée au paragraphe précédent prend la valeur 0 si $\sigma(p0) = 0$, $\sigma(p1) = 0$, $\sigma(p2) = 1$ (cf. figure 5).

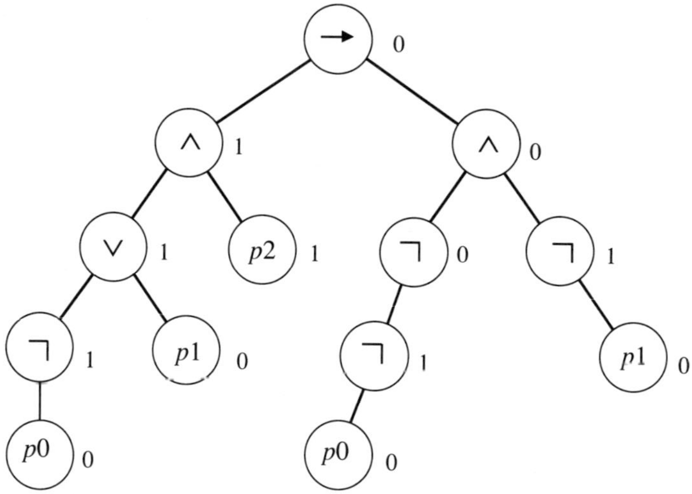

Fig. 5. Calcul récursif de la valeur d'une formule

Définition 2

1) On dit que deux formules F, G du calcul propositionnel sont *équivalentes*, si, pour toute distribution de vérité σ, on a :

$$\mathrm{Val}(F, \sigma) = \mathrm{Val}(G, \sigma)$$

2) On dit qu'une formule F du calcul propositionnel est une *tautologie* si elle prend la valeur 1 pour toute distribution de vérité σ ; on écrit $\vdash F$ pour exprimer que F est une tautologie.
3) Une formule F est une *antilogie* si elle prend toujours la valeur 0 (on dit aussi qu'elle est *contradictoire*). F est une antilogie si et seulement si on a $\vdash (\neg F)$.

On note que, pour vérifier l'équivalence de deux formules F et G, il n'est pas nécessaire de tester l'ensemble (infini) de toutes les distributions de vérité. Il suffit de donner toutes les valeurs possibles aux variables qui ont une occurence dans F ou G. On a une remarque analogue pour les notions de tautologie et d'antilogie.

Exemple 2. Les formules $p \to q$ et $\neg p \vee q$ sont équivalentes ; les formules $p \leftrightarrow q$ et $(p \to q) \wedge (q \to p)$ également. Ceci ouvre la possibilité d'éliminer les connecteurs $\to$ et $\leftrightarrow$ d'une formule F pour obtenir une formule équivalente F', construite avec les seuls connecteurs $\wedge\ \vee\ \neg$. Si F est représentée par un arbre, on élimine le connecteur $\to$ en remplaçant chaque nœud étiqueté $\to$ conformément à la figure 6.

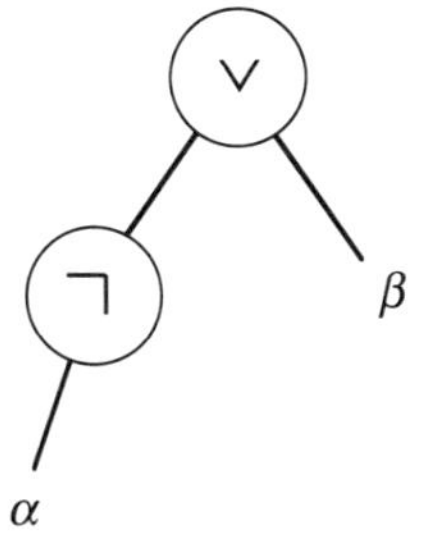

Fig. 6. Elimination du connecteur $\to$

Exemple 3. La formule :

$$(p \vee r) \wedge (q \vee \neg r) \to p \vee q$$

est une tautologie. Elle est à la base de la méthode de résolution qui sera étudiée au paragraphe suivant.

Exemple 4. Les formules :

$$(p \wedge q) \wedge r$$
$$p \wedge (q \wedge r)$$

sont équivalentes. De même pour la disjonction. Cet exemple permet, si l'on ne s'intéresse qu'à la valeur des formules, d'adopter de nouvelles règles de suppression de parenthèses appelées règles d'*associativité*.

Règles d'associativité. Supprimer les parenthèses externes de $\widetilde{F}_1$ (rcsp. $\widetilde{F}_2$) dans une formule :

$$(\widetilde{F}_1 \wedge \widetilde{F}_2)$$

dans le cas où F_1 (resp. F_2) est étiquetée par $\wedge$. De même pour la disjonction.

C'est ainsi que l'on peut écrire :

$$\neg p \wedge (q \vee r) \wedge (r \rightarrow s)$$

à la place de :

$$(\neg p \wedge (q \vee r)) \wedge (r \rightarrow s)$$

et aussi de :

$$\neg p \wedge ((q \vee r) \wedge (r \rightarrow s))$$

L'ambiguïté syntaxique qui en résulte n'a pas de conséquence sémantique; la procédure de reconstitution de l'arbre de la formule esquissée à la fin de la section 2.4 conduit dans l'exemple ci-dessus à la seconde des formes proposées.

En utilisant de façon répété la règle ci-dessus, on peut, à partir de formules $F_1, \ldots, F_n$, écrire la conjonction $F_1 \wedge \ldots \wedge F_n$, que l'on symbolise parfois par :

$$\bigwedge_{i=1}^{n} F_i$$

On utilise de même, pour la disjonction :

$$\bigvee_{i=1}^{n} F_i$$

3.3. Table de vérité

Soit $V(F)$ l'ensemble des variables propositionnelles qui ont une occurrence dans une formule donnée F. Soit σ une distribution de vérité. Comme on l'a déjà remarqué, la valeur $\mathrm{Val}(F, \sigma)$ ne dépend que de la restriction de σ à $V(F)$. Si A est une partie de l'ensemble des variables propositionnelles, contenant $V(F)$, on peut alors dresser une table comportant en entrée les éléments de $\{0, 1\}^A$ et fournissant la valeur de vérité correspondante de la formule F. Une telle table est appelée *table de vérité*. Elle est généralement construite en suivant la définition récursive de la formule. La figure 7 représente la table de vérité de la formule F prise en exemple depuis le paragraphe 2.

$p0$	1	1	1	1	0	0	0	0
$p1$	1	1	0	0	1	1	0	0
$p2$	1	0	1	0	1	0	1	0
$\neg\ p0 \vee p1$	1	1	0	0	1	1	1	1
$(\neg\ p0 \vee p1) \wedge p2$	1	0	0	0	1	0	1	0
$\neg\neg\ p0 \wedge \neg\ p1$	0	0	1	1	0	0	0	0
F	0	1	1	1	0	1	0	1

Fig. 7. Table de vérité

3.4. Formes normales

Reprenons la table de vérité de la figure 7 et écrivons p, q, r respectivement pour $p0$, $p1$, $p2$. Considérons l'une des colonnes de ce tableau, par exemple la seconde. La formule simple :

$$G_2 : \ p \wedge q \wedge \neg r$$

a la propriété de ne prendre la valeur 1 que pour cette seconde colonne. On peut de même écrire la formule :

$$G_3 : \ p \wedge \neg q \wedge r$$

qui n'est vraie que sur la troisième colonne, etc. On constate alors que la formule :

$$G_2 \vee G_3 \vee G_4 \vee G_6 \vee G_8$$

prend la valeur 1 exactement sur les mêmes colonnes que F ; elle lui est donc équivalente et s'écrit précisément :

$$(p\wedge q\wedge \neg r)\vee(p\wedge \neg q\wedge r)\vee(p\wedge \neg q\wedge \neg r)\vee(\neg p\wedge q\wedge \neg r)\vee(\neg p\wedge \neg q\wedge \neg r)$$

Appelons *littéral* une formule qui est soit une variable propositionnelle, soit la négation d'une telle variable. La formule que l'on vient d'écrire est une disjonction de conjonctions de littéraux que l'on appelle aussi *forme normale disjonctive* (FND). L'argument que l'on vient de donner sur un exemple se généralise facilement au cas d'une formule quelconque, ce qui prouve le résultat suivant.

Théorème 1. *Toute formule du calcul propositionnel est équivalente à une formule sous forme normale disjonctive.*

Reprenons une fois encore la table de vérité de la figure 6 et considérons la première colonne ; la formule :

$$H_1 : \neg p \vee \neg q \vee \neg r$$

a la propriété d'être vraie sur toutes les colonnes à l'exception justement de la colonne 1. De même, pour la colonne 5, par exemple, peut-on considérer :

$$H_5 : p \vee \neg q \vee \neg r$$

On constate alors que la conjonction :

$$H_1 \wedge H_5 \wedge H_7$$

prend la valeur 1 sauf sur les colonnes 1, 5, 7. Elle est donc équivalente à la formule donnée F et s'écrit précisément :

$$(\neg p \vee \neg q \vee \neg r) \wedge (p \vee \neg q \vee \neg r) \wedge (p \vee q \vee \neg r)$$

soit comme une conjonction de disjonctions de littéraux. Une telle forme est appelée *forme normale conjonctive* (FNC) et on a, en généralisant l'argument, le théorème suivant.

Théorème 2. *Toute formule du calcul propositionnel est équivalente à une formule sous forme normale conjonctive.*

On note que les preuves précédentes montrent que toute fonction de $\{0,1\}^A$ dans $\{0,1\}$ (où A est un ensemble fini de variables propositionnelles) est la table de vérité d'une FND ou d'une FNC, c'est-à-dire d'une formule écrite à partir des variables de A en n'utilisant que les connecteurs $\wedge$, $\vee$, $\neg$. Ce phénomène prend le nom de *complétude fonctionnelle* et montre, à nouveau, que l'on peut éliminer les connecteurs $\rightarrow$ et $\leftrightarrow$ (cf. section 3.2, exemple 2).

3.5. Le théorème de compacité

Définition

1) On dit qu'une distribution de vérité σ *satisfait* une formule F si $\text{Val}(F, \sigma)$ vaut 1 ; on dit aussi que σ est *modèle* de F ; une distribution de vérité satisfait un ensemble Σ (fini ou infini) de formules si elle satisfait chacune des formules de Σ.
2) Une formule F est *conséquence* d'un ensemble Σ de formules si toute distribution de vérité qui satisfait Σ satisfait également F. On note alors $\Sigma \vdash F$.
3) Un ensemble de formules Σ est *contradictoire* s'il n'a pas de modèle.

Proposition. *Soit Σ un ensemble de formules du calcul propositionnel, F une formule ; les deux assertions suivantes sont équivalentes :*

i) $\Sigma \vdash F$;

ii) l'ensemble $\Sigma \cup \{(\neg F)\}$ est contradictoire.

Preuve. Pour voir que i) implique ii), on note que, si tout modèle de Σ satisfait F, alors un tel modèle ne peut, de surcroît, satisfaire $(\neg F)$.

L'implication inverse est tout aussi facile : puisque $\Sigma \cup \{(\neg F)\}$ n'a pas de modèle, une distribution de vérité σ qui satisfait Σ ne peut satisfaire $(\neg F)$; c'est donc un modèle de F.

Le problème principal que l'on peut avoir à résoudre est celui de déterminer si une formule donnée F est conséquence d'un ensemble de formules. D'après le résultat précédent, ce problème se réduit à celui de décider si un ensemble de formules est contradictoire. Dans le cas où un tel ensemble Σ est fini, on peut dresser la table de vérité de la conjonction des formules qu'il contient et s'assurer que Σ est contradictoire en vérifiant que cette conjonction est une antilogie. Le résultat qui suit, connu sous le nom de théorème de compacité, ramène – d'une certaine façon – le cas général au cas des ensembles finis.

Théorème. *Un ensemble de formules du calcul propositionnel est contradictoire si et seulement si il admet un sous-ensemble fini contradictoire.*

Preuve. L'une des deux implications à prouver est claire. On prouve l'autre en se donnant un ensemble de formules Σ dont toute partie finie est non-contradictoire et en construisant une distribution de vérité σ qui satisfait Σ. On définit σ par récurrence sur l'indice des variables propositionnelles. Puisque que l'on veut en fin de compte que σ soit modèle de Σ, il est nécessaire que la restriction s_n de σ aux variables d'indice $< n$ ait la propriété suivante :

toute partie finie de Σ peut être satisfaite par un prolongement de s_n

Appelons plus généralement *suite adaptée* à Σ toute application d'un segment initial de l'ensemble des variables propositionnelles, à valeurs 0 ou 1, qui a la propriété que l'on vient juste de considérer. Nos hypothèses expriment que la suite vide est adaptée. On a aussi le lemme suivant.

Lemme. *Toute suite adaptée à n valeurs se prolonge en une suite adaptée à $n+1$ valeurs.*

Preuve du lemme. Il s'agit de définir une application : $s \to \overline{s}$, qui associe à une suite adaptée à n valeurs un prolongement également adapté. On cherche d'abord à prolonger s en donnant à la variable d'indice n la valeur 1. Si cette suite s' n'est pas adaptée, on prolonge par 0. Reste à voir que cette deuxième possibilité s'' conduit alors à une suite adaptée. Si ce n'est pas le cas, il existe une partie finie Σ_0 de Σ qui ne peut être satisfaite par un prolongement de s'' et également une partie finie Σ_1 de Σ qui ne peut être satisfaite par un prolongement de s'. Comme tout prolongement de s prolonge s' ou s'', il en résulte que la réunion de Σ_0 et Σ_1 n'est satisfaite par aucun prolongement de s. On a ainsi contredit l'hypothèse suivant laquelle s est adaptée et le lemme est prouvé.

On revient maintenant à la preuve du théorème. Le lemme permet de définir par récurrence à partir de la suite vide s_0, une suite adaptée s_n à n valeurs pour chaque entier n. Il suffit de poser :

$$s_{n+1} = \overline{s}_n$$

On note que s_{n+1} prolonge s_n ce qui permet de définir une distribution de vérité σ qui est l'unique prolongement commun à toute les suites s_n. Reste à voir que σ est modèle de Σ. Pour cela, donnons-nous un élément F de Σ et un entier n tel que toutes les variables propositionnelles qui ont une occurence dans F soient d'indice $< n$. La partie finie $\{F\}$ de Σ est satisfaite par un prolongement de s_n et donc aussi par σ puisque s_n et σ coïncident sur l'ensemble de variables $V(F)$; ceci achève la preuve.

4. LA MÉTHODE DE RÉSOLUTION

4.1. Notion de preuve

Comme on l'a observé plus haut, l'utilisation des tables de vérité permet systématiquement de vérifier qu'une formule F ou un ensemble fini de formules Σ est contradictoire. Le principal inconvénient de cette méthode est son coût : la table comporte nécessairement 2^n entrées, où n est le nombre de variables ayant une occurrence dans F ou Σ. Par ailleurs, cette méthode n'est absolument pas conforme à la pratique mathématique qui consiste, en fait, à déduire de F ou Σ des conséquences successives par des règles connues, jusqu'à obtenir une formule contradictoire comme $p \wedge \neg p$. Cette démarche, non déterministe au sens des chapitres précédents, conduit à la mise au point d'une *preuve* et c'est une des caractéristiques de la logique que d'incorporer cette notion de preuve parmi les objets de son étude. Un système de règles, qui suffit à prouver la contradiction de tous les ensembles de formules qui se trouvent être contradictoires, est dit *complet*. Il existe dans la littérature de multiples systèmes complets et nous avons choisi de n'en présenter qu'un, appelé *résolution*. Notre choix a été dicté par l'importance de la méthode de résolution dans les applications informatiques.

4.2. Réduction au cas des formes normales conjonctives

La résolution s'applique à un ensemble de formules qui sont toutes des FNC. Comme toute formule est équivalente à une FNC, il n'y a pas là, en apparence, de perte de généralité, à cela près que l'écriture de la FNC risque de nous ramener aux tables de vérité que nous voulions éviter.

Définition. On appelle *clause* toute disjonction de littéraux (rappelons que le mot littéral désigne une variable propositionnelle ou la négation d'une telle variable). La *longueur* d'une clause est le nombre de littéraux sur lesquels porte la disjonction.

On va définir maintenant une application simple qui associe à toute formule F un ensemble de clauses $C(F)$ de longueur $\leqslant 3$ de façon à ce que l'on ait :

$$(*)\ F \text{ est contradictoire si et seulement si } C(F) \text{ l'est}$$

On établira ainsi l'applicabilité de la méthode de résolution à des formules complexes.

Pour définir $C(F)$, on considère F comme un arbre et l'on attache à chaque nœud a de F une étiquette $p(a)$ qui est une variable propositionnelle, de façon à réaliser les propriétés suivantes :

i) si a est une feuille, $p(a)$ est l'étiquette de a ;

ii) si a est un nœud interne, $p(a)$ n'appartient pas à $V(F)$;

iii) si a et b sont des nœuds internes distincts, $p(a)$ et $p(b)$ sont distinctes.

Les clauses de $C(F)$ se composent d'une part de la clause $p(r)$ où r est la racine de F et d'autre part de clauses $C_a(F)$, définies pour chaque nœud non terminal a de la façon suivante :

1. Si a est étiqueté $\wedge$ et a pour fils les nœuds b et c, $C_a(F)$ se compose de :

$$p(a) \to p(b)$$
$$p(a) \to p(c)$$
$$p(b) \wedge p(c) \to p(a)$$

Le lecteur objectera que ce ne sont pas des clauses ; à quoi on répondra qu'il peut les remplacer par les formes équivalentes :

$$\neg p(a) \vee p(b)$$
$$\neg p(a) \vee p(c)$$
$$\neg p(b) \vee \neg p(c) \vee p(a)$$

Un moment de réflexion montre que la conjonction de ces trois clauses est une FNC équivalente à :

$$p(a) \leftrightarrow (p(b) \wedge p(c))$$

2. Si a est étiqueté $\vee$ et a pour fils les nœuds b et c, $C_a(F)$ se compose de :

$$p(a) \to p(b) \vee p(c)$$
$$p(b) \to p(a)$$
$$p(b) \to p(a)$$

Là encore, il s'agit (essentiellement) de clauses dont la conjonction est une FNC équivalente à :

$$p(a) \leftrightarrow (p(b) \vee p(c))$$

On traite de même le cas des connecteurs $\rightarrow$, $\leftrightarrow$ en écrivant des clauses dont la conjonction équivaut respectivement à :

$$p(a) \leftrightarrow (p(b) \rightarrow p(c))$$
$$p(a) \leftrightarrow (p(b) \leftrightarrow p(c))$$

et celui du connecteur $\neg$ en écrivant des clauses de conjonction équivalente à :

$$p(a) \leftrightarrow \neg p(b)$$

(où b est le fils de a).

Les diverses clauses $C_a(F)$ assurent, si elles elles sont satisfaites, que les valeurs des variables $p(a)$ coïncident avec les valeurs données par le calcul récursif de la valeur de F. Comme la clause $p(r)$ apparaît dans F, il en résulte qu'une distribution de vérité qui satisfait $C(F)$ satisfait F. Inversement, une distribution de vérité sur $V(F)$ qui satisfait F se prolonge en une distribution qui satisfait $C(F)$, donnée par le calcul récursif de la valeur. On a ainsi établi l'équivalence entre la non-contradiction de F et celle de $C(F)$, ce qui donne le résultat annoncé.

Remarque. La même construction s'étend à un ensemble fini de formules Σ. Il faut simplement prendre soin d'ajouter toujours des variables $p(a)$ distinctes. Dans le cas d'un ensemble infini Σ, cette précaution risque de conduire à une impossibilité par manque de variables disponibles. On contourne cette difficulté à l'aide d'un second «jeu» de variables $q0, q1, \ldots$

4.3. La règle de résolution

Avant de présenter la méthode de résolution, adoptons quelques conventions usuelles.

On convient de représenter une clause c par l'ensemble des littéraux sur lesquel porte la conjonction, on écrit donc :

$$\{p, \neg q, r\}$$

au lieu de :

$$p \vee \neg q \vee r$$

Etant donné un littéral u, on note $\overline{u}$ le littéral équivalent à $\neg u$; si donc u est $\neg p$, $\overline{u}$ vaut p. Enfin, on introduit une clause vide notée $\square$ dont la valeur est 0 pour toute distribution de vérité.

Définition 1. Soient c, c_1, c_2 trois clauses. On dit que c est une *résolvante* de c_1 et c_2 s'il existe un littéral u tel que :

i) u appartient à c_1 ;

ii) $\overline{u}$ appartient à c_2 ;

iii) $c = (c_1 - \{u\}) \cup (c_2 - \{\overline{u}\})$.

Exemples

1) Les clauses $\{p, q\}$ et $\{\neg p, \neg q\}$ admettent les deux résolvantes $\{q, \neg q\}$ et $\{p, \neg p\}$. Les clauses $\{p\}$ et $\{\neg p\}$ admettent la résolvante $\square$.

2) Les clauses $\{p, q, r\}$ et $\{\neg r, s\}$ admettent la résolvante $\{p, q, s\}$.

Définition 2. Soit C un ensemble de clauses. On appelle *preuve par résolution* à partir de C une suite de clauses telle que toute clause de la suite soit élément de C ou soit obtenue comme résolvante de deux clauses de la suite, toutes deux d'indices strictement plus petits. Le dernier élément de la suite est le *but* ou *conclusion* de la preuve. Si ce but est la clause vide, la preuve est appelée *réfutation* de C.

Proposition. *Toute clause apparaissant dans une preuve par résolution à partir de C est une conséquence de C.*

Il résulte de cette proposition qu'un ensemble de clauses C admettant une réfutation est contradictoire.

Preuve de la proposition. On se donne une preuve :

$$c_1, \ldots, c_n$$

et on raisonne par récurrence sur n. Tout revient à montrer que si σ est une distribution de vérité qui satisfait C, elle satisfait également c_n. Si c_n appartient à C, c'est clair. Sinon c_n est résolvante de c_i, $c_j (i < n, j < n)$ et l'hypothèse de récurrence montre que σ satisfait c_i et c_j. Notant u le littéral qui autorise la résolution, on constate que si $\sigma(u)$ vaut 0, alors σ satisfait $c_i - \{u\}$; si, au contraire, $\sigma(u)$ vaut 1, alors σ satisfait $c_j - \{\overline{u}\}$. Dans les deux cas σ safisfait c_n, ce qui achève la preuve.

4.4. Arbres de résolution

Définition. Soit C un ensemble de clauses. On appelle *arbre de résolution* à partir de C, un arbre R ayant les propriétés suivantes :

i) les feuilles de R sont étiquetées par des éléments de C ;

ii) tout nœud non terminal a exactement deux successeurs et son étiquette est une résolvante des étiquettes de ses deux fils.

Etant donné un tel arbre R, on peut écrire une preuve par résolution à partir de C dont le but est l'étiquette de la racine R : il suffit pour cela de ranger les étiquettes de R en respectant le niveau des nœuds (la hauteur du sous-arbre correspondant).

Inversement, à partir d'une preuve par résolution de R à partir de C, soit :

$$c_1, \ldots, c_n$$

on peut construire un arbre de résolution dont la racine a pour étiquette c_n. La construction est récursive :

- si c_n appartient à C, l'arbre cherché est réduit à sa racine;
- si c_n est une résolvante de c_i et c_j, $i < n$, $j < n$, l'arbre cherché admet pour sous-arbre gauche un arbre correspondant à c_i et pour sous-arbre droit un arbre correspondant à c_j.

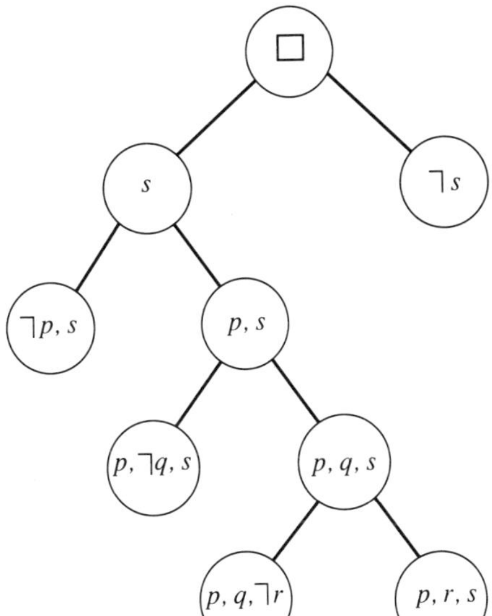

Fig. 8. Arbre de résolution

Si la racine d'un arbre de résolution à partir d'un ensemble de clauses C est étiquetée par la clause vide, on dit que cet arbre *réfute* C. La figure 8 représente un arbre de résolution réfutant l'ensemble de clauses :

$$\{p, q, \neg r\}\ \{p, r, s\}\ \{p, \neg q, s\}\ \{\neg p, s\}\ \{\neg s\}$$

qui est donc contradictoire.

4.5. Complétude de la méthode de résolution

Le résultat qui suit montre que le règle de résolution est complète.

Théorème. *Soit C un ensemble de clauses qui est contradictoire ; il existe un arbre de résolution qui réfute C.*

Avant de donner la preuve du théorème, il est utile d'introduire la notation suivante : si C est un ensemble de clauses et u un littéral, $C(u)$ représente l'ensemble de clauses :

$$\{c - \{\overline{u}\} : c \in C \quad \text{et} \quad u \notin c\}$$

Lemme. *Si C est contradictoire, il en est de même de $C(u)$.*

Preuve du lemme. Soit σ une distribution de vérité qui satisfait $C(u)$; puisque la variable propositionnelle correspondant au littéral u n'apparaît dans aucune clause de $C(u)$, on peut parfaitement supposer $\sigma(u) = 1$. Toutes les clauses de C qui contiennent le littéral u sont alors satisfaites ; quant à celles qui ne le contiennent pas, elles sont, par définition, conséquences de $C(u)$. Le lemme est ainsi établi.

On peut maintenant revenir à la ***preuve du théorème***. A cause du théorème de compacité, on peut se restreindre au cas où l'ensemble de clauses C est fini. Le résultat est alors prouvé par récurrence sur le nombre n de variables propositionnelles qui apparaissent dans C. Si n est nul, C se réduit à l'unique clause vide et le résultat est clair. Pour traiter le cas général, on fixe un littéral u dont la variable propositionnelle apparaît dans C et on considère les ensembles de clauses $C(u)$ et $C(\overline{u})$. Puisque ces ensembles sont contradictoires, en vertu du lemme précédent, et puisqu'ils ne comportent que $n-1$ variables, on peut se donner deux arbres de résolution T_0 et T_1 réfutant respectivement $C(u)$ et $C(\overline{u})$. On modifie alors l'arbre T_0 récursivement à l'aide des règles suivantes :

i) ajouter $\overline{u}$ aux étiquettes des feuilles de T_0 qui n'appartiennent pas à C ;

ii) ajouter $\overline{u}$ à l'étiquette d'un nœud non terminal si on l'a ajouté à l'un ou l'autre de ses fils.

On note que la clause i) garantit que toutes les feuilles de l'arbre obtenu T'_0 sont étiquetées par des clauses de C. Quant à la clause ii), elle assure que T'_0 est un arbre de résolution : en effet les littéraux qui autorisent les résolutions de l'arbre initial T_0 ne sont jamais égaux à u ni $\overline{u}$. L'arbre T'_0 est finalement un arbre de résolution à partir de C dont la racine est étiquetée par $\{\overline{u}\}$ ou $\square$. Dans ce dernier cas, la preuve est achevée. Dans le cas contraire, on procède à une modification analogue de l'arbre T_1, utilisant le littéral u à la place de $\overline{u}$ et conduisant à T'_1, arbre de résolution à partir de C dont la racine est étiquetée par $\{u\}$ ou $\square$. Dans le cas où cette dernière étiquette est $\{u\}$, il reste pour conclure à considérer l'arbre de résolution réfutant C, dont les sous-arbres gauche et droit sont respectivement T'_0 et T'_1.

4.6. Implémentation de la méthode de résolution

La méthode de résolution peut conduire à des réfutations très courtes. Cependant, son caractère non déterministe est un obstacle à une implémentation très efficace. Plusieurs stratégies sont possibles. La plus naturelle est une méthode de *saturation* : à partir d'un ensemble de clauses C, on construit une liste de clauses que l'on enrichit progressivement en ajoutant toutes les résolvantes correspondant aux variables propositionnelles apparaissant dans C. On arrête la construction lorsque la clause $\square$ est obtenue ou lorsqu'on ne peut plus ajouter de nouvelle clause. Si l'ensemble des variables de C a n éléments, il y a au plus 2^{2n} clauses, ce qui donne une borne sur le nombre d'étapes de l'algorithme. Cette borne est évidemment gigantesque et, de fait, la méthode est très inefficace : ainsi dans l'exemple de la section 3.4, les cinq clauses initiales $\{p, q, \neg r\}$, $\{p, r, s\}$, $\{p, \neg q, s\}$, $\{\neg p, s\}$, $\{\neg s\}$ produisent huit résolvantes dont aucune n'est vide. Pour essayer de limiter l'explosion combinatoire, on peut chercher à restreindre l'usage de la règle de résolution. Par exemple, il est naturel de ne former des résolvantes qu'à partir de couples c_1, c_2 dont aucun n'est une tautologie (c'est-à-dire dont aucun ne contient à la fois un littéral u et son opposé $\overline{u}$). On appellera *résolution restreinte* la méthode correspondante.

Proposition 1. *La résolution restreinte est complète.*

Preuve. Reprenant la preuve du théorème de la section 4.5, il s'agit simplement de vérifier que, lorsqu'on construit l'arbre T'_0 (resp. T'_1) à partir d'un arbre T_0 (resp. T_1), dont aucune étiquette n'est une tautologie, on conserve cette propriété. C'est clair car une étiquette c de T_0 n'est modifiée que par l'adjonction éventuelle d'un littéral $\overline{u}$ dont la variable propositionnelle n'apparaît pas dans c.

On peut aussi fixer un ordre de priorité sur l'ensemble des variables propositionnelles et n'autoriser la résolution que sur une variable p qui a la plus haute priorité parmi les variables de c_1 et celles de c_2. La méthode correspondante prend le nom de ***résolution ordonnée.*** Là encore :

Proposition 2. *La résolution ordonnée est complète.*

Preuve. Il suffit de reprendre la preuve du théorème de la section 4.5, en prenant la précaution de choisir le littéral u avec la plus faible priorité. On est ainsi assuré que les arbres modifiés T'_0, T'_1 n'utilisent que des résolutions ordonnées.

Note. On peut combiner les deux limitations : la méthode reste complète. On le vérifie aisément.

Exemple. Dans l'exemple déjà considéré, en adoptant l'ordre de priorité décroissante p, q, r, s, on construit, par saturation, une liste de 11 clauses contenant la clause vide (cf. figure 9).

$$\{p,\ q,\ \neg r\}$$
$$\{p,\ r,\ s\}$$
$$\{p,\ \neg q,\ s\}$$
$$\{\neg p,\ s\}$$
$$\{\neg s\}$$
$$\{q,\ \neg r,\ s\}$$
$$\{r,\ s\}$$
$$\{\neg q,\ s\}$$
$$\{\neg r,\ s\}$$
$$\{s\}$$
$$\Box$$

Fig. 9. Liste de clauses obtenues par résolution ordonnée

4.7. Résolution linéaire

Définition 1. Soit C un ensemble de clauses. On appelle preuve par ***résolution linéaire*** une suite $c_0, c_1, \ldots, c_n$ de clauses telles que c_0 soit élément de C et telle que c_i, $1 \leqslant i \leqslant n$ soit obtenue comme résolvante de c_{i-1} et d'une clause de $C \cup \{c_0, \ldots, c_{i-1}\}$ que l'on notera b_{i-1}.

On peut démontrer que la méthode de résolution linéaire est complète. Il est tentant d'imposer que c_i soit directement obtenue comme résolvante de c_{i-1} et d'une clause de C ; on parle alors de *résolution linéaire à entrées directes.* La suite $(b_0, \ldots, b_{n-1})$ d'éléments de C est dans ce cas appelée la suite des entrées et l'arbre de résolution associé prend la forme particulièrement simple représentée à la figure 10. On notera qu'une telle preuve est complètement définie par sa *prémisse* c_0 et par la suite des entrées $(b_0, \ldots, b_{n-1})$. Du point de vue algorithmique la manipulation de ces preuves s'en trouve facilitée ; on peut par exemple faire la recherche systématique d'une preuve en explorant l'arbre des suites de clauses de C.

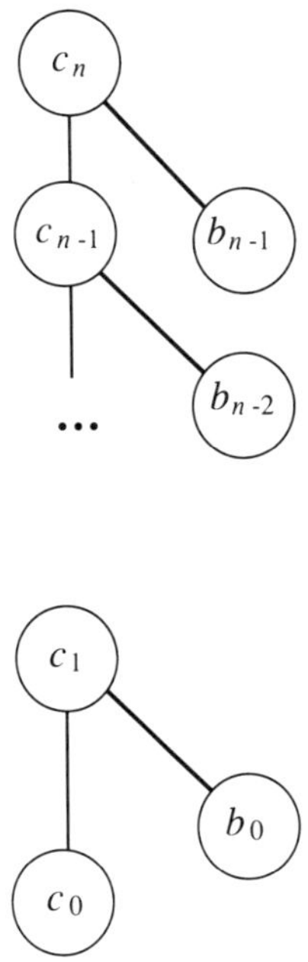

Fig. 10. Arbre de résolution linéaire à entrées directes

Malheureusement, la méthode de résolution que l'on vient de décrire n'est pas complète. On va voir cependant qu'elle s'applique à certains ensembles de formules ayant une forme particulière.

Définition 2. On appelle *clause de Horn* une clause dont au plus un littéral est une variable propositionnelle (les autres étant des négations de variables propositionnelles). Dans le cas où exactement un littéral est une variable propositionnelle, on parle de *clause définie* ; si aucun littéral n'est une variable, on parle de *clause négative* ou *but.*

Proposition. *Soit C un ensemble de clauses de Horn et soit C_0 le sous-ensemble formé des clauses définies; alors :*

i) *C_0 est non contradictoire;*

ii) *si C est contradictoire, il existe une clause négative g de C telle que $C_0 \cup \{g\}$ soit contradictoire.*

Preuve. La résolvante de deux clauses définies est aussi une clause définie. La clause vide ne peut donc être obtenue par résolution à partir de C_0, ce qui prouve l'assertion i).

Pour établir l'autre assertion, on note que l'on ne peut pas combiner deux clauses négatives par résolution et que la résolvante d'une clause négative et d'une clause définie est négative. Un arbre de résolution à partir de C est donc complètement étiqueté par des clauses de Horn et, de plus, une résolvante négative ne peut provenir que d'une clause négative et d'une clause définie, et, une résolvante définie, que de deux clauses définies. Si donc la racine est étiquetée par une clause négative, il existe une unique branche étiquetée par des clause négatives, tous les autres sommets étant étiquetés par des clauses définies. C'est le cas en particulier des arbres de réfutation. L'assertion ii) en résulte en prenant pour g l'unique étiquette négative d'une feuille.

Etant donné un arbre de résolution à partir d'un ensemble de clauses de Horn C, dont la racine est étiquetée négativement, on vient de mettre en évidence l'existence d'une unique branche d'étiquettes $g_0, \ldots, g_m$ négatives (rangées de la feuille vers la racine). Appelons *défaut de linéarité* d'un tel arbre le nombre de sommets internes étiquetés par des clauses définies. Si ce nombre est nul alors la suite $(g_0, \ldots, g_m)$ est une preuve par résolution linéaire à entrées directes, dont la prémisse est négative, qui est composée uniquement de clauses négatives et qui n'a que des entrées définies. Une telle preuve prend le nom de preuve par LD-résolution (L pour linéaire, D pour les clauses définies).

Théorème. *Soit C un ensemble de clauses de Horn définies, g une clause négative telle que $C \cup \{g\}$ soit contradictoire; alors il existe une réfutation de $C \cup \{g\}$ par LD-résolution.*

Preuve. On part d'un arbre de réfutation de $C \cup \{g\}$ qui admet une unique branche d'étiquettes négatives, l'existence d'un tel arbre venant d'être mise en évidence. Si cet arbre ne définit pas une preuve par LD-résolution, on peut choisir un sommet non terminal qui est étiqueté par des clauses définies (D) ainsi que ses deux fils. En prenant ce sommet le plus proche possible de la racine, on observe qu'il est fils d'un nœud étiqueté négativement (N) ce qui conduit à la configuration de la figure 11 qu'on appellera configuration élémentaire.

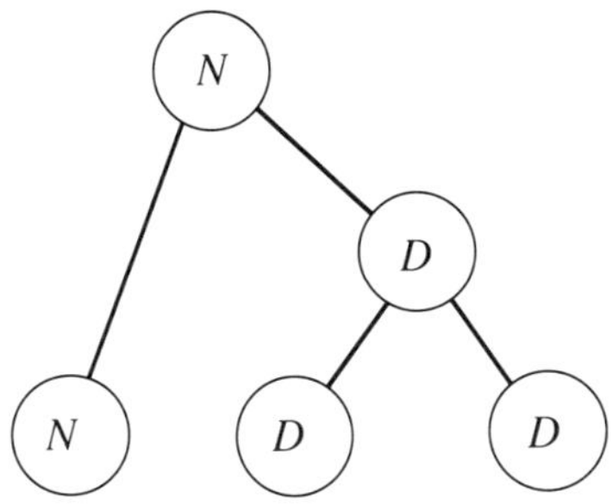

Fig. 11. Configuration élémentaire

On introduit les variables p, q, non nécessairement distinctes, qui autorisent les deux résolutions mises en œuvre dans une telle configuration. On peut alors trouver des clauses négatives g_1, g_2, g_3 telles que :

$$\neg q \quad \text{n'appartient pas à} \quad g_1$$
$$\neg p \quad \text{n'appartient pas à} \quad g_3$$

et qui permettent d'écrire les étiquettes des deux nœuds négatifs sous la forme :

$$\{\neg q\} \cup g_1, \quad g_1 \cup g_2 \cup g_3$$

et les étiquettes des trois nœuds définis sous la forme :

$$\{p\} \cup g_2, \quad \{q\} \cup \{\neg p\} \cup g_3, \quad \{q\} \cup g_2 \cup g_3$$

(cf. la partie supérieure de la figure 12). En se reportant à la partie inférieure de la figure 12, on constate que l'on arrive aussi à $g_1 \cup g_2 \cup g_3$ en résolvant $\{\neg q\} \cup g_1$ avec $\{q\} \cup \{\neg p\} \cup g_3$ et le résultat obtenu avec $\{p\} \cup g_2$.

On a ainsi «éliminé» un nœud non terminal étiqueté par une clause définie. Cette élimination s'applique à chaque fois qu'une configuration élémentaire apparaît dans un arbre de preuve : il suffit pour s'en convaincre de compléter les diagrammes de la figure 12 par descendants et ascendants. Si l'on préfère, on peut dire que l'on a ainsi diminué le défaut de linéarité. En itérant le procédé on obtient un arbre de défaut de linéarité nul qui est donc bien une preuve par LD-résolution. La démonstration du théorème est ainsi achevée.

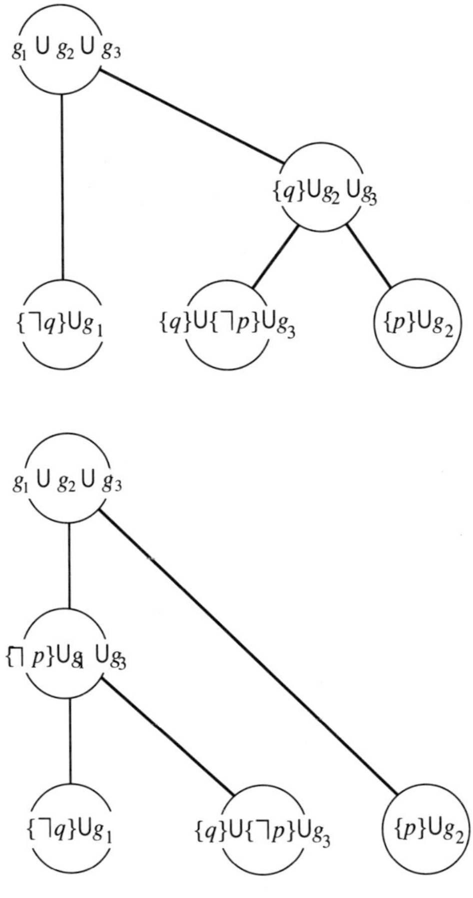

Fig. 12. Linéarisation des configurations élémentaires

5. INDICATIONS BIBLIOGRAPHIQUES

Le calcul propositionnel est un sujet classique, qui est traité dans de nombreux ouvrages, le formalisme que nous avons suivi étant essentiellement celui de Post [1921]. On pourra se reporter à Kleene [1952] pour se familiariser avec d'autres systèmes de preuves, par exemple, le calcul des *séquents* de Gentzen.

La méthode de résolution est due à Robinson [1965]. On trouvera un traitement détaillé de cette méthode dans les livres de Robinson [1979] et Kowalski [1979].

Chapitre 5
Problèmes $\mathscr{NP}$-complets. Non-déterminisme

Comme on l'a vu dans le chapitre précédent, les problèmes les plus simples de la logique propositionnelle, comme celui de déterminer si une formule est conséquence d'une autre, n'ont pas reçu de solution algorithmique réellement satisfaisante : ainsi, toutes les variantes de la méthode de résolution restent de complexité exponentielle. Compte tenu de l'importance de ces problèmes, qui conditionnent en particulier la possibilité de faire exécuter des raisonnements logiques par une machine, il serait utile de déterminer si la difficulté est ou non de nature intrinsèque. La notion de non-déterminisme, déjà présentée au chapitre 1, permet d'isoler une classe très naturelle de problèmes qui ont reçu le nom de problèmes $\mathscr{NP}$. La question de savoir si cette classe coïncide ou non avec la classe $\mathscr{P}$ introduite au chapitre 2 traduit en un énoncé mathématique précis la difficulté que l'on vient d'évoquer. La théorie n'a cependant pas encore permis d'élucider cette question qui est considérée comme le problème central de la complexité algorithmique.

1. MACHINES DE TURING NON DÉTERMINISTES

1.1. Définition

Le lecteur se reportera à la définition des machines de Turing standard donnée au paragraphe 1 du chapitre 2. Une machine de Turing non déterministe (MTND) est définie de façon analogue à cela près que l'on dispose, pour un entier $k \geqslant 1$:

i) de k fonctions d'impression $\sigma_1, \ldots, \sigma_k$ au lieu d'une seule;

ii) de k fonctions de transition $\delta_1, \ldots, \delta_k$ au lieu d'une seule;
iii) de k fonctions de déplacement $\Delta_1, \ldots, \Delta_k$ au lieu d'une seule.

En conservant les notations de la section 1.2 du chapitre 2, on peut considérer des couples (q, C) formés d'un état q d'une MTND et d'une configuration $C = w \uparrow x$ du ruban mémoire.
On note :

$$(q, C) \xrightarrow{(1)} (q', C')$$

s'il existe un indice $i \leqslant k$ tel que la machine déterministe M_i, correspondant à σ_i, δ_i, Δ_i fasse passer en un pas de calcul de (q, C) à (q', C').
On note :

$$(q, C) \rightarrow (q', C')$$

s'il existe une suite (q_j, C_j) pour $1 \leqslant j \leqslant m$, telle que :

i) $(q, C) \xrightarrow{(1)} (q_1, C_1)$
ii) $(q_j, C_j) \xrightarrow{(1)} (q_{j+1}, C_{j+1}) \qquad j = 1, \ldots, m-1$
iii) $(q_m, C_m) = (q', C')$

On note enfin :

$$(q, C) \dashv$$

si q est un état final de la machine ou si s'est produite la sortie de la tête de lecture à gauche du ruban mémoire.
Si q_0 est l'état de départ de la machine et si une configuration initiale C_0 est choisie, l'ensemble :

$$\{(q, C) : (q_0, C_0) \rightarrow (q, C)\}$$

est appelé *ensemble des calculs* de la machine. Cet ensemble est ordonné par la relation :

$$(q, C) \rightarrow (q', C')$$

et est un arbre au sens de la définition donnée au paragraphe 1 du chapitre 4 : c'est *l'arbre des calculs* de la machine. Contrairement à ce qui se passe dans le cas déterministe, cet arbre peut comporter des nœuds ayant plusieurs successeurs : le nombre de pas de calcul m qui permettent d'obtenir (q, C)

à partir de (q_0, C_0) ne suffit donc pas à définir la configuration atteinte. Celle-ci est en revanche déterminée si l'on se donne la suite :

$$(i_1, i_2, \ldots, i_m)$$

des indices qui ont été choisis à chaque pas de calcul. Cette suite prend souvent le nom de *suite des choix.*

1.2. Exemple

La figure 1 représente une MTND représentée avec des conventions qui sont des variations évidentes de celles utilisées dans le chapitre 2.

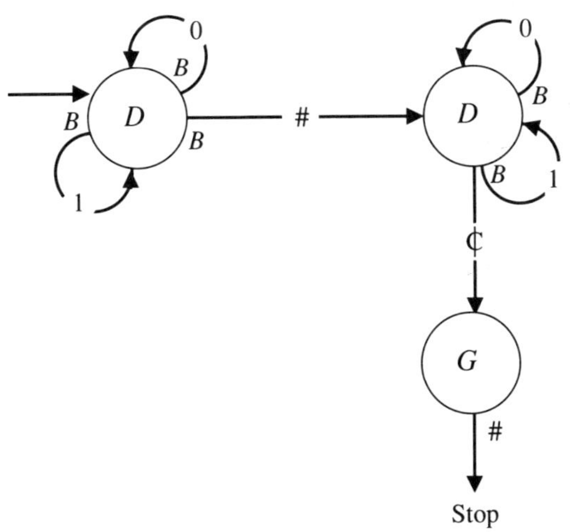

Fig. 1. Une machine de Turing non déterministe

Le lecteur pourra définir précisément des fonctions $\sigma_i, \delta_i, \Delta_i$ compatibles avec le diagramme de la figure (avec $k = 3$). Il vérifiera également que, mise en opération dans une configuration initiale :

$$w \uparrow \#$$

la machine admet les configurations finales :

$$w \# \operatorname{bin}(y) \uparrow \# \operatorname{bin}(x) ₵$$

où x et y sont des entiers quelconques. Ces configurations correspondent aux nœuds terminaux de l'arbre des calculs. On notera que cet arbre admet des branches infinies.

1.3. Machines à plusieurs rubans

Il est tout à fait clair que l'on peut également définir des machines non déterministes à plusieurs rubans : à chaque pas de calcul, l'évolution des différents rubans est choisie parmi celles qui résultent de l'action de k machines $M_1, \ldots, M_k$ ayant même ensemble d'états. L'arbre des calculs est défini exactement de la même façon que dans le cas déterministe.

On peut également définir des machines à accès direct non déterministes mais nous n'entreprendrons pas cette tâche.

1.4. Simulation déterministe

On conserve les notations des sections précédentes.

Proposition. *Il existe une machine de Turing déterministe qui, pour chaque entier m, produit l'ensemble des configurations d'une MTND obtenues à partir d'une configuration initiale en m pas de calcul. Le coût d'une telle opération est un $O(m \cdot k^m)$.*

Preuve. On ajoute à la machine non déterministe donnée M un ruban supplémentaire sur lequel on génère successivement toutes les suites :

$$(i_1, \ldots, i_m)$$

de m indices $\leqslant k$. Chacune de ces suites représente une valeur possible de la suite des choix de M et on peut simuler, de façon déterministe, le fonctionnement correspondant de la machine. Comme il y a k^m suites et que chaque simulation nécessite m pas de calcul, le résultat de complexité s'en déduit.

Remarque. Dans le cas où l'arbre des calculs est fini et de hauteur m, la construction précédente génère toutes les configurations possibles. Il existe alors une autre façon de procéder qui n'est – en fait – que l'illustration d'une méthode générale de programmation appelée méthode de *retour en arrière* (*backtracking* an anglais). L'exploration des configurations :

$$C(i_1, \ldots, i_n)$$

associées aux suites de choix :

$$(i_1, \ldots, i_n) \qquad n \leqslant m$$

se fait suivant les règles suivantes :

i) si $C(i_1, \ldots, i_n)$ n'est pas une configuration finale, construire ensuite $C(i_1, \ldots, i_n, 1)$;

ii) sinon construire $C(i_1, \ldots, i_n + 1)$ pour autant que i_n soit $< k$;

iii) sinon supprimer le dernier élément de la suite $(i_1, \ldots, i_n)$ jusqu'à ce que l'on puisse appliquer ii) ou que la suite devienne vide, ce qui marque la fin du processus.

C'est évidemment la règle iii) qui provoque le retour en arrière. Pour que ce retour soit possible, il est nécessaire de stocker un minimum d'information. On constate qu'il ne suffit pas de conserver la suite des choix :

$$(i_1, \ldots, i_n)$$

En revanche, le lecteur pourra vérifier que la suite des triplets :

$$(a_j, q_j, i_j)$$

formés du symbole lu, de l'état de la machine et du choix opéré au j-ième pas de calcul, autorise le retour en arrière. On notera également que ces informations peuvent être organisées en une structure de données simple, où l'on n'a accès en permanence qu'au dernier élément stocké. Une telle structure prend en informatique le nom de *pile.*

1.5. Rôle du non-déterminisme

La proposition ci-dessus montre que l'on ne peut espérer élargir – par exemple – la classe des langages semi-décidable définie au paragraphe 4 du chapitre 2, en ayant recours aux machines non déterministes. En revanche, le non-déterminisme, en présence de contraintes de complexité, permet l'observation de phénomènes nouveaux. Pour s'en convaincre, on peut reprendre l'exemple de la section précédente. Si z est un entier $\geqslant 2$ et si la machine décrite dans cette section est mise en opération dans une configuration initiale :

$$\# \operatorname{bin}(z) \uparrow \#$$

on a pour configurations finales :

$$\# \operatorname{bin}(z) \# \operatorname{bin}(y) \uparrow \# \operatorname{bin}(x) ¢$$

où x et y sont des entiers quelconques. On peut alors, en s'inspirant des exemples du chapitre 2, paragraphe 1, compléter la construction en vérifiant les points suivants :

i) $x \neq 1$
ii) $y \neq 1$
iii) $x \cdot y = z$

On constate que l'on a ainsi défini une machine de Turing non déterministe dont les configurations acceptantes fournissent une factorisation de la donnée initiale z – pour autant qu'il s'agisse d'un nombre non premier – et sont atteintes en un nombre de pas qui est polynomial en $\log z$. Il se trouve qu'on ne connaît aucune machine déterministe ayant ces propriétés.

1.6. Complexité des machines non déterministes

Soit M une machine de Turing non déterministe et soit $C = w \uparrow x$ une configuration initiale de son ruban-mémoire. On appelle *complexité* de M sur C et on note $T_M(C)$ la hauteur de l'arbre des calculs correspondant à C. Comme dans le cas déterministe, la fonction de complexité est celle qui associe à un entier n :

$$\sup\{T_M(C) : \ C \text{ configuration de taille } n\}$$

Bien entendu cette définition vaut pour les machines à un ruban-mémoire comme pour les machines à plusieurs rubans. Comme dans le cas des machines déterministes, il est d'ailleurs possible de simuler les deux modèles de machines l'un par l'autre (comme dans la section 2.2 du chapitre 2); les complexités sont, en ce cas, polynomialement liées.

1.7. Le temps polynomial non déterministe

Définition. Soit $f : \mathbb{N} \to \mathbb{N}$ une fonction; un langage L d'alphabet Γ est *décidable en temps non déterministe* f s'il existe une machine de Turing non déterministe M d'alphabet Σ et un sous-ensemble F^+ de l'ensemble des états finaux de M tels que :

i) Γ est inclus dans Σ mais le symbole blanc n'appartient pas à Γ;
ii) pour tout entier n $T_M(n) \leqslant f(n)$;
iii) pour tout x de Γ^*, l'arbre des calculs de M correspondant à la configuration intiale $\uparrow x$ admet au moins une configuration finale dont l'état appartient à F^+ si et seulement si x appartient à L.

Dans le cas où f est un polynôme à coefficients entiers, on dit que L est décidable en *temps non déterministe polynomial.* Compte tenu des simulations évoquées dans la section précédente, cette dernière définition ne dépend pas du modèle de calcul choisi (machine standard ou machine à plusieurs rubans). La classe des langages décidables en temps non déterministe polynomial est notée $\mathscr{NP}$. On a bien entendu :

$$\mathscr{P} \subseteq \mathscr{NP}$$

mais on ignore si cette inclusion est stricte. Il s'agit là du problème central de la théorie de la complexité, souvent symbolisé par la notation $\mathscr{P} \stackrel{?}{=} \mathscr{NP}$.

2. LA CLASSE $\mathscr{NP}$

La classe $\mathscr{NP}$ vient d'être définie dans la section précédente. On va dans ce paragraphe, en donner plusieurs caractérisations.

2.1. Projections

Soit Γ, Σ deux alphabets. On considère, dans cette section, des parties L du produit $\Gamma^* \times \Sigma^*$. De telles parties ne sont pas, à proprement parler, des langages. On peut facilement tourner cette difficulté en choisissant un symbole #, n'appartenant ni à Γ ni à Σ, et en associant, à tout mot (u, v) du produit, le mot $\# u \# v$ d'alphabet $\Gamma \cup \Sigma \cup \{\#\}$.

Définition. Une partie L de $\Gamma^* \times \Sigma^*$ est à *sections polynomiales* s'il existe un polynôme P à coefficients entiers tel que :

$$L \subseteq \{(u, v) : |v| \leqslant P(|u|)\}$$

On notera que les sections dont il s'agit sont obtenues en fixant la première coordonnée. On réserve de même le mot *projection* pour définir :

$$\{u \in \Gamma^* : \text{ il existe } v \quad (u, v) \in L\}$$

Théorème. *Soit L un langage d'alphabet Γ. Les conditions suivantes sont équivalentes :*

i) *L appartient à la classe $\mathscr{NP}$;*

ii) *il existe un alphabet Σ, et une partie L' de $\Gamma^* \times \Sigma^*$ qui appartient à la classe $\mathscr{P}$ est à sections polynomiales et admet L pour projection.*

Preuve. On se donne d'abord un langage L de la classe $\mathscr{NP}$. On fixe une machine de Turing non déterministe M dont la complexité est bornée par un polynôme P et qui décide L en ce sens que, pour une partie F^+ de l'ensemble des états finaux de M, on a l'équivalence :

$$x \in L \leftrightarrow \text{l'une des configurations finales de l'arbre des calculs de } x \text{ est d'état } q \in F^+$$

Si k est le nombre de choix non déterministes que M propose à chaque étape, on considère la partie L' de $\Gamma^* \times \{1, \ldots, k\}^*$ formée des couples :

$$(x,\ (i_1, \ldots, i_m)) \qquad m \leqslant P(|x|)$$

tels qu'un état de F^+ soit atteint par la machine M pour la configuration initiale $\uparrow x$ et pour la suite des choix $(i_1, \ldots, i_m)$.

Il est clair que L' est à sections polynomiales, à cause de la contrainte $m \leqslant P(|x|)$; il est clair également que L est la projection de L'. Il reste à voir que L' appartient à la classe $\mathscr{P}$. L'inégalité $m \leqslant P(|x|)$ est vérifiable en temps polynomial. En reprenant ensuite la preuve de la proposition de la section 1.4, on construit une machine de Turing déterministe qui calcule l'état atteint à partir de x pour la suite des choix $(i_1, \ldots, i_m)$. Cette machine s'arrête au bout de m pas de calcul et sa complexité est donc bornée par P. La preuve de l'implication i) $\to$ ii) est ainsi achevée.

Pour établir l'implication inverse, on se donne une partie L' de $\Gamma^* \times \Sigma^*$, à sections polynomiales, qui appartient à la classe $\mathscr{P}$. Il s'agit de tester, de façon déterministe si un mot x de Γ^* appartient à la projection L de L'. Pour cela on considère une machine qui part de la configuration $\# x \# \uparrow$ et qui procède en deux temps : tant qu'elle est dans son état initial q_0, cette machine a le choix entre les actions suivantes :

i) écrire un symbole quelconque de l'alphabet Σ, procéder à un déplacement à droite sans quitter l'état q_0 ;

ii) quitter l'état de départ.

Une fois qu'elle a quitté l'état q_0, la machine n'y revient plus et se comporte comme une machine déterministe qui décide en temps polynomial si le mot

$$\# x \# y$$

écrit sur le ruban mémoire, appartient ou non à L'.

Il est clair que la machine M_0 qu'on vient de décrire est telle qu'un mot x appartient à L si et seulement si l'arbre des calculs correspondant admet une configuration finale acceptante. Cependant, M_0 n'est pas de complexité polynomiale, la première phase pouvant se poursuivre indéfiniment. Il est donc nécessaire de modifier M_0. On considère pour cela un polynôme P à coefficients entiers tels que :

$$L' \subseteq \{(x, y) : |y| \leqslant P(|x|)\}$$

et on commence par déterminer sur un ruban supplémentaire un espace de longueur $P(|x|)$. Ceci peut être fait en temps polynomial. On peut alors modifier M_0 en limitant l'exécution de la première phase à $P(|x|)$ étapes : le ruban supplémentaire agit comme une horloge, la tête de lecture avançant d'un pas à chaque temps d'horloge jusqu'à ce que l'espace soit épuisé. Les deux phases du fonctionnement de M_0 sont alors polynomialement bornées : la première par $P(|x|)$ et la seconde par $Q(|x| + 2 + P(|x|))$, où Q est un polynôme qui borne le temps mis à décider L'. La preuve du théorème est ainsi achevée.

2.2. Circuits booléens

On rappelle qu'un *graphe orienté* est constitué d'un ensemble fini non vide appelé ensemble des *sommets* du graphe et d'un ensemble E formé de couples d'éléments distincts de V. E est appelé ensemble des *arêtes.* Les sommets v tels que (u, v) soit une arête sont appelés *successeurs* de v; de même, les sommets u tels que (u, v) soit une arête sont les *prédécesseurs* de v.

Un *chemin* est une suite $(x_0, \ldots, x_m)$ telle que (x_i, x_{i+1}) soit une arête, $i = 0, \ldots, m-1$. x_0 et x_m sont les *extrémités* du chemin. Si $x_0 = x_m$, on parle de *cycle.* On note que si un graphe n'a pas de cycle, la relation «il existe un chemin de x à y» est une relation d'ordre. En particulier x ne peut alors être à la fois successeur et prédécesseur de y.

On considérera dans la suite des graphes *étiquetés*, où chaque sommet est muni d'une étiquette, élément d'un alphabet Σ ou mot de Σ^*. En s'inspirant de la section 5.2 du chapitre 2, où est traité le cas des graphes non orientés, le lecteur pourra vérifier que l'on peut, de diverses façons, associer à des graphes orientés (éventuellement étiquetés) des codes qui sont des mots dont la taille est polynomialement bornée en fonction du nombre de sommets.

Définition. Un *circuit booléen* est un graphe orienté sans cycle ayant les propriétés suivantes :

i) les sommets sans prédécesseur appelés *bornes d'entrées* sont étiquetés par une variable propositionnelle ou une constante booléenne 0 ou 1;

ii) les autres sommets souvent appelés *portes*, sont étiquetés par un connecteur propositionnel $\wedge$, $\vee$, $\neg$. Ceux étiquetés par $\neg$ ont un seul prédécesseur, les autres exactement deux.

Les variables propositionnelles utilisées sont notées $p0, p1, \ldots$ comme dans le chapitre précédent. On utilisera, à l'occasion d'autres jeux de variables. En se reportant à la section 2.1 du chapitre 4, le lecteur pourra constater que les formules du calcul propositionnel ne comportant que les connecteurs $\wedge$, $\vee$, $\neg$ sont essentiellement des circuits particuliers où chaque sommet a au plus un successeur. La figure 2 donne un exemple de circuit.

Etant donné un circuit C et un de ses sommets y, appelons *hauteur* de y la longueur m du plus long des chemins $(x_0, \ldots, x_m)$ allant d'une borne d'entrée x_0 au sommet $y = x_m$.

Ces définitions étant posées, on peut manipuler les circuits comme des formules du calcul propositionnel : étant donnée une distribution de vérité σ, on peut définir la *valeur* $\mathrm{Val}(C, \sigma, x)$ donnée par σ à un sommet x de C, en propageant les valeurs données aux variables, suivant les règles évidentes. Formellement, il s'agit d'une récurrence sur la hauteur du sommet x dont les détails sont laissés au lecteur.

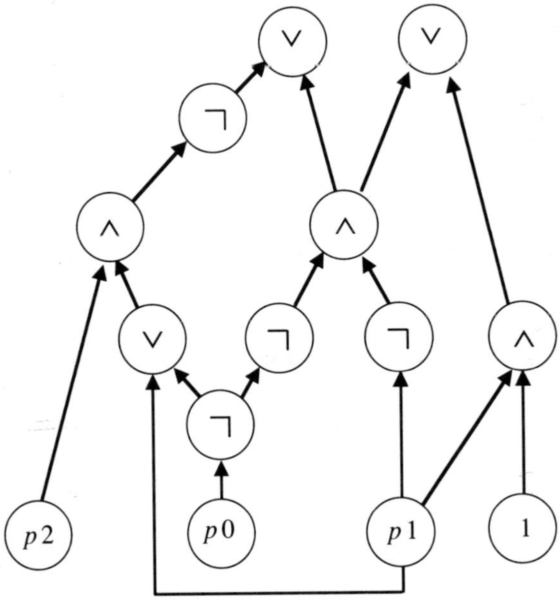

Fig. 2. Un circuit booléen

On appelle *borne de sortie* d'un circuit tout sommet qui n'admet pas de successeur.

Les circuits définissent donc des fonctions de $\{0,1\}^n$ dans $\{0,1\}^m$, où n est le nombre de portes d'entrées non étiquetées par des constantes booléennes et m le nombre de portes de sortie. Le lecteur pourra, à titre d'exercice, calculer la fonction définie par le circuit de la figure 2 : il constatera en particulier que la borne de sortie la plus à gauche définit la même fonction booléenne que la formule du chapitre 4, section 2.1.

Proposition. *Toute fonction de $\{0,1\}^n$ dans $\{0,1\}^m$ est calculable par un circuit.*

La preuve de cette proposition a été déjà donnée dans la section 3.4 du chapitre précédent où l'on a construit, à partir d'une table de vérité, des formules propositionnelles en forme normale calculant cette table. Or une application de $\{0,1\}^n$ dans $\{0,1\}^m$ n'est, en somme, que la donnée de m tables de vérité à n entrées.

2.3. Circuits et machines de Turing

Avant de pouvoir expliciter le lien qui lie circuits booléens et non-déterminisme, il est nécessaire de comparer les circuits aux machines de Turing, en tant que modèles de calcul.

Définition. On appelle *taille* d'un circuit le nombre de ses sommets.

On se donne maintenant une machine de Turing déterministe M à un ruban. On va montrer que la configuration de M, obtenue après m pas de calcul à partir d'une configuration initiale $\uparrow x$ de taille $\leqslant m$, est calculable par un circuit C_m de taille proportionnelle à m^2, le coefficient de proportionnalité dépendant seulement de M. Il est clair que l'on doit, au préalable, expliquer comment l'on code une configuration. On choisit un entier s tel que l'alphabet Σ de M et son ensemble d'états aient tous deux moins de 2^s éléments. Chaque symbole de Σ et chaque état sont alors codés par des éléments de $\{0,1\}^s$. On convient que le symbole blanc est codé par des zéros seuls. Il est également commode de numéroter les cases du ruban-mémoire de M par des entiers, $0, 1, \ldots$ En m étapes de calcul la tête de lecture ne peut sortir de la zone formée par les cases d'indice $\leqslant m$ qui seront seules utiles. Les configurations successives peuvent ainsi être représentées par des distributions de vérité sur l'ensemble de variables suivant :

i) $p[i,l]$, $0 \leqslant i \leqslant m$, $1 \leqslant l \leqslant s$

ii) $q[l]$, $1 \leqslant l \leqslant s$

iii) $h[i]$, $0 \leqslant i \leqslant m$

iv) e

avec les conventions ci-après :

i) la suite des valeurs de $p[i,l]$, $1 \leqslant l \leqslant s$ code le contenu de la i-ème case;

ii) la suite $q[l]$, $1 \leqslant l \leqslant s$, code l'état de la machine;

iii) $h[i]$ vaut 1 si et seulement si la tête de lecture est positionnée sur la i-ème case;

iv) e vaut 1 si et seulement si le calcul est arrêté.

On notera que le nombre de variables considérées est $N = (m+1)(s+1) + s + 1$.

Lemme. *Il existe un entier K dépendant seulement de M et un circuit C^1_m de taille $K \cdot m$ qui calcule, à partir des valeurs des N variables associées à une configuration de la machine, les valeurs associées à la configuration suivante.*

La propriété annoncée plus haut est conséquence du lemme : il suffit d'empiler m copies du circuit C^1_m, les portes de sortie d'une copie s'identifiant aux portes d'entrées de la suivante, pour être en mesure de calculer les valeurs associées à la configuration obtenue après m pas de calculs. On notera que le lemme ne s'applique qu'aux m premières configurations du calcul : on évite ainsi que la tête de lecture n'atteigne une zone non codée par les variables propositionnelles.

Preuve du lemme. Convenons de noter $\widehat{p}[i,l]$, $\widehat{q}[l]$, $\widehat{h}[i]$, $\widehat{e}$ les valeurs prises par les variables après une étape de calcul. Il s'agit de calculer ces valeurs à partir de $p[i,l]$, $q[l]$, $h[i]$, e. Observons tout d'abord que l'information sur l'état d'une case donnée d'indice i, après un pas de calcul, ne dépend que de l'état dans lequel sc trouvaient initialement cette case et les deux qui lui sont adjacentes ainsi que de l'état de la machine. Autrement dit les variables :

$$\widehat{p}[i,l] \qquad 1 \leqslant l \leqslant s \qquad \widehat{h}[i]$$

se calculent en fonction des $4(s+1)$ variables :

$$\begin{array}{l} p[i-1,l] \quad p[i,l] \quad p[i+1,l] \quad 1 \leqslant l \leqslant s \\ h[i-1] \quad h[i] \quad h[i+1] \\ q[l] \quad 1 \leqslant l \leqslant s \\ e \end{array}$$

(avec des modifications évidentes si $i = 0$ ou m). Compte tenu de la proposition de la section 2.2, tous ces calculs sont réalisés par un circuit fixe dont la taille K_1 est bornée en fonction de s. Ce circuit est dupliqué pour chaque indice i compris entre 0 et m, ce qui donne $K_1(m+1)$ portes.

Restent les mises à jour des variables $q[l]$ et e. On commence par considérer pour chaque indice i, la fonction $\widehat{q}[i,l]$ qui vaut $\widehat{q}[l]$ si $h[i]$ vaut 1 et zéro sinon. On constate que cette fonction s'exprime uniquement à partir des variables $p[i,l]$, $q[l]$, $h[i]$, e et se calcule donc par un circuit fixe dont la taille K_2 est bornée en fonction de s. Comme auparavant, ce circuit est répété pour chaque i. On termine le calcul de $\widehat{q}[l]$, $1 \leqslant l \leqslant s$, en observant que :

$$\widehat{q}[l] = \bigvee_{i=0}^{m} \widehat{q}[i,l]$$

ce qui ajoute m portes. Il reste pour terminer à observer que $\widehat{e}$ est fonction de :

$$e \qquad \widehat{q}[l] \quad 1 \leqslant l \leqslant s \qquad \text{et de} \qquad p[0,l] \quad 1 \leqslant l \leqslant s \qquad h[0]$$

(les dernières variables pour tenir compte de la fin éventuelle du calcul par sortie de la tête de lecture à gauche du ruban). Le calcul est opéré là encore par un circuit dont la taille est bornée en fonction de s.

En examinant la preuve attentivement, on constate que le circuit C_m^1 construit a une taille majorée par Km, où K est une constante qui dépend seulement de s, c'est-à-dire de M. Le circuit final C_m a donc une taille bornée par Km^2. On se convainc également de la validité du résultat suivant.

Proposition. *Le circuit C_m est calculable à partir de la donnée 1^m par une machine de Turing de complexité polynomiale.*

Le résultat pose la question de savoir si l'on peut développer une théorie de la complexité basée uniquement sur les circuits. La réponse est négative. De fait, en se donnant une suite de circuits qui calcule une suite de fonctions $(f_m : \{0,1\}^m \to \{0,1\}$ et en posant :

$$L = \{x \in \{0,1\}^* : f_{|x|}(x) = 1\}$$

on ne définit pas en général un langage qui soit décidable !

2.4. Circuits et non-déterminisme

Définition. Un circuit est *satisfiable* s'il existe une distribution de vérité qui donne la valeur 1 à toutes ses bornes de sorties.

Remarque. On peut chercher à donner la valeur 1 à une borne de sortie précisée x d'un circuit C. On se ramène au cas ci-dessus en ajoutant à C

un circuit C_0 qui calcule la fonction constante 1 à partir des autres bornes de sorties $y_1, \ldots, y_r$ et en reliant la sortie de C_0 et x à une sortie unique étiquetée par une conjonction.

Proposition. *L'ensemble des codes des circuits booléens satisfiables appartient à la classe $\mathscr{NP}$.*

Preuve. On considère l'ensemble L' formé des couples (c, σ) tels que :

i) c est le code d'un circuit booléen C ;

ii) σ est le code d'une distribution de vérité sur les variables propositionnelles de C ;

iii) pour toute borne de sortie x de C, $\mathrm{Val}\,(C, \sigma, x)$ vaut 1.

Il est facile de voir que L' est à sections polynomiales : également, L' appartient à la classe $\mathscr{P}$. Pour s'en convaincre, on peut programmer, dans un langage tel que PASCAL, un algorithme de calcul de la fonction Val et évaluer sa complexité par les méthodes proposées au paragraphe 3 du chapitre 3.

Comme l'ensemble de codes considéré est la projection de L', le théorème de la section 2.1 permet de conclure. On peut alors énoncer le résultat suivant.

Théorème. *Un langage L d'alphabet Σ appartient à la classe $\mathscr{NP}$ si et seulement si il existe une fonction calculable en temps polynomial qui associe à tout mot x de Σ^* un circuit $C(x)$ de façon que l'on ait l'équivalence :*

$$(*) \quad x \in L \text{ si et seulement si } C(x) \text{ est satisfiable}$$

Preuve. Soit L un langage de la classe $\mathscr{NP}$. Considérons le comme projection d'une partie L' d'un produit qui est à sections polynomiales et qui appartient à $\mathscr{NP}$. Soit M une machine de Turing qui décide en temps polynomial le langage formé des mots :

$$\{\# x \# y : (x, y) \in L'\}$$

et soit (C_m) la suite de circuits associée à la machine M comme indiqué dans la section 2.3.

Comme L' est à sections polynomiales, on a, pour les entrées $\# x \# y$ de la machine M une inégalité du type :

$$|y| \leqslant P(|x|)$$

où P est un polynôme à coefficients entiers. De même, le temps de calcul de M sur ces entrées est-il majoré polynomialement en fonction de $|x| + |y| + 2$

et donc en fonction de $|x|$. Soit Q un polynôme tel que $Q(|x|)$ majore ce temps de calcul. On note $C_0(x)$ le circuit défini à partir de C_m, $m = Q(|x|)$, en fixant les valeurs des bornes d'entrées correspondant à la partie initiale $\# x \#$ du ruban d'entrée. Le circuit $C_0(x)$ calcule en particulier les valeurs $q_1, \ldots, q_s$ des variables booléennes qui codent l'état atteint par M sur une donnée de la forme :

$$\# x \# y \qquad |y| \leqslant P(|x|)$$

après $Q(|x|)$ pas de calculs, c'est-à-dire une fois la machine arrêtée. En utilisant la méthode indiquée au tout début de cette section, il est facile de modifier $C_0(x)$ en un circuit $C(x)$ admettant une seule borne de sortie dont la valeur est 1 si et seulement si $q_0, \ldots, q_s$ codent un état acceptant de M. On constate alors que dire que $C(x)$ est satisfiable est précisément affirmer l'existence d'un mot y qui soit tel que M accepte $\# x \# y$. C'est précisément la définition de L par projection; l'assertion $(*)$ se trouve ainsi vérifiée.

Il reste à voir que tout langage de la forme :

$$\{x : C(x) \text{ est satisfiable}\}$$

où $C(x)$ est un circuit calculable à partir de x en temps polynomial, appartient bien à $\mathscr{NP}$. Compte tenu de la proposition établie au début de cette section, c'est une conséquence du lemme suivant.

Lemme. *Soit Γ, Σ deux alphabets et $f : \Gamma^* \to \Sigma^*$ une fonction calculable en temps polynomial. Si L est une partie de Σ^* qui appartient à la classe $\mathscr{NP}$, $f^{-1}(L)$ appartient également à $\mathscr{NP}$.*

Preuve. Pour vérifier qu'un mot x de Γ^* appartient à $f^{-1}(L)$, on construit une machine de Turing non déterministe qui procède en deux phases :

i) elle calcule (de façon déterministe) $f(x)$;

ii) elle vérifie en temps non déterministe polynomial que $f(x)$ appartient à L.

On laisse au lecteur le soin de préciser cette construction et les évaluations de complexité correspondantes.

3. PROBLÈMES $\mathscr{NP}$-COMPLETS

Le présent paragraphe est consacré à la description de certains problèmes particuliers de la classe $\mathscr{NP}$. Comme on l'a déjà mentionné dans la section

4.1 du chapitre 2, un problème de décision se présente sous la forme d'une description générique de certains paramètres, numériques ou non, à laquelle est attachée une question. On a déjà eu l'occasion de souligner que cette notion informelle était parfaitement manipulable mathématiquement dans la mesure où les divers codages d'un problème sont polynomialement reliés (cf. les sections 4.1 et 5.2 du chapitre 2). On aura l'occasion de vérifier cette assertion dans ce qui suit.

3.1. Définitions

On vient, à la fin du paragraphe précédent, de rencontrer un problème de décision qui a fourni une caractérisation de la classe $\mathcal{NP}$.

SATISFIABILITÉ DES CIRCUITS

Description générique. Un circuit C.

Question. Existe-t-il une distribution de vérité sur les variables propositionnelles du circuit qui donne à toutes les bornes de sortie la valeur 1 ?

Définition. Soit Γ et Σ des alphabets ; L' un langage d'alphabet Γ et L un langage d'alphabet Σ. On dit que L' est *polynomialement réductible* à L (et on note $L' \propto L$) s'il existe une fonction $f : \Gamma^* \to \Sigma^*$, calculable en temps polynomial et telle que $L' = f^{-1}(L)$.

Par extension on dira qu'un problème de décision π' est *polynomialement réductible* à un autre π si le langage associé à π' est polynomialement réductible à celui associé à π.

Les définitions étant posées, on peut énoncer les deux propriétés du problème de satisfiabilité des circuits exprimées par le théorème de la section 2.4 :

i) ce problème appartient à la classe $\mathcal{NP}$;

ii) tout autre problème de la classe $\mathcal{NP}$ lui est polynomialement réductible.

Tout problème ayant les propriétés i) et ii) ci-dessus est appelé *problème $\mathcal{NP}$-complet.*

Même en l'absence de réponse à la question $\mathcal{P} \stackrel{?}{=} \mathcal{NP}$, le fait d'établir qu'un problème est $\mathcal{NP}$-complet apporte une information précieuse : un tel problème est difficile en ce sens qu'aucun algorithme n'est connu pour le résoudre – en toute généralité – en temps polynomial. En effet, un tel algorithme permettrait, *via* les réductions, de résoudre en temps polynomial tout problème $\mathcal{NP}$, prouvant par là même l'égalité $\mathcal{P} = \mathcal{NP}$. Il reste que l'on peut évidemment attaquer des cas particuliers ou donner des heuristiques : présenter ces méthodes n'est pas l'objet du présent ouvrage. On va, en revanche, décrire plusieurs problèmes $\mathcal{NP}$-complets.

3.2. Ensembles de clauses à trois littéraux

On considère le problème suivant noté 3-SAT.

SATISFIABILITÉ DES ENSEMBLES DE CLAUSES À TROIS LITTÉRAUX

Description générique. Un ensemble fini de clauses du calcul propositionnel, ayant chacune au plus trois littéraux.

Question. Existe-t-il une distribution de valeurs de vérité qui satisfait toutes les clauses données ?

Théorème. *Le problème 3-SAT est $\mathcal{NP}$-complet.*

Avant de donner la preuve de ce théorème, on va faire quelques remarques d'ordre général. On observe d'abord que la relation de réductibilité polynomiale est transitive. C'est un fait simple et dont la preuve est laissée au lecteur. Il s'ensuit que pour montrer qu'un problème est $\mathcal{NP}$-complet, il suffit de vérifier successivement :

i) qu'il appartient à la classe $\mathcal{NP}$;

ii) qu'un problème déjà reconnu $\mathcal{NP}$-complet lui est polynomialement réductible.

Nous omettrons systématiquement la vérification du premier point : la preuve utilise en général la caractérisation de la classe $\mathcal{NP}$ par projection (section 2.1), suivant le modèle proposé, pour la proposition de la section 2.4. Le lecteur est invité à produire une preuve pour chacun des problèmes qui seront considérés. Ces remarques faites, on revient au théorème ci-dessus.

Preuve du théorème. La preuve a, en fait, été déjà virtuellement donnée dans la section 4.2 du chapitre 4. On y a en effet établi que l'on pouvait associer à toute formule F du calcul propositionnel un ensemble des clauses $C(F)$, ayant chacune au plus trois littéraux, de façon que l'on ait :

$$(*) \quad F \text{ est satisfiable si et seulement si } C(F) \text{ l'est}$$

La méthode utilisée consistait à attacher à chaque nœud a de l'arbre de la formule F une variable propositionnelle $p(a)$ et à exprimer, par un ensemble de clauses de longueur $\leqslant 3$, que la distribution sur les variables $p(a)$ était compatible avec un calcul récursif de la valeur de F. Ajouter la seule clause $p(r)$, où r est la racine de F, suffisait alors à exprimer la satisfiabilité de F.

La même méthode permet d'exprimer la satisfiabilité d'un circuit par un système de clauses de longueur $\leqslant 3$; il faut simplement noter que l'on dispose de plusieurs bornes de sortie au lieu d'une.

Pour conclure, il reste à observer que le calcul de l'ensemble de clauses associé à un circuit se fait en temps polynomial par rapport à la taille du circuit. Pour cela, on reprend la preuve de la section 4.2 du chapitre 4 : on a simplement à associer à chaque sommet du circuit un ensemble fini de clauses dépendant seulement de l'étiquette de ce sommet, de ses prédécesseurs et du fait qu'il s'agit éventuellement d'une borne d'entrée ou de sortie. Un tel algorithme est réalisable en temps polynomial.

Remarque. On peut modifier le problème 3-SAT en exigeant que toutes les clauses de l'ensemble dont on cherche à tester la satisfiabilité aient *exactement* trois littéraux. Le problème modifié appartient évidemment à la classe $\mathscr{NP}$. Pour voir qu'il est $\mathscr{NP}$-complet, il suffit de vérifier que le problème initial, lui est réductible. On définit une réduction en partant d'un ensemble :

$$c_1, \ldots, c_m$$

de clauses de longueur $\leqslant 3$ et en utilisant de nouveaux jeux de variables y_j, z_j. Chaque clause c_j de longueur 1, c'est-à-dire réduite à un littéral u, est remplacée par les quatre clauses :

$$\begin{cases} u \vee y_j \vee z_j \\ u \vee \neg y_j \vee \neg z_j \\ u \vee \neg y_j \vee z_j \\ u \vee y_j \vee \neg z_j \end{cases}$$

Quant aux clauses c_j de longueur 2, de la forme $u \vee v$, elles sont remplacées par :

$$\begin{cases} u \vee v \vee y_j \\ u \vee v \vee \neg y_j \end{cases}$$

On laisse au lecteur le soin de vérifier qu'on a ainsi défini une réduction polynomiale.

3.3. Le problème du «sac à dos»

Il s'agit du problème suivant.

PROBLÈME DU SAC À DOS

Description générique. Un ensemble fini S de nombres entiers positifs. Un entier t.

Question. Existe-t-il une partie A de S telle que $\sum_{x \in A} x = t$?

Autrement dit : peut-on remplir exactement un «sac à dos» de taille t avec des objets divers de tailles données?

Théorème. *Le problème du sac à dos est $\mathcal{NP}$ complet.*

Preuve. Comme indiqué dans la section précédente, on laisse au lecteur le soin de vérifier que le problème appartient à la classe $\mathcal{NP}$. On va construire une réduction polynomiale du problème 3-SAT au problème du sac à dos. Pour cela on part d'un ensemble de clauses :

$$c_1, \dots, c_m$$

comprenant chacune au plus trois littéraux et on numérote les variables propositionnelles qui apparaissent dans l'une des clauses sous la forme $q_1, \dots, q_n$. On pose :

$$\begin{aligned} k_i &= 8^{i-1} \qquad i = 1, \dots, n \\ l_j &= 8^{n+j-1} \quad j = 1, \dots, m \end{aligned}$$

et on définit les entiers n_i, m_i, $1 \leqslant i \leqslant n$ par les égalités :

$$\begin{aligned} n_i &= k_i + \sum \{l_j : q_i \text{ apparaît dans } c_j\} \\ m_i &= k_i + \sum \{l_j : \overline{q}_i \text{ apparaît dans } c_j\} \end{aligned}$$

L'ensemble S correspondant à la description générique du problème du sac-à-dos est composé des n_i pour $1 \leqslant i \leqslant n$, des m_i pour $1 \leqslant i \leqslant n$, et des entiers l_j et $2l_j$ pour $1 \leqslant j \leqslant m$. Le nombre t, quant à lui, vaut :

$$\sum_{i=1}^{n} k_i + 4\Big(\sum_{j=1}^{m} l_j\Big)$$

c'est-à-dire que c'est le nombre dont l'écriture en base 8 est formée de m symboles égaux à 4, suivis de n symboles égaux à 1.

Il est clair que l'algorithme que l'on vient de présenter requiert un temps polynomial. Pour le voir et pour une bonne compréhension de la preuve, le lecteur est invité à interpréter tous les entiers manipulés par leur écriture en base 8 (sans toutefois donner au nombre 8 une mystérieuse importance puisqu'il peut être remplacé par un autre entier $\geqslant 7$). On observe que :

i) l'addition d'une partie de S se fait sans retenue en base 8, la valeur maximale du i-ème symbole à partir de la droite étant 2 (à cause de n_i et m_i) et celle du $n+j$-ème symbole étant 6 si trois nombres de la famille n_i ou m_i correspondant aux littéraux de c_j, et aussi les nombres l_j et $2l_i$, fournissent tous une contribution;

ii) la somme d'une partie de S ne peut valoir t que si l'un exactement des nombres n_i, m_i apparaît dans la somme (de façon que le i-ème symbole soit un 1).

Une partie A de S dont la somme est t permet donc de définir une distribution de vérité τ_A par :

$$\tau_A(q_i) = 1 \quad \text{ssi} \quad n_i \in A$$

Cette distribution satisfait chaque clause c_j. En effet, le $n+j$-ième symbole de t valant 4, il ne peut être dû à la seule contribution de l_j et de $2l_j$. Il existe donc dans A un entier n_i, tel que le littéral $u = q_i$ correspondant soit dans c_j, ou bien un entier m_i, tel que $u = \overline{q}_i$ apparaisse dans c_j. Dans les deux cas, on a $\tau_A(u) = 1$.

Pour achever la preuve, il reste à voir que toute distribution de vérité τ qui satisfait $\{c_1, \ldots, c_m\}$ permet de construire une solution du problème du sac à dos de paramètres (S, t). A cette fin, on considère l'ensemble A_0 formée des entiers n_i tels que $\tau(q_i) = 1$ et des entiers m_i tels que $\tau(q_i) = 0$. La somme des éléments de A_0 s'écrit :

$$\sum_{i=1}^{n} k_i + \sum_{j=1}^{m} a_j l_j$$

où les a_j sont des entiers compris entre 0 et 3. Le fait que τ satisfasse la clause c_j permet même de voir que a_j est non nul, l'un des entiers n_i ou m_i contribuant de façon non triviale au $n+j$-ième chiffre de la somme. On peut alors compléter A_0 en ajoutant les nombres l_j, $2l_j$ de façon à porter chaque coefficient a_j à 4.

La preuve du théorème est ainsi terminée.

3.4. Cycles hamiltoniens

Définition. Etant donné un graphe orienté G ayant n sommets, on appelle *cycle hamiltonien* un cycle $(x_0, \ldots, x_n)$ tel que chaque sommet apparaisse une fois et une seule dans la suite $(x_0, \ldots, x_{n-1})$.

On renvoie à la section 2.2 pour la terminologie de base sur les graphes orientés. Il existe une définition analogue à celle donnée ci-dessus dans le cadre des graphes non orientés (lesquels ont été brièvement présentés dans la section 5.2 du chapitre 2).

On peut maintenant énoncer le problème des cycles hamiltoniens.

PROBLÈME DES CYCLES HAMILTONIENS (CAS ORIENTÉ)

Description générique. Un graphe orienté G.

Question. Le graphe G admet-il un cycle hamiltonien ?

Il est facile de voir que ce problème appartient à la classe $\mathcal{NP}$.

Théorème. *Le problème des cycles hamiltoniens est $\mathcal{NP}$-complet.*

Preuve. On va produire une réduction polynomiale du problème 3-SAT au problème des cycles hamiltoniens. La construction se fait de façon modulaire en ce sens que l'on utilise certains graphes particuliers comme composants, ces graphes étant ensuite reliés entre eux par des arêtes supplémentaires. En exploitant les propriétés spécifiques des composants, on arrive à exprimer, en termes de cheminements dans un graphe, la structure logique sous-jacente au problème 3-SAT.

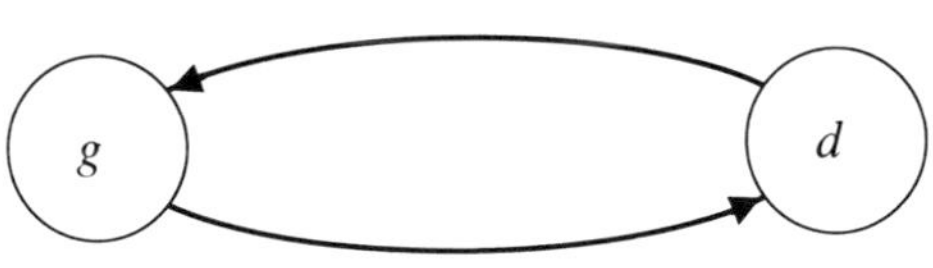

Fig. 3. Le graphe K

On note K le graphe représenté à la figure 3. Pour tout entier p, le graphe K_p est obtenu à partir de p copies de K en reliant le sommet gauche g_r du r-ème graphe au sommet droit d_{r+1} du $r+1$-ième et inversement, puis en ajoutant une borne d'entrée et une borne de sortie suivant la disposition représentée à la figure 4 (dans le cas où $p = 4$).

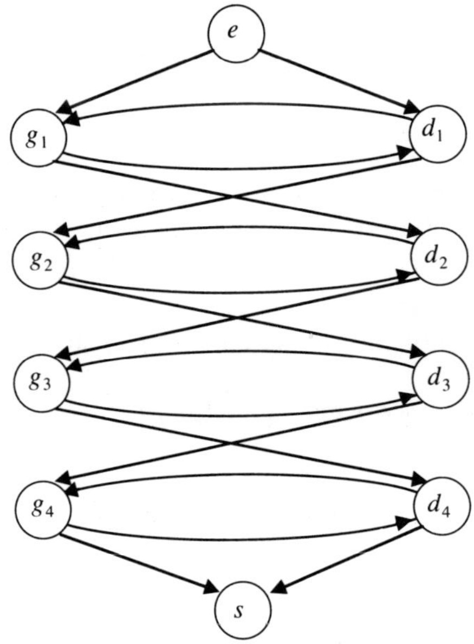

Fig. 4. Le graphe K_4

Dans le graphe K_p, il existe deux chemins allant de e à s en passant par tous les sommets une seule fois, à savoir :

i) le chemin $\gamma = (e, g_1, d_1, g_2, d_2, \ldots, g_p, d_p, s)$ qu'on appellera chemin gauche ;

ii) le chemin $\delta = (e, d_1, g_1, d_2, g_2, \ldots, d_p, g_p, s)$ qu'on appellera chemin droit.

Fait 1. *γ et δ sont les seuls chemins passant une et une seule fois par chaque sommet de K_p.*

En effet, chaque arête issue de l'un des points g_i ou d_i rejoint un point d'indice i ou $i+1$ (en convenant que s a l'indice $p+1$). Les paires $\{g_r, d_r\}$ doivent donc être visitées successivement.

On suppose maintenant le graphe K_p *plongé* dans un graphe G, c'est-à-dire que les sommets de K_p forment un sous-ensemble des sommets de G et que les arêtes de K_p sont précisément les arêtes de G reliant deux sommets de K_p. Etant donné un cycle :

$$\lambda = (x_0, \ldots, x_k)$$

du graphe G, on appelle *traversée* de K_p toute suite maximale :

$$(x_i, x_{i+1}, \ldots, x_j)$$

formée de sommets distincts de K_p (les indices étant pris modulo k) ; x_i est le *point d'entrée* de la traversée et x_j son *point* de sortie.

Fait 2. *On suppose K_p plongé dans G de façon que :*

i) toute arête dont l'origine n'est pas dans K_p et l'extrémité dans K_p aboutit au point e ;

ii) tout arête dont l'origine est dans K_p et l'extrémité hors de K_p provient de s.

Alors tout cycle hamiltonien de G traverse K_p suivant γ ou δ.

Les propriétés i) et ii) montrent qu'une traversée de K_p a pour point d'entrée e et pour point de sortie s. Si tous les sommets de K_p ne sont pas visités au cours de cette traversée, ils ne peuvent l'être au cours d'une autre traversée puisque le point e n'est plus libre. On conclut à l'aide du fait 1.

On considère maintenant un graphe $G_{p,n}$ obtenu à partir de n copies de K_p. La i-ième copie de K_p est notée $K(i)$ et ses sommets $e(i)$, $g_r(i)$ pour $1 \leqslant r \leqslant p$, $d_r(i)$ pour $1 \leqslant r \leqslant p$, $s(i)$. Les diverses copies sont reliées entre elles en ajoutant, pour chaque indice $i = 1, \ldots, n$ une arête allant de $s(i)$ à $e(i+1)$ [avec la convention $n + 1 = 1$]. On note γ_i (resp. δ_i) le chemin gauche (resp. droit) de $K(i)$. A toute distribution de vérité τ sur les variables propositionnelles $q_1, \ldots, q_n$, on peut associer un cycle hamiltonien $\lambda(\tau)$ formé des chemins $\lambda_1(\tau), \lambda_2(\tau), \ldots, \lambda_n(\tau)$ où :

$$\lambda_i(\tau) = \gamma_i \quad \text{si} \quad \tau(q_i) = 0$$
$$\lambda_i(\tau) = \delta_i \quad \text{si} \quad \tau(q_i) = 1$$

Inversement, si l'on donne un cycle hamiltonien, on constate, puisque les propriétés i) et ii) du fait 2 sont satisfaites, qu'il traverse chaque $K(i)$ suivant γ_i ou δ_i. Quitte à décaler les sommets du cycle de façon à ce qu'il commence par $e(1)$, on peut ainsi le mettre sous la forme $\lambda(\tau)$, pour une distribution de vérité convenable τ. On a donc mis en bijection les cycles hamiltoniens de $G_{p,n}$ et les distributions de vérités sur les variables $q_1, \ldots, q_n$.

Un second type de graphe est utilisé comme composant ; c'est le graphe H représenté à la figure 5. On suppose également ce graphe plongé dans un graphe G. On note qu'il existe précisément neuf traversées possibles de H de points d'entrée a et de sortie a', b' ou c' symbolisées à la figure 6. Les trois premières ont pour point de sortie a', au contraire des six autres.

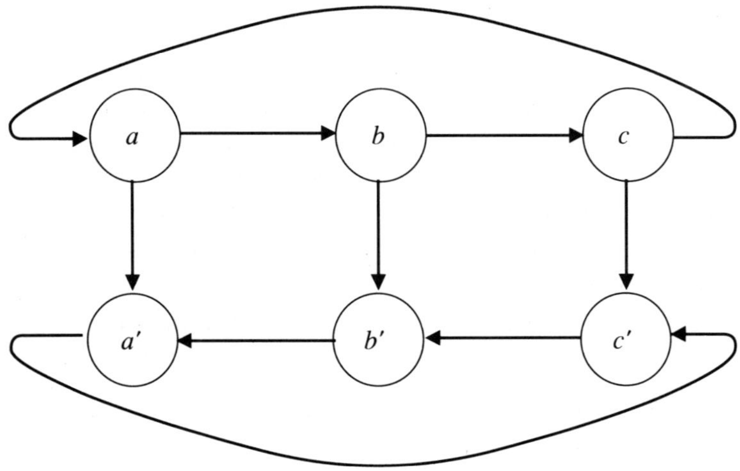

Fig. 5. Le graphe H

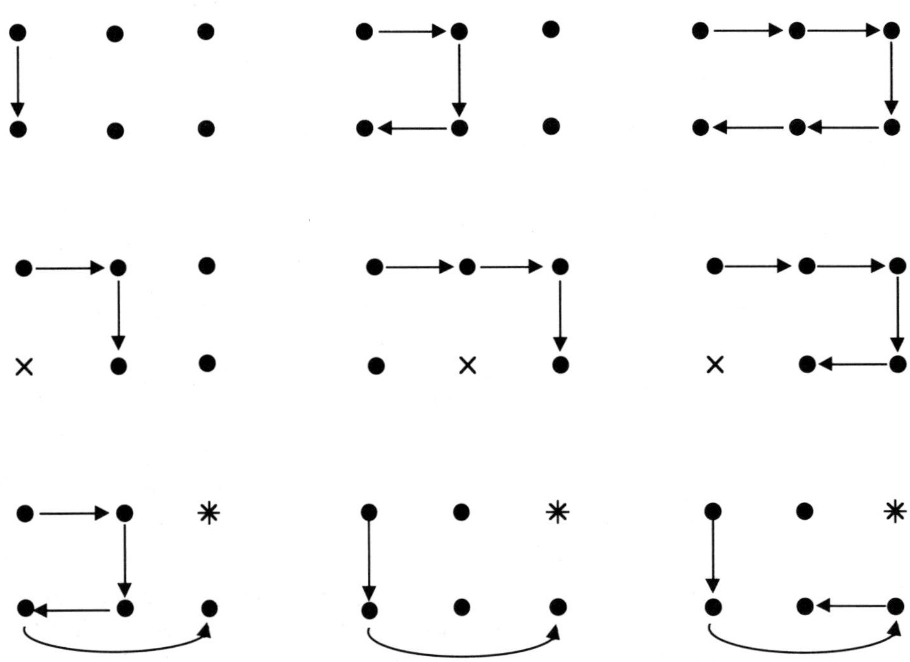

Fig. 6. Traversées du graphe H

Fait 3. *On suppose H plongé dans un graphe G de façon que :*

i) toute arête dont l'origine n'est pas dans H et l'extrémité est dans H aboutit à l'un des points a, b, c;

ii) toute arête dont l'origine est dans H et l'extrémité hors de H, provient de l'un des points a', b', c'.

Alors, tout cycle hamiltonien de G n'admet que des traversées ayant pour entrée a (resp. b, resp. c) et pour sortie a' (resp. b', resp. c').

Les propriétés i) et ii) impliquent que chaque traversée a pour point d'entrée a, b ou c et point de sortie a', b' ou c'. Sans perte de généralité, on peut se borner aux traversées de point d'entrée a. Il s'agit de voir que les six dernières situations représentées à la figure 6 sont exclues. Trois d'entre elles laissent de côté un sommet de H (marqué d'une croix) dont les deux seuls prédécesseurs ont été visités : aucune autre traversée ne peut atteindre un tel point. De même les trois autres laissent-elles de côté un sommet (marqué d'un astérisque) dont les deux seuls successeurs ont été visités : là encore, un tel point ne peut être atteint au cours d'une autre traversée.

Ces préliminaires sur les graphes K_p et H étant acquis, on peut maintenant définir la réduction polynomiale attendue. On part donc d'un ensemble de clauses :

$$c_1, \ldots, c_m$$

ayant chacun au plus trois littéraux et on numérote les variables propositionnelles qui apparaissent dans l'une des clauses sous la forme $q_1, \ldots, q_n$. On considère alors le graphe $G_0 = G_{m,n}$ que l'on complète par m copies de H. La $j^{ième}$ copie de H est notée $H(j)$ et ses sommets $a(j), b(j)$ etc. Les liaisons entre G_0 et ces diverses copies se font suivant les règles suivantes :

i) Si q_i apparaît dans c_j, on choisit une paire de sommets correspondants $\{g_r(i), d_r(i)\}$ de $K(i)$ et l'un des sommets $a(j), b(j), c(j)$ que l'on note, par commodité $u(j)$ et on ajoute deux arêtes l'une allant de $d_r(i)$ à $u(j)$ et l'autre de $u'(j)$ à $g_r(i)$.

ii) Si $\overline{q}_i$ apparaît dans c_j, on choisit de même une paire $\{g_r(i), d_r(i)\}$ et un sommet entrant $u(j)$ de $H(j)$ et on ajoute les arêtes $(g_r(i), u(j))$ et $(u'(j), d_r(i))$.

Précisons que les choix opérés en i) et ii) se font de telle sorte qu'un sommet ne soit jamais choisi deux fois. Comme on dispose de m paires $\{g_r(i), d_r(i)\}$ pour chaque composant $K(i)$ et de trois bornes d'entrée possibles pour chaque composant $H(j)$, cette contrainte est facilement réalisée. On laisse au lecteur le soin de se convaincre de ce que l'algorithme qui construit le graphe G à partir des clauses $(c_1, \ldots, c_m)$ est de complexité polynomiale.

La figure 7 représente le graphe G lié aux deux clauses :

$$\overline{q}_1 \vee q_2 \vee q_3 \qquad q_1 \vee \overline{q}_3 \vee q_4$$

Les copies de K_m étant représentées par des hexagones, celles de H par des rectangles.

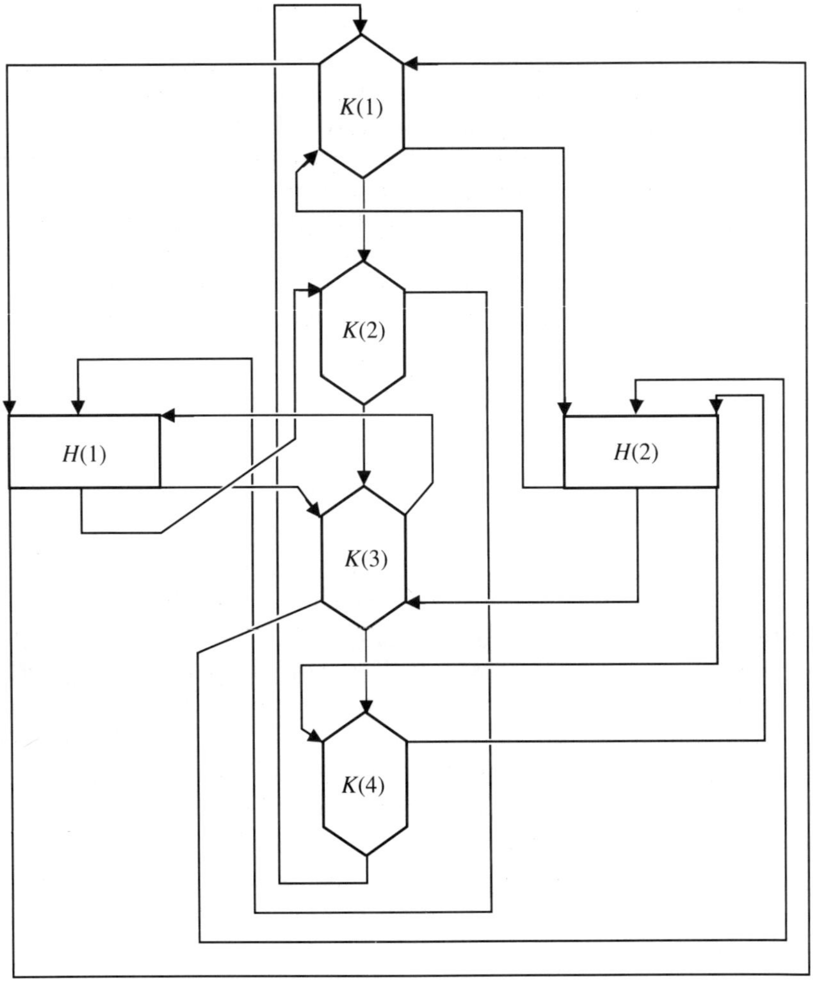

Fig. 7. Graphe associé à un ensemble de clauses

Soit maintenant un cycle hamiltonien :

$$\lambda = (x_0, \ldots, x_n)$$

de G. D'après le fait 3, chaque traversée de $K(j)$ a pour point d'entrée un sommet $u(j)$ qui vaut $a(j)$, $b(j)$ ou $c(j)$ et pour point de sortie le sommet correspondant $u'(j)$. La construction de G montre que les deux sommets visités juste avant $u(j)$ et juste après $u'(j)$ forment une paire de la forme $\{g_r(i), d_r(i)\}$. Il en résulte qu'en enlevant de λ les points de tous les $H(j)$, on obtient un cycle hamiltonien λ de G_0. Comme indiqué, ce cycle définit une distribution de vérité τ sur les variables q_i telle que :

$$\begin{cases} \tau(q_i) = 0 & \text{si } \overline{\lambda} \text{ traverse } K(i) \text{ suivant } \gamma_i \\ \tau(q_i) = 1 & \text{si } \overline{\lambda} \text{ traverse } K(i) \text{ suivant } \delta_i \end{cases}$$

Chaque composant $H(j)$ étant traversé au moins une fois, il existe des indices r et i tels que $H(j)$ soit traversé entre les points $g_r(i)$ et $d_r(i)$. Si $\tau(q_i) = 0$, l'arête $(g_r(i), d_r(i))$ est empruntée par λ et la traversée de K_i se fait donc de $g_r(i)$ vers $d_r(i)$. Revenant à la définition de G, on constate qu'une telle traversée n'est possible que si $\overline{q}_i$ apparaît dans c_j. Si $\tau(q_i) = 1$, la traversée doit se faire dans l'autre sens, ce qui implique que q_i apparaît dans c_j. Dans les deux cas, τ satisfait bien la clause c_j. On a ainsi vérifié qu'un cycle hamiltonien de G permet de construire une distribution de vérité τ qui satisfait les clauses données $c_1, \ldots, c_m$.

Il reste à produire un cycle hamiltonien à partir d'une distribution de vérité τ qui satisfait les clauses c_j. On part pour cela du cycle hamiltonien $\lambda(\tau)$ de G_0, défini plus haut. Pour chaque indice j, on choisit un littéral l de c_j tel que $\tau(l)$ prenne la valeur 1. Si l est la variable propositionnelle q_i, il existe, par construction de G, un indice r, tel qu'on puisse remplacer l'arête $(d_r(i), g_r(i))$ de $\lambda(\tau)$ par un chemin réalisant une traversée de $H(j)$ de droite à gauche suivant le diagramme de la figure 8. Si l est $\overline{q}_i$, on procède de façon analogue mais de gauche à droite. Un cycle hamiltonien est ainsi défini, ce qui achève la preuve du théorème.

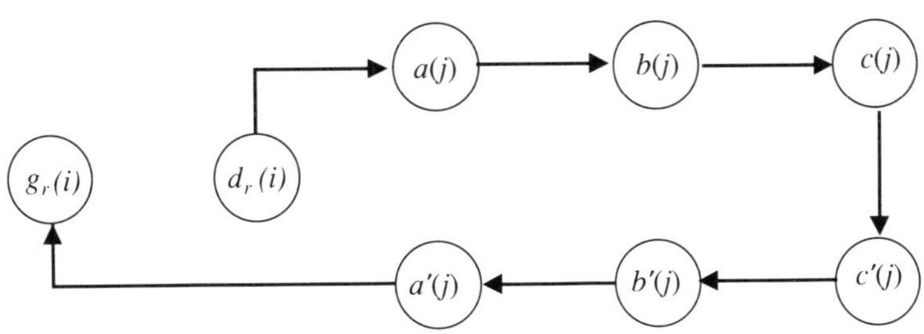

Fig. 8. Traversée de $H(j)$ de droite à gauche

3.5. Cycles hamiltoniens des graphes non orientés

On considère maintenant l'analogue du problème étudié dans la section précédente mais cette fois dans le cadre des graphes non orientés.

PROBLÈME DES CYCLES HAMILTONIENS (CAS NON ORIENTÉ)

Description générique. Un graphe non orienté G.

Question. Le graphe G admet-il un cycle hamiltonien ?

Comme le précédent, ce problème appartient à la classe $\mathscr{NP}$. Pour voir qu'il est $\mathscr{NP}$-complet, on va construire une réduction polynomiale transformant un graphe orienté en un graphe non orienté et telle que la propriété d'admettre un cycle hamiltonien soit préservée.

On part donc d'un graphe orienté G et pour chaque sommet a de G on définit trois sommets $e(a)$, $m(a)$ et $s(a)$ du graphe non orienté $\widehat{G}$ qu'on cherche à construire. Les sommets $e(a)$, $m(a)$ d'une part et $m(a)$, $s(a)$ d'autre part sont liés par des arêtes. On ajoute de plus, pour chaque arête (u, v) du graphe G une liaison entre $s(u)$ et $e(v)$. Il est clair que l'algorithme qui produit $\widehat{G}$ à partir de G a une complexité polynomiale.

Il est également immédiat de vérifier que tout cycle hamiltonien :

$$(x_0, \ldots, x_k) \quad x_0 = x_k$$

de G permet de définir un cycle hamiltonien de $\widehat{G}$, à savoir :

$$(e(x_0), m(x_0), s(x_0), \ldots, e(x_{k-1}), m(x_{k-1}), s(x_{k-1}), e(x_k))$$

Reste à démontrer que tout cycle hamiltonien de $\widehat{G}$ donne naissance à un cycle hamiltonien de G. Soit donc :

$$\gamma = (y_0, y_1, y_2, \ldots, y_{3k})$$

un cycle hamiltonien de $\widehat{G}$. Quitte à changer le point de départ du cycle, on peut supposer y_1 de la forme $m(x_0)$ pour un sommet x_0 de G. Comme $m(x_0)$ n'est lié qu'aux deux seuls sommets $e(x_0)$ et $s(x_0)$, ces deux sommets doivent être visités juste avant $m(x_0)$ et juste après $m(x_0)$ par n'importe quel chemin hamiltonien.

Quitte à inverser, le cas échéant, le sens de parcours de γ, on obtient :

$$\begin{cases} y_0 = e(x_0) \\ y_1 = m(x_0) \\ y_2 = s(x_0) \end{cases}$$

Toujours compte tenu de la définition de $\widehat{G}$, les seuls sommets liés à $y_2 = s(x_0)$, hormis $m(x_0)$, sont de la forme $e(x_1)$ pour un sommet x_1 de G tel que (x_0, x_1) soit une arête de G ; y_3 est donc de cette forme. Comme $m(x_1)$ est nécessairement visité par γ entre $e(x_1)$ et $s(x_1)$, il vient :

$$\begin{cases} y_3 = e(x_1) \\ y_4 = m(x_1) \\ y_5 = s(x_1) \end{cases}$$

On prouve alors par récurrence, avec le même type d'arguments, l'assertion suivante :

(*) Chaque triplet $(y_{3i}, y_{3i+1}, y_{3i+2})$ pour $0 \leqslant i \leqslant k-1$
est de la forme $(e(x_i), m(x_i), s(x_i))$,
pour un sommet convenable x_i de G.
De plus, pour $i \geqslant 1$, (x_{i-1}, x_i) est une arête de G

Comme $s(x_{k-1})$ est lié à $e(x_0) = y_{3k}$ dans $\widehat{G}$, on observe que (x_{k-1}, x_0) est également une arête de G. On a ainsi défini un cycle :

$$(x_0, x_1, \ldots, x_k) \qquad x_k = x_0$$

du graphe original G. Les $e(x_i)$, pour $0 \leqslant i \leqslant k-1$, étant distincts, il en va de même des x_i ; on a donc bien un cycle hamiltonien et la preuve de la réduction polynomiale est ainsi achevée.

3.6. Problème du voyageur de commerce

On présente, pour terminer cet aperçu des problèmes $\mathcal{NP}$-complets, la version «pratique» des problèmes de parcours de graphes.

PROBLÈME DU VOYAGEUR DE COMMERCE

Description générique. Un ensemble fini S de sommets, une fonction distance d définie sur $S \times S$ à valeurs dans $\mathbb{N}$, un entier k.

Question. Existe-t-il une énumération sans répétition

$$(x_1, \ldots, x_n)$$

des points de S telle que :

$$\sum_{i=1}^{n} d(x_i, x_{i+1}) \leqslant k$$

(où x_{n+1} est mis pour x_1) ?

En d'autres termes, peut-on visiter tous les sommets et revenir à son point de départ, en parcourant une distance totale majorée par k ?

Une fois encore, il est assez clair que le problème considéré appartient à la classe $\mathcal{NP}$. Il est également $\mathcal{NP}$-complet : il existe en effet une réduction très directe du problème des cycles hamiltoniens des graphes non orientés au problème du voyageur de commerce. Pour définir cette réduction, on part d'un graphe G dont l'ensemble des sommets est noté S. On pose :

$$\begin{cases} d(x,y) = 1 & \text{si } \{x,y\} \text{ est une arête de } G \\ d(x,y) = 2 & \text{sinon} \end{cases}$$

En notant $\overline{G}$ le graphe complet construit sur S (c'est-à-dire comprenant toutes les arêtes possibles), on observe qu'une énumération sans répétition :

$$(x_1, \ldots, x_n)$$

de S définit un cycle hamiltonien de $\overline{G}$ que l'on appellera aussi *parcours* de S, soit :

$$(x_1, \ldots, x_n, x_{n+1})$$

avec $x_{n+1} = x_1$. Inversement, tout cycle hamiltonien de $\overline{G}$ est obtenu par ce procédé. Si l'on définit la longueur d'un tel cycle par :

$$\sum_{i=1}^{n} d(x_i, x_{i+1})$$

on constate que cette longueur est $\leqslant n$ si et seulement si le cycle n'emprunte que des arêtes de G : en effet, la contribution à la somme des arêtes de G est

1 tandis que celle des autres arêtes est 2 ; si donc une seule arête s'écarte de G, la somme excède n. On vient ainsi de prouver que le graphe G admet un cycle hamiltonien si, et seulement si, il existe un parcours de S de longueur $\leqslant n$. On a donc défini une réduction du type attendu, dont le lecteur vérifiera qu'elle a une complexité polynomiale.

4. INDICATIONS BIBLIOGRAPHIQUES

La définition de la classe $\mathcal{NP}$ et les premiers exemples de problèmes $\mathcal{NP}$-complets sont dus à Cook [1971]. C'est le cas en particulier des problèmes de satisfiabilité, et le résultat de la section 3.2, concernant les ensembles de clauses, est connu sous le nom de théorème de Cook. La théorie des problèmes $\mathcal{NP}$-complets a été enrichie par les travaux de nombreux auteurs, en particulier Karp [1972].

On trouvera un exposé de la théorie dans l'ouvrage de Hopcroft et Ullman [1979] ainsi que dans celui de Garey et Johnson [1979]. Le lecteur pourra consulter ce dernier livre pour trouver de nombreux exemples de problèmes $\mathcal{NP}$-complets, classés de façon systématique et présentés très clairement.

Chapitre 6
Calcul des prédicats

Le calcul propositionnel étudié au chapitre 4 n'est absolument pas susceptible de modéliser la pensée déductive, même si l'on se restreint au cadre des objets mathématiques usuels : c'est ainsi qu'on ne peut pas y exprimer l'existence d'un objet ayant une propriété prescrite. Le calcul des prédicats, que nous allons maintenant présenter, répond à cette exigence. Là encore, il est nécessaire d'adopter une présentation syntaxique rigoureuse dont l'apparente sécheresse peut dérouter le débutant (autant d'ailleurs que le mathématicien chevronné étranger à la logique). C'est le prix à payer pour le traitement mathématique d'un outil qui valide, d'une certaine façon, la méthode déductive pratiquée depuis l'antiquité et qui autorise, pour l'avenir, le développement d'une programmation «intelligente».

1. FORMULES DU CALCUL DES PRÉDICATS

1.1. Langage

Un *langage* $\mathfrak{L}$ de la logique des prédicats est spécifié par les données suivantes :

i) un ensemble fini ou dénombrable $\mathfrak{C}$ de *symboles de constante* : l'usage est d'adopter l'ensemble :

$$\{c0, c1, c2, \ldots\}$$

mais on se réserve la possibilité d'utiliser d'autres symboles : $c, d, e, \ldots$ ou d'introduire un autre «jeu» de constantes, par exemple :

$$\{d0, d1, d2, \ldots\}$$

ii) un ensemble fini ou dénombrable $\mathfrak{F}$ de *symboles de fonction* ainsi qu'une application, appelée *arité*, de $\mathfrak{F}$ dans l'ensemble des entiers strictement positifs. Un symbole de fonction d'arité un (resp. deux, resp. trois) est dit *unaire* (resp. *binaire*, resp. *ternaire*). Il est d'usage – au moins dans l'exposé de la théorie – de choisir les symboles de fonction parmi les lettres f, g, h, k suivies éventuellement d'un indice numérique, mais ce n'est nullement une contrainte ;

iii) un ensemble fini ou dénombrable $\mathfrak{R}$ de *symboles de relation* (ou *de prédicat*) ainsi qu'une application, appelée *arité*, de $\mathfrak{R}$ dans l'ensemble des entiers strictement positifs. Fréquemment, les symboles de prédicat sont choisis parmi les lettres P, Q, R, S suivies éventuellement d'un indice numérique. Là encore cette convention n'a rien d'absolu.

Bien entendu, tous ces objets syntaxiques sont appelés à être interprétés sémantiquement dans des structures, ainsi qu'on le verra au paragraphe suivant. L'exemple qui suit risque donc de rester provisoirement un peu vide de sens ; il nous aidera cependant dans l'exposé de la syntaxe, auquel le présent paragraphe est consacré.

Exemple. Le langage $\mathfrak{L}$ comprenant :

– deux symboles de constantes c, d ;

– un symbole de fonction unaire f et deux symboles binaires g, h ;

– un symbole de relation binaire R.

1.2. Termes

Pour poursuivre la description du calcul des prédicats, on fixe un ensemble infini de symboles de variables V. Un choix usuel est :

$$\{x0, x1, x2, \ldots\}$$

mais, on utilisera éventuellement les lettres y, z, t, w suivies ou non d'indices numériques.

En conservant les conventions sur les arbres adoptées au paragraphe 1 du chapitre 4, on peut poser la définition suivante.

Définition. Soit $\mathfrak{L}$ un langage et V un ensemble de variables. Un *terme* de $\mathfrak{L}$, construit sur les variables de V, est un arbre T ayant l'une ou l'autre des propriétés suivantes :

i) T est réduit à une feuille étiquetée par une constante de $\mathfrak{C}$ ou une variable de V ;

ii) la racine de T est étiquetée par un symbole de fonction f d'arité n; elle a n successeurs et les n sous-arbres correspondants sont des termes.

Il s'agit, comme on en a l'habitude, d'une définition récursive; les sous-arbres correspondant aux nœuds d'un terme t sont appelées *sous-termes* de t. La figure 1 donne un exemple de terme du langage $\mathfrak{L}$ présenté dans la section précédente.

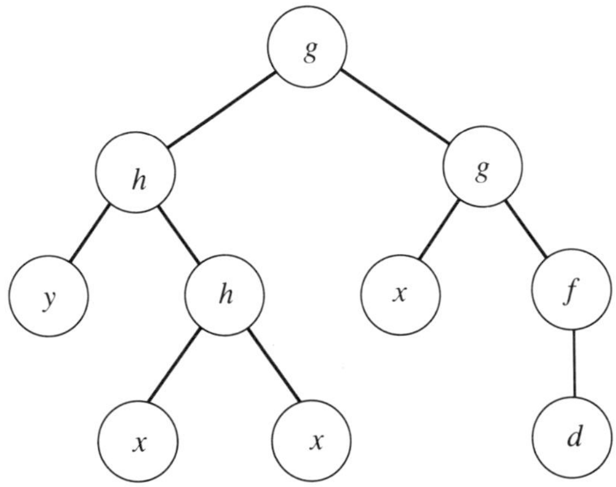

Fig. 1. Exemple de terme

Il existe de nombreuses conventions permettant de représenter un terme sous forme d'un mot. La *notation polonaise* suit les conventions adoptées à la section 2.2 du chapitre 4. Dans le cas de l'exemple ci-dessus, on obtient :

$$g \ h \ y \ h \ x \ x \ g \ x \ f \ d$$

En s'inspirant des arguments du chapitre 4, le lecteur pourra établir que cette notation n'est pas ambiguë.

Le langage LISP représente les termes par des listes, l'application (formelle) d'un symbole tel que g à des termes $t_1 t_2$ s'écrivant :

$$(g \ t_1 \ t_2)$$

On obtient pour l'exemple considéré :

$$(g \ (h \ y \ (h \ x \ x)) \ (g \ x \ (f \ d)))$$

La *notation fonctionnelle* usuelle représente l'application (formelle) de g à

t_1 et t_2 par $g(t_1, t_2)$; on obtient :

$$g\ (h\ (y, h\ (x, x)),\ g\ (x, f(d)))$$

Dans le cas des symboles binaires, il est fréquent qu'on remplace (récursivement) $g(t_1, t_2)$ par $(t_1\ g\ t_2)$, ce qui donne :

$$((y\ h\ (x\ h\ x))\ g\ (x\ g\ f\ (d)))$$

On peut alors adopter, comme dans le calcul propositionnel, des règles de priorité; par exemple, si h a priorité sur g, on écrit :

$$y\ h\ (x\ h\ x)\ g\ (x\ g\ f(d))$$

1.3. Formules

On suppose toujours fixés un langage $\mathfrak{L}$ et un ensemble V de variables.

Définition. Une *formule* est un arbre Φ ayant l'une ou l'autre des propriétés suivantes :

i) La racine de Φ est étiquetée par un symbole de relation R d'arité n, elle a n successeurs et les n sous-arbres correspondants sont des termes. On parle de *formule atomique.*

ii) La racine de Φ est étiquetée par le connecteur $\wedge$, elle a deux successeurs et les sous-arbres gauche et droit sont des formules. De même pour les autres connecteurs binaires $\vee$, $\rightarrow$, $\leftrightarrow$.

iii) La racine de Φ est étiquetée par le connecteur $\neg$, elle a un successeur unique et le sous-arbre correspondant est une formule.

iv) La racine de Φ est étiquetée par une suite de deux symboles $\exists x$, où x est une variable; elle a un successeur et le sous-arbre correspondant est une formule. Le symbole $\exists$ est appelé *quantificateur existentiel.* Il existe aussi un symbole appelé *quantificateur universel* et noté $\forall$ pour lequel on a une règle analogue.

La définition est récursive et, à tout nœud étiqueté par un connecteur, un quantificateur ou un symbole de relation correspond un sous-arbre qu'on appelle *sous-formule* de la formule donnée.

La figure 2 décrit une formule : le symbole t représente le terme de la figure 1, qui devrait donc être substitué deux fois afin d'obtenir l'intégralité de la formule.

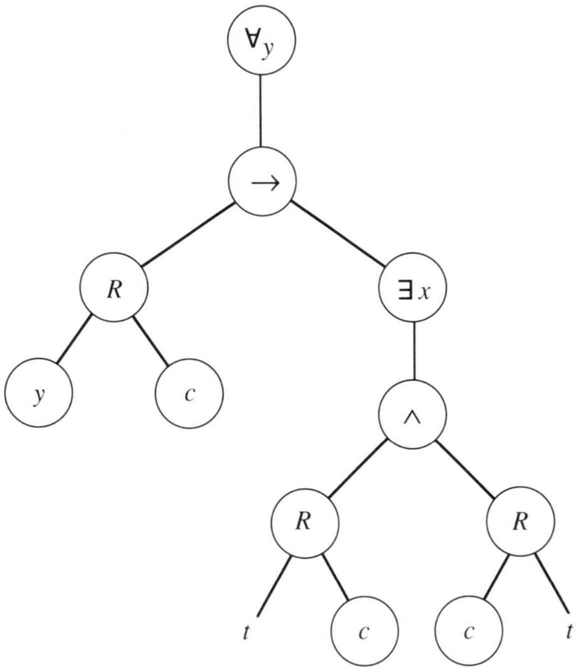

Fig. 2. Formule

Pour écrire les formules sous forme de mot, il existe, là encore plusieurs conventions.

Une notation polonaise intégrale est naturellement possible, quoique relativement douloureuse. On lui préfère en général une notation parenthésée : l'application (formelle) d'un symbole de relation R d'arité n à des termes $t_1, \ldots, t_n$ s'écrit $R(t_1, \ldots, t_n)$ et on adopte les mêmes conventions (et les mêmes règles d'omissions de parenthèses) que pour le calcul propositionnel ainsi que les notations :

$$(\exists x\ \Phi) \qquad (\forall x\ \Phi)$$

pour les quantifications. Il est aussi d'usage d'omettre les parenthèses dans les quantifications successives et d'adopter une règle de priorité des quantificateurs sur les connecteurs, ce qui permet d'écrire – par exemple – :

$$\forall u\ \forall x\ \Phi \rightarrow \exists y\ \Psi$$

au lieu de :

$$(\forall u(\forall x\ \Phi)) \ \rightarrow\ (\exists y\ \Psi)$$

Avec ces conventions, la formule considérée plus haut s'écrit :

$$\forall y(R(y,c) \ \rightarrow\ \exists x(R(t,c) \ \wedge\ R(c,t)))$$

Dans le cas d'une relation binaire R il est fréquent que l'on écrive $t_1 R t_2$ à la place de $R(t_1, t_2)$, ce qui donne pour notre exemple :

$$\forall y(yRc \ \rightarrow\ \exists x(tRc \ \wedge\ cRt))$$

1.4. Variables libres

Etant donnée une variable x et une formule Φ, on appelle *occurrence* de x dans Φ tout nœud étiqueté par x ou l'un des quantificateurs $\exists x$ ou $\forall x$. Si l'on dispose d'une représentation de Φ sous forme d'un mot, il est nécessaire, pour faire référence à une telle occurrence, de préciser une position de x dans cc mot.

Exemple. Dans la formule proposée plus haut, la variable x a 7 occurrences et la variable y a 4 occurrences.

Définition. Une feuille d'étiquette x est une occurrence *libre* de la variable x si on ne trouve aucun quantificateur de la forme $\exists x$ ou $\forall x$ comme étiquette d'un ascendant (c'est-à-dire au-dessus de la feuille considérée d'étiquette x, dans l'arbre de la formule). Les autres occurrences de x sont dites *liées.*

Exemples

1) Dans la formule de la figure 2, toutes les occurrences des variables x et y sont liées.
2) Remplaçons l'étiquette y la plus à gauche par un x. Dans la formule obtenue, l'occurrence de x ainsi créée est libre. En revanche les 7 autres occurrences restent liées.
3) Supprimons, toujours à partir de la figure 2, la racine $\forall y$. Alors, les occurrences de y sont libres.

On dit qu'une variable x est *libre* dans une formule Φ, si elle y a au moins une occurrence libre. On note $\mathrm{Var}(\Phi)$ l'ensemble des variables libres de la formules Φ et on écrit $\Phi(x_1, \ldots, x_n)$ pour indiquer que les variables libres de Φ sont parmi $x_1, \ldots, x_n$. Une formule sans variable libre est appelée formule *close.* De même, un terme sans variable est-il appelé terme *clos.*

1.5. Substitutions

Etant donné un terme t et une occurrence dans ce terme d'une variable x, on peut remplacer l'étiquette x correspondante par la racine d'un terme quelconque u. L'arbre obtenu qui inclut tous les descendants de cette racine est dit obtenu par *substitution* de u à l'occurrence considérée de x. Si l'on substitue u à toutes les occurrences de x, on obtient un terme noté $t(x/u)$. Si l'on substitue à toutes les occurrences de diverses variables $x_1, \ldots, x_n$ des termes $u_1, \ldots, u_n$ on obtient un terme noté $t(x_1/u_1, \ldots, x_n/u_n)$.

Exemple. Dans le terme $g(x, y)$ $h(y, h(x, x))$ à x et $g(x, f(c))$ à y; on obtient le terme considérée à la figure 1.

On définit de façon tout à fait analogue la substitution d'un terme t à une occurrence d'une variable x, dans une formule Φ. On dit qu'une telle substitution est *légitime* si :

i) l'occurrence considérée de x est libre;

ii) aucun quantificateur $\exists y$ ou $\forall y$ ne se trouve parmi les ascendants de cette occurrence, ceci pour chaque variable y qui apparaît dans t.

On convient de ne procéder qu'à des substitutions légitimes : la raison d'une telle convention est partiellement d'origine sémantique et ne pourra être bien comprise qu'après l'étude du paragraphe suivant.

Si, dans une formule Φ, on substitue un terme t à toutes les occurrences libres d'une variable x (pour autant que toutes les substitutions soient légitimes), on obtient une formule notée $\Phi(x/t)$. On définit de façon analogue la notation $\Phi(x_1/t_1, \ldots, x_n/t_n)$.

Soit maintenant une formule F du calcul propositionnel dont l'ensemble des variables propositionnelles $V(F)$ est $\{p_1, \ldots, p_n\}$. Si l'on remplace, dans l'arbre de F, chaque feuille étiquetée p_i par la racine d'une formule Φ_i du calcul des prédicats, on obtient une formule du calcul des prédicats notée :

$$F(p_1/\Phi_1, \ldots, p_n/\Phi_n)$$

Exemple. Partons de la formule $p \wedge q$. Remplaçons p par $R(x, c)$ et q par $R(c, x)$; on obtient la formule Φ donnée par :

$$R(x, c) \;\wedge\; R(c, x)$$

Considérons maintenant $\Phi(x/t)$, où t est le terme de la figure 1. On vérifie facilement que la formule obtenue est la sous-formule de l'arbre représenté à la figure 2, qui correspond au nœud étiqueté $\wedge$.

2. VALEUR D'UNE FORMULE

On va maintenant préciser l'interprétation sémantique des formules du calcul des prédicats. Au contraire de ce qui se passait pour le calcul propositionnel, où la valeur d'une formule était définie à partir de manipulations finies, cette interprétation ne peut se faire que dans un cadre ensembliste. Les notions de conséquence et de contradiction qui en résultent, comme dans le calcul propositionnel, auront donc un fondement ensembliste tout à fait ineffectif. Il se trouve – et c'est là un des résultats fondamentaux de la logique mathématique – qu'il est possible de définir, dans un cadre extrêmement pauvre, des systèmes de règles permettant de retouver exactement les notions dégagées par la pratique ensembliste. C'est là le contenu du *théorème de complétude.*

2.1. Réalisation d'un langage

Une *réalisation* $\mathfrak{A}$ d'un langage $\mathfrak{L}$ se compose :

i) d'un ensemble non vide A, appelé *domaine* de la réalisation et noté souvent $|\mathfrak{A}|$;

ii) d'une application de l'ensemble $\mathfrak{C}$ des symboles de constante de $\mathfrak{L}$ à valeurs dans A, attachant à chaque constante c son *interprétation* $c^{\mathfrak{A}}$;

iii) d'une application de A^n dans A, notée $f^{\mathfrak{A}}$ et appelée *interprétation* de f, pour chaque symbole de fonction f de $\mathfrak{L}$ d'arité n ;

iv) d'une partie de A^n, notée $R^{\mathfrak{A}}$ et appelée *interprétation* de R, pour chaque symbole de prédicat R de $\mathfrak{L}$ d'arité n.

A la place de «réalisation» de $\mathfrak{L}$, on utilise aussi les mots synonymes de *structure* de *modèle* et d'*interprétation.*

Soit B une partie de A, qui contient les interprétations de toutes les constantes de $\mathfrak{L}$ et qui est close sous l'action de toutes les fonctions $f^{\mathfrak{A}}$; on peut associer à B une *sous-structure* $\mathfrak{B}$ de $\mathfrak{A}$ de la façon suivante :

i) les constantes reçoivent la même interprétation que dans $\mathfrak{A}$;

ii) l'interprétation d'un symbole de fonction f est définie par sa restriction ;

iii) l'interprétation d'un symbole de relation R d'arité n est donnée par $R^{\mathfrak{A}} \cap B^n$.

Exemple. Reprenons le langage $\mathfrak{L}$ proposé dans la section 1.1. On construit une structure $\mathfrak{R}$ de domaine l'ensemble des nombres réels $\mathbb{R}$ en interprétant :

i) le symbole c par O et le symbole d par 1 ;

ii) le symbole de fonction unaire f par l'application qui à un réel r associe $-r$; les symboles binaires g, h respectivement par l'addition et la multiplication ;

iii) le symbole de relation R par :

$$\{(r, s) \ : \ r \geqslant s\}$$

Il est immédiat que les rationnels définissent une sous-structure $\mathfrak{Q}$ de $\mathfrak{R}$.

2.2. Valeur d'une formule

Soit $\mathfrak{A}$ une interprétation d'un langage $\mathfrak{L}$; on appelle *assignation* de variables toute application d'une partie finie de l'ensemble des variables $\mathfrak{L}$ à valeur dans A. On notera :

$$x_1 := a_1; x_2 := a_2; \ldots ; x_n := a_n$$

l'assignation qui associe a_1 à x_1, a_2 à x_2, etc. Si σ est une assignation et x une variable, la notation :

$$\sigma; x := a$$

représente l'assignation obtenue à partir de σ en donnant à x la valeur a ; si $\sigma(x)$ était déjà définie, la nouvelle valeur a se substitue à l'ancienne.

Soit t un terme (représenté par un arbre) et σ une assignation qui est définie au moins sur toutes les variables de t ; on peut alors attribuer des valeurs à tous les nœuds de l'arbre par la procédure récursive suivante :

i) une feuille étiquetée par une constante c a pour valeur $c^{\mathfrak{A}}$;

ii) une feuille étiquetée par une variable x a pour valeur $\sigma(x)$;

iii) un nœud interne étiqueté par un symbole de fonction f d'arité n a pour valeur :

$$f^{\mathfrak{A}}(a_1, \ldots, a_n)$$

où $a_1, \ldots, a_n$ sont les valeurs de ses successeurs.

La *valeur* du terme t dans la structure $\mathfrak{A}$ pour l'assignation σ, notée $\mathrm{Val}(t, \mathfrak{A}, \sigma)$, est la valeur attribuée à la racine de t.

Exemple. Reprenons le terme t de la figure 1. Sa valeur, dans la structure $\mathfrak{R}$, pour l'assignation définie par $\sigma(y) = 2$, $\sigma(x) = 1$, est 2. On notera que la valeur de t est en fait exactement celle du polynôme :

$$yx^2 + x - 1$$

On se propose maintenant de définir la valeur de vérité d'une formule Φ dans la structure $\mathfrak{A}$ pour une assignation σ, notée $\mathrm{Val}(\Phi, \mathfrak{A}, \sigma)$; on requiert que le domaine de σ contienne toutes les variables libres de Φ. Là encore, on procède récursivement.

i) Si Φ est une formule atomique qui s'écrit $R(t_1, \ldots, t_n)$, on considère les valeurs respectives $a_1, \ldots, a_n$ des termes $t_1, \ldots, t_n$ et on pose :

$$\begin{aligned} \mathrm{Val}(\Phi, \mathfrak{A}, \sigma) = 1 &\quad \text{si } (a_1, \ldots, a_n) \in R^{\mathfrak{A}} \\ \mathrm{Val}(\Phi, \mathfrak{A}, \sigma) = 0 &\quad \text{sinon} \end{aligned}$$

ii) Si Φ s'écrit $(\Phi_0 \wedge \Phi_1)$ pour deux sous-formules Φ_0, Φ_1, on pose :

$$\mathrm{Val}(\Phi, \mathfrak{A}, \sigma) = f_\wedge(\mathrm{Val}(\Phi_0, \mathfrak{A}, \sigma), \mathrm{Val}(\Phi_1, \mathfrak{A}, \sigma))$$

où $f_\wedge$ désigne la fonction de vérité du connecteur $\wedge$. Le cas des autres connecteurs propositionnels est semblable.

iii) Si Φ s'écrit $(\exists x\ \Phi_0)$ pour une variable x et une formule Φ_0, on pose :
$\mathrm{Val}(\Phi, \quad \sigma) = 1$ s'il existe un élément a de A tel que
$\mathrm{Val}(\Phi_0, \mathfrak{A}, \sigma; x := a) = 1$
$\mathrm{Val}(\Phi, \mathfrak{A}, \sigma) = 0$ sinon.

iv) Si Φ s'écrit $(\forall x\ \Phi_0)$ pour une variable x et une formule Φ_0, on pose :
$\mathrm{Val}(\Phi, \mathfrak{A}, \sigma) = 1$ si pour tout élément a de A $\mathrm{Val}(\Phi_0, \mathfrak{A}, \sigma; x := a) = 1$
$\mathrm{Val}(\Phi, \mathfrak{A}, \sigma) = 0$ sinon.

On voit que la définition ci-dessus ne se réduit pas, comme dans le cas des termes, à une simple propagation de valeurs dans un arbre. La définition n'en est pas moins fondée : c'est en fait l'ensemble :

$$\{\sigma : \text{domaine } (\sigma) \supseteq \mathrm{Var}(\Phi) \text{ et } \mathrm{Val}(\Phi, \mathfrak{A}, \sigma) = 1\}$$

qui est défini récursivement et «propagé» dans l'arbre. Cette complexité est inévitable et liée à la valeur sémantique que l'on veut attribuer aux quantificateurs.

Il est clair que la valeur d'un terme t est la même pour deux assignations qui donnent les mêmes valeurs aux variables de t. De même, on démontre récursivement que deux assignations, qui coïncident sur l'ensemble $\mathrm{Var}(\Phi)$

des variables libres de Φ, donnent la même valeur à Φ. Une formule close Φ a donc une valeur indépendante de toute assignation que l'on note $\mathrm{Val}(\Phi, \mathfrak{A})$; on dit qu'elle est *vraie* ou *fausse* dans la structure $\mathfrak{A}$ et on écrit :

$$\mathfrak{A} \models \Phi$$

si $\mathrm{Val}(\Phi, \mathfrak{A}) = 1$

Exemple. La formule close introduite dans la section 1.3 et représentée à la figure 2 est vraie dans la structure $\mathfrak{R}$ définie plus haut. Le lecteur vérifiera – en reprenant la définition récursive – qu'elle exprime la propriété suivante :

«si y est $\geqslant 0$, l'équation $yx^2 + x - 1 = 0$ a une racine»

qui est vraie dans $\mathbb{R}$. En revanche, la formule considérée est fausse dans la structure $\mathfrak{Q}$ associée aux rationnels (prendre une assignation σ telle que $\sigma(y) = 1$).

2.3. Modèle d'une formule

Définition. Une structure $\mathfrak{A}$ est modèle d'une formule close Φ si $\mathfrak{A} \models \Phi$; on dit aussi qu'elle *satisfait* Φ.

Cette définition s'étend au cas d'une formule $\Phi(x_1, \ldots, x_n)$ qui admet les variables libres $x_1, \ldots, x_n$: $\mathfrak{A}$ satisfait Φ si $\mathfrak{A}$ satisfait la formule :

$$\forall x_1 \ \ldots \ \forall x_n \quad \Phi$$

dite *clôture universelle* de Φ.

Une formule Φ est *valide* si elle est satisfaite par toute réalisation $\mathfrak{A}$ de son langage. Deux formules Φ, Ψ sont *équivalentes* si la formule $(\Phi \leftrightarrow \Psi)$ est valide ou, ce qui revient au même, si, pour toute structure $\mathfrak{A}$ et pour toute assignation σ définie sur les variables libres de Φ et de Ψ, on a :

$$\mathrm{Val}(\Phi, \mathfrak{A}, \sigma) = \mathrm{Val}(\Psi, \mathfrak{A}, \sigma)$$

Exemples

1) Si Φ et $(\Phi \to \Psi)$ sont valides, il en est de même de Ψ.
2) Soit F une tautologie du calcul propositionnel dont les variables sont $p_1, \ldots, p_n$; soient $\Phi_1, \ldots, \Phi_n$ des formules d'un langage $\mathfrak{L}$, alors la formule de $\mathfrak{L}$:

$$F(p_1/\Phi_1, \ldots, p_n/\Phi_n)$$

est valide.

3) Soit Φ une formule admettant x comme variable libre, y une variable sans occurrence dans Φ, alors les formules :

$$(\exists x\ \Phi) \text{ et } \exists y\ \Phi(x/y)$$

sont équivalentes. De même pour le quantificateur universel.

On laisse au lecteur le soin de vérifier les deux premières assertions. Pour ce qui concerne la troisième, il suffit de montrer récursivement que l'on a pour toute formule Φ, où x est libre et y n'apparaît pas,

$$\mathrm{Val}(\Phi, \mathfrak{A}, \sigma) = \mathrm{Val}(\Phi(x/y), \mathfrak{A}, \sigma; y := \sigma(x))$$

et

$$\mathrm{Val}(\Phi(x/y), \mathfrak{A}, \sigma) = \mathrm{Val}(\Phi, \mathfrak{A}, \sigma; x := \sigma(y))$$

Le seul cas non trivial est celui des quantifications sur une variable u distincte de x et y. Ceci conduit à la considération d'assignations telles que :

$$\sigma; y := \sigma(x); u := a$$
$$\text{ou} \quad \sigma; x := \sigma(y); u := a$$

Comme u est distincte de x et y, on peut échanger les deux dernières instructions de chaque assignation, ce qui permet d'appliquer l'hypothèse récursive.

Notons que l'exemple 3 permet (récursivement) de remplacer une formule par une formule équivalente où aucune variable n'a à la fois des occurrences libres et des occurrences liées.

Proposition. *Soit Φ une formule admettant x comme variable libre, les formules :*

$$(\forall x\ \Phi) \to \Phi(x/t)$$
$$\Phi(x/t) \to (\exists x\ \Phi)$$

sont valides (pour autant que la substitution soit légitime).

Preuve. On utilise comme plus haut un argument récursif pour établir que si x est libre dans Φ, on a, pour autant que la substitution soit légitime :

$$\mathrm{Val}(\Phi(x/t), \mathfrak{A}, \sigma) = \mathrm{Val}(\Phi, \mathfrak{A}, \sigma; x := \mathrm{Val}(t, \mathfrak{A}, \sigma))$$

Là encore, la clé de la démonstration est d'observer que les quantifications à considérer portent sur des variables u à la fois distinctes de x et de toutes les variables de t. Ces quantifications conduisent à l'examen de valeurs de vérité telles que :

$$\mathrm{Val}(\Phi(x/t), \mathfrak{A}, \sigma; u := a)$$

Compte tenu de l'hypothèse récursive, cette expression est égale à :

$$\mathrm{Val}(\Phi, \mathfrak{A}, \sigma; u := a; x := \mathrm{Val}(t, \mathfrak{A}, \sigma; u := a))$$

ou, puisque u n'apparaît pas dans t, à :

$$\mathrm{Val}(\Phi, \mathfrak{A}, \sigma; u := a; x := \mathrm{Val}(t, \mathfrak{A}, \sigma))$$

ce qui donne enfin, la variable x étant distincte de u :

$$\mathrm{Val}(\Phi, \mathfrak{A}, \sigma; x := \mathrm{Val}(t, \mathfrak{A}, \sigma); u := a)$$

On peut ainsi passer de Φ à $\exists u\ \Phi$ ou $\forall u\ \Phi$.

2.4. Formules prénexes

Définition. Soit Φ une formule représentée par un arbre : on dit que Φ est *prénexe* si on ne trouve aucun connecteur parmi les ascendants d'un nœud étiqueté par un quantificateur.

Une formule prénexe s'écrit donc :

$$Qx_1\ Qx_2\ \ldots\ Qx_n\ \Psi$$

où Q représente l'un quelconque des quantificateurs $\forall$, $\exists$ et où Ψ est sans quantificateur.

Théorème. *Toute formule est équivalente à une formule prénexe.*

La preuve de ce théorème repose sur une suite de transformation syntaxiques qui conduisent d'une formule à une formule équivalente ayant les mêmes variables libres. Ces tranformations sont fondées sur les faits énoncés dans la proposition suivante, que l'on pourra voir comme de nouveaux exemples s'ajoutant à la liste de la section précédente.

Proposition. *Soit Φ une formule, x une variable et Ψ une formule dans laquelle x n'a pas d'occurrence libre. Les couples de formules suivants sont équivalents, dans lesquels Q représente l'un quelconque des quantificateurs $\exists$, $\forall$, $\overline{Q}$ l'autre quantificateur et $\circ$ l'un quelconque des connecteurs $\wedge$, $\vee$.*

i) $\neg Qx\ \Phi$ et $\overline{Q}x \neg \Phi$

ii) $(Qx\ \Phi) \circ \Psi$ et $Qx(\Phi \circ \Psi)$

iii) $\Psi \circ (Qx\ \Phi)$ et $Qx(\Psi \circ \Phi)$

iv) $(Qx\ \Phi) \to \Psi$ et $\overline{Q}x(\Phi \to \Psi)$

v) $\Psi \to Qx$ et $Qx(\Psi \to \Phi)$

Notons qu'il y a quatorze assertions à vérifier et, pour chacune, deux implications à considérer. En fait les points iv) et v) se déduisent des précédents en traduisant le connecteur $\to$ en termes de $\neg$ et $\vee$. Bornons-nous à établir la validité de l'implication suivante :

$$(\exists x\ \Phi)\ \vee\ \Psi \to \exists x(\Phi\ \vee\ \Psi)$$

Soit $\mathfrak{A}$ une structure et σ une assignation. Supposons la prémisse vraie, c'est-à-dire :

$$\mathrm{Val}((\exists x\ \Phi)\ \vee\ \Psi, \mathfrak{A}, \sigma) = 1$$

on a donc l'une ou l'autre des égalités suivantes :

$$\mathrm{Val}(\Phi, \mathfrak{A}, \sigma; x := a) = 1 \text{ pour un élément } a$$
$$\mathrm{Val}(\Psi, \mathfrak{A}, \sigma) = 1$$

Dans le premier cas, on obtient :

$$\mathrm{Val}(\Phi\ \vee\ \Psi, \mathfrak{A}, \sigma; x = a) = 1$$

et dans le second cas, en choisissant un élément quelconque b de A, on a, puisque x n'a pas d'occurrence libre dans Ψ :

$$\mathrm{Val}(\Phi\ \vee\ \Psi, \mathfrak{A}, \sigma; x = b) = 1$$

Dans les deux cas, on trouve que la valeur :

$$\mathrm{Val}(\exists x(\Phi\ \vee\ \Psi), \mathfrak{A}, \sigma)$$

de la conclusion de l'implication est 1.

Revenons maintenant à la preuve du théorème.

Preuve du théorème. Comme on l'a dit, on va définir une suite de transformations syntaxiques faisant passer d'une formule à une formule équivalente ayant les mêmes variables libres et conduisant finalement à une formule prénexe. Il est commode d'opérer sur l'arbre de la formule. On commence par éliminer le connecteur $\leftrightarrow$ au profit de $\wedge$ et $\rightarrow$ suivant le schéma représenté figure 3. Notre but est ensuite d'éliminer progressivement toute configuration où un nœud étiqueté par un connecteur a un fils étiqueté par un quantificateur. Examinons par exemple la situation représentée à gauche de la figure 4. On choisit une variable y n'apparaissant pas dans la formule sur laquelle on travaille et on remplace l'étiquette $\exists x$ par $\exists y$ et la sous-formule Φ par $\Phi(x/y)$. Compte tenu de la proposition de la section 2.3, cette transformation produit une formule équivalente qui, de plus, vérifie les conditions requises par la proposition ci-dessus. On peut alors passer à la formule représentée à droite de la figure 4; on a fait «glisser» le quantificateur existentiel vers le haut. Les autres cas se traitent de façon analogue. Chaque transformation diminue d'une unité le nombre de contre-exemples : couples de mots formés d'un ascendant étiqueté par un connecteur et d'un descendant étiqueté par un quantificateur. La procédure s'achève donc et l'arbre ainsi obtenu est celui d'une formule prénexe.

On notera le caractère effectif de la preuve ci-dessus : du point de vue de l'informatique cela signifie qu'elle conduit à un algorithme qui peut être implémenté. Du point de vue mathématique, c'est un pas vers la complétude : on peut en effet adopter un système de *règles de tranformations syntaxiques* (RTS) :

- une règle permettant l'élimination des $\leftrightarrow$;
- deux règles permettant de renommer la variable x dans un sous-formule commençant par le quantificateur $\exists x$ (resp. $\forall x$);
- quatorze règles permettant, pour les sous-formules commençant par un connecteur, les transformations légitimées par la proposition établie plus haut dans cette section.

Les RTS ainsi définies permettent de transformer toute formule en une formule prénexe équivalente.

Exemple. La formule :

$$\forall y(yRc \;\rightarrow\; \exists x(tRc \wedge cRt))$$

proposée à la section 1.3 est équivalente à la formule prénexe :

$$\forall y\; \exists x(yRc \;\rightarrow\; tRc \wedge cRt)$$

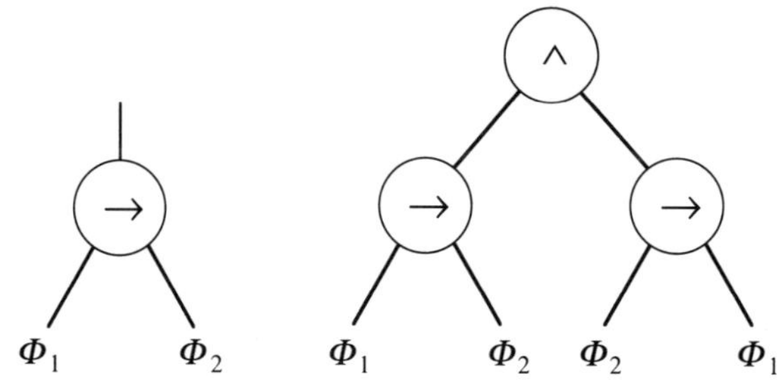

Fig. 3. Elimination des $\leftrightarrow$

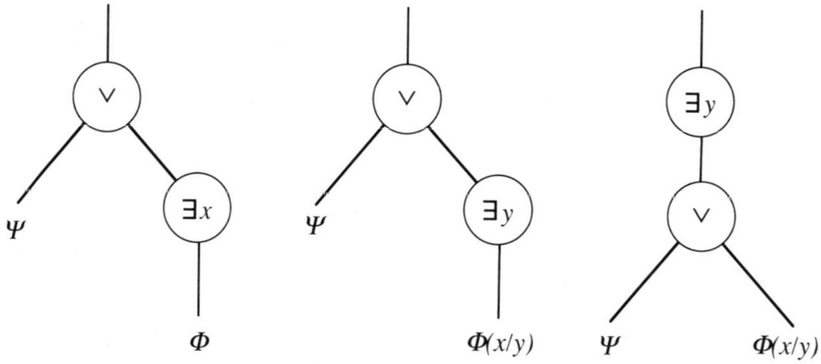

Fig. 4. Exemple de transformation syntaxique

2.5. Formes normales

Appelons *clause* une formule qui est la disjonction d'un nombre fini de formules atomiques ou négations de formules atomiques.

Définition. Soit une formule prénexe qui s'écrit :

$$Qx_1 \ \dots \ Qx_n \ \Phi$$

où Φ est sans quantificateur. On dit que cette formule est sous *forme normale conjonctive* si Φ est la conjonction d'un nombre fini de clauses.

Théorème. *Toute formule est équivalente à une formule prénexe sous forme normale conjonctive.*

Preuve. Compte tenu du théorème de la section 2.4, il suffit d'examiner le cas d'une formule prénexe :

$$Qx_1 \ \dots \ Qx_n \ \Phi$$

Faisons la liste des formules atomiques qui apparaissent dans Φ : $R_1, \dots, R_k$; il existe une formule propositionnelle F dont les variables propositionnelles sont $p_1, \dots, p_k$ et qui est telle que Φ soit exactement $F(p_1/R_1, \dots, p_k/R_k)$. Il suffit, pour construire F de remplacer chaque sous-arbre correspondant à la formule atomique R_i par la seule variable p_i. Soit G une forme normale conjonctive équivalente à F ; il est immédiat que $G(p_1/R_1, \dots, p_k/R_k)$ est une formule équivalente à Φ et que la formule :

$$Qx_1 \ \dots \ Qx_n \ G(p_1/R_1, \dots, p_k/R_k)$$

est équivalente à la formule donnée et sous forme normale.

On laisse au lecteur le soin de définir ce qu'est une forme normale disjonctive puis d'énoncer et de prouver un résultat analogue au théorème ci-dessus.

Pour obtenir dans la pratique, une forme normale conjonctive, on peut suivre la méthode esquissée dans la preuve du théorème. On peut aussi appliquer de nouvelle règles de transformations syntaxiques. Après avoir éliminé les équivalences comme dans la section précédente, on fait de même avec les implications par la règle représentée à la figure 5.

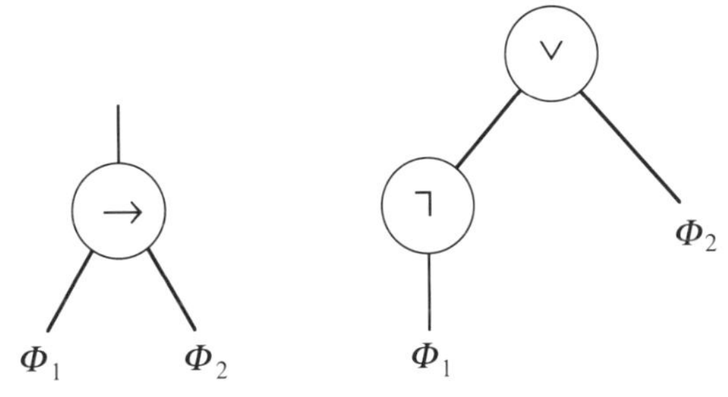

Fig. 5. Elimination des implications

On fait ensuite «descendre» les négations par la règle symbolisée à la figure 6 (ainsi que la règle analogue pour le connecteur $\vee$). On supprime alors les doubles négations. Il reste, pour obtenir une forme normale conjonctive, à faire «monter» les conjonctions. La figure 7 donne une règle, appelée règle de distribution, qui l'autorise. On lui adjoint une règle symétrique.

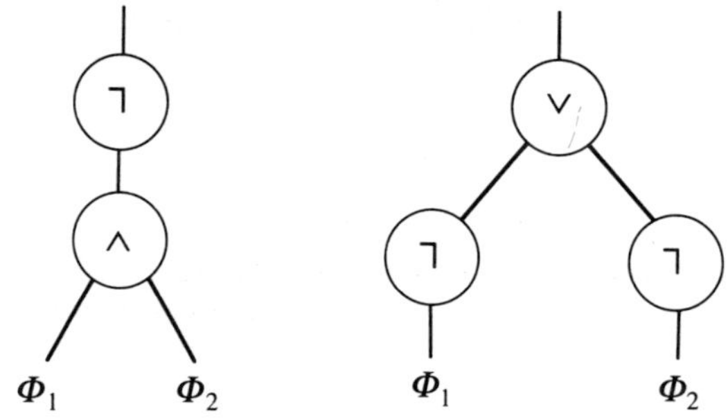

Fig. 6. Tansformation syntaxique d'une négation

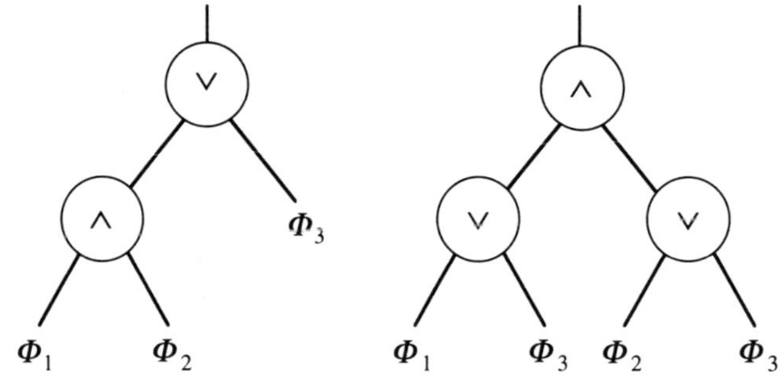

Fig. 7. Règle de distribution

3. PRATIQUE DU CALCUL DES PRÉDICATS

Soit Σ un ensemble de formules closes d'un langage $\mathfrak{L}$. Un *modèle* de Σ est une structure $\mathfrak{A}$ telle que l'on ait pour chaque formule Φ de Σ, $\mathfrak{A} \models \Phi$. Σ est *contradictoire* si il n'existe pas de modèle de Σ; dans le cas contraire, on dit que Σ est *non contradictoire* ou *cohérente.* Une *conséquence* de Σ est une formule Φ satisfaite par tous les modèles de Σ; on écrit alors $\Sigma \models \Phi$.

Un ensemble de formules closes est souvent appelé une *théorie.* On va, dans ce paragraphe, montrer que de nombreuses structures mathématiques sont précisément les modèles d'une théorie.

3.1. Théorie de l'égalité

Soit $\mathfrak{L}$ un langage. Ajoutons à $\mathfrak{L}$ un symbole binaire supplémentaire que nous représenterons par le signe E. Si une réalisation $\mathfrak{A}$ de $\mathfrak{L}$ de domaine A

est donnée, nous pouvons l'étendre en interprétant E par l'égalité c'est-à-dire en posant :

$$E^{\mathfrak{A}} = \{(a,a) : a \in A\}$$

Il est alors immédiat que la structure ainsi définie est modèle de l'ensemble Σ_E des formules suivantes où f (resp. R) désigne un symbole de fonction (resp. de prédicat) quelconque de $\mathfrak{L}$, dont l'arité est notée n :

$\forall x \; xEx$

$\forall x \; \forall y (xEy \rightarrow yEx)$

$\forall x \; \forall y \; \forall z (xEy \wedge yEz \rightarrow xEz)$

$\forall x_1 \ldots \forall x_n \forall y_1 \ldots \forall y_n (x_1 E y_1 \wedge \ldots \wedge x_n E y_n \rightarrow f(x_1, \ldots, x_n) E f(y_1, \ldots, y_n))$

$\forall x_1 \ldots \forall x_n \forall y_1 \ldots \forall y_n (x_1 E y_1 \wedge \ldots \wedge x_n E y_n \wedge R(x_1, \ldots, x_n) \rightarrow R(y_1, \ldots, y_n))$

L'ensemble Σ_E est appelé ensemble des *axiomes d'égalité* de $\mathfrak{L}$.

Soit maintenant $\mathfrak{A}$ un modèle de Σ_E de domaine A. La relation $E^{\mathfrak{A}}$ est une relation d'équivalence sur A et on peut considérer l'ensemble quotient $\overline{A}$. Les axiomes d'égalité montrent que $E^{\mathfrak{A}}$ est compatible avec toutes les fonctions $f^{\mathfrak{A}}$ et les relations $R^{\mathfrak{A}}$. On peut donc définir une structure $\overline{\mathfrak{A}}$ de domaine $\overline{A}$ de la façon suivante :

- l'interprétation d'une constante c est la classe de $c^{\mathfrak{A}}$;
- pour chaque symbole de fonction f d'arité n, $f^{\overline{\mathfrak{A}}}$ associe aux classes $\overline{a}_1, \ldots, \overline{a}_n$ de n éléments $a_1, \ldots, a_n$ la classe de $f^{\mathfrak{A}}(a_1, \ldots, a_n)$;
- pour chaque symbole de relation R d'arité n, l'interprétation de R est l'ensemble :

$$\{(\overline{a}_1, \ldots, \overline{a}_n) : (a_1, \ldots, a_n) \in R^{\mathfrak{A}}\}$$

En particulier, l'interprétation de E est l'égalité.

Toute assignation de variable dans $\overline{\mathfrak{A}}$ est de la forme :

$$x_1 := \overline{a}_1; \ldots ; x_n := \overline{a}_n$$

notons la $\overline{\sigma}$ où σ est l'assignation dans $\mathfrak{A}$ qui s'écrit :

$$x_1 := a_1; \ldots ; x_n := a_n$$

On a alors la proposition suivante.

Proposition

i) *Pour tout terme t et pour toute assignation $\overline{\sigma}$ qui donne des valeurs aux variables de t, on a :*

$$\mathrm{Val}(t, \overline{\mathfrak{A}}, \overline{\sigma}) = \overline{\mathrm{Val}(t, \mathfrak{A}, \sigma)}$$

ii) *Pour toute formule Φ et pour toute assignation $\overline{\sigma}$ qui donne des valeurs aux variables libres de Φ, on a :*

$$\mathrm{Val}(\Phi, \overline{\mathfrak{A}}, \overline{\sigma}) = \mathrm{Val}(\Phi, \mathfrak{A}, \sigma)$$

La preuve (récursive) de ces deux assertions est longue mais ne présente pas de difficulté. On note en particulier que $\mathfrak{A}$ et $\overline{\mathfrak{A}}$ satisfont exactement les mêmes formules closes.

Dans la pratique, on se restreint souvent à ne considérer que des modèles où E est interprétée par l'égalité que l'on appelle *modèles égalitaires.* On peut – dans ce cadre – reprendre les définitions données au début de ce paragraphe : c'est ainsi qu'une *conséquence égalitaire* d'un ensemble de formule est une formule satisfaite pour les modèles égalitaires de Σ.

Théorème. *Une formule Φ est conséquence égalitaire d'un ensemble de formules Σ si et seulement si elle est conséquence de $\Sigma \cup \Sigma_E$.*

Preuve. On suppose que Φ est conséquence égalitaire de Σ. Soit $\mathfrak{A}$ un modèle non nécessairement égalitaire de $\Sigma \cup \Sigma_E$; d'après la proposition précédente, $\overline{\mathfrak{A}}$ est modèle égalitaire de Σ et donc $\overline{\mathfrak{A}} \models \Phi$. Toujours d'après la proposition, il en résulte que $\mathfrak{A} \models \Phi$. On a ainsi établi l'une des implications à prouver. L'autre est immédiate.

Bien entendu, la pratique mathématique nécessite l'égalité, que l'on note d'ailleurs le plus souvent $=$ au lieu de E. En revanche, pour l'exposé des résultats principaux de la logique, il est plus simple de ne pas faire jouer de rôle particulier à tel ou tel symbole : les résultats de la logique «avec égalité» se déduisent de la théorie générale par l'intermédiaire de l'ensemble de formules Σ_E et du théorème ci-dessus.

3.2. Ensembles ordonnés

Dans cette section et les suivantes, on utilisera des langages augmentés d'un symbole d'égalité noté $=$. Les ensembles ordonnés sont les modèles égalitaires de l'ensemble Σ_O des formules closes suivantes écrites avec le seul symbole de relation binaire R (outre l'égalité) :

$$\forall x\ xRx$$
$$\forall x\ \forall y(xRy\ \wedge\ yRx\ \rightarrow\ x = y)$$
$$\forall x\ \forall y\ \forall z(xRy\ \wedge\ yRz\ \rightarrow\ xRz)$$

Pour se restreindre aux ordres totaux, on ajoute la formule suivante :

$$\forall x\ \forall y(xRy\ \vee\ yRx)$$

La formule suivante $\Phi(x)$ qui admet x comme variable libre est vraie pour les assignations $x := a$, où a est minimal :

$$\forall y(yRx \rightarrow y = x)$$

Il en résulte que l'absence d'élément minimal est exprimée par :

$$\forall x\ \neg\Phi(x)$$

On peut naturellement poursuivre et exprimer d'autres propriétés : absence d'élément maximal, densité, etc.

3.3. Groupes, anneaux, corps

Les groupes sont les modèles égalitaires de l'ensemble de formules closes suivantes Σ_G écrites avec un symbole de fonction binaire notée $*$ et un symbole de constante c :

$$\forall x\ \forall y\ \forall z(x * y) * z = x * (y * z)$$
$$\forall x(x * e = x \wedge e * x = x)$$
$$\forall x\ \exists y(x * y = e \wedge y * x = e)$$

On exprime qu'un groupe est commutatif en ajoutant la formule :

$$\forall x\ \forall y(x * y = y * x)$$

On laisse au lecteur le soin d'écrire des ensembles de formules Σ_A, Σ_C dont les modèles sont respectivement les anneaux unitaires et les corps. On utilise pour cela deux symboles de fonction binaires notés $+$, $*$ et deux symboles de constante notés 0 et 1.

On exprime qu'un corps est de caractéristique zéro en ajoutant à Σ_C les formules :

$$\forall x(t_n = 0 \to x = 0)$$

où t_1 est simplement x et où t_n est le terme défini pour chaque entier $n \geqslant 2$ par $t_{n-1} + x$.

On peut, de façon analogue, exprimer par un ensemble infini de formules qu'un corps est algébriquement clos : le lecteur le vérifiera. Il ne faudra pas croire cependant que toute propriété d'une structure soit exprimable par une formule. C'est ainsi que l'on peut écrire un ensemble de formules dont les modèles sont les corps ordonnés mais que ceci devient impossible pour les corps ordonnés archimédiens (c'est-à-dire qui ont la propriété que tout élément positif est majoré par une somme convenable d'éléments tous égaux à 1).

4. COMPACITÉ ET COMPLÉTUDE

4.1. Univers de Herbrand

Soit $\mathcal{L}$ un langage ayant au moins un symbole de constante. On appelle *univers de Herbrand* l'ensemble H de tous les termes clos de $\mathcal{L}$. On notera que l'univers de Herbrand est en général infini (sauf dans le cas où l'on n'a qu'un nombre fini de symboles de constante et aucun symbole fonctionnel).

Définition. Un *modèle de Herbrand* est une réalisation de $\mathcal{L}$ de domaine H qui a les propriétés suivantes :

i) l'interprétation de chaque symbole de constante c est précisément c ;
ii) l'interprétation d'un symbole de fonction f d'arité n est la fonction qui associe à des termes clos $t_1, \ldots, t_n$ le terme $f(t_1, \ldots, t_n)$.

Pour définir complètement un modèle de Herbrand, il suffit donc de préciser l'interprétation des symboles de relation, c'est-à-dire la valeur des formules atomiques closes $R(t_1, \ldots, t_n)$. Attachons à chacune de ces formules atomiques une variable propositionnelle appelée variable de Herbrand et notée $p[R(t_1, \ldots, t_n)]$; on obtient ainsi un ensemble de variables propositionnelles qui est en général dénombrable (le lecteur pourra expliciter le cas particulier où cet ensemble est fini). A tout modèle (de Herbrand ou non), on peut associer une distribution de vérité, sur l'ensemble de variables ainsi défini, en affectant à la variable $p[R(t_1, \ldots, t_n)]$ la valeur de la formule atomique $R(t_1, \ldots, t_n)$. Inversement, à partir d'une distribution de vérité σ sur l'ensemble des variables de Herbrand, on peut construire un modèle de Herbrand $\mathfrak{A}(\sigma)$ en interprétant le symbole de relation R d'arité n par :

$$\{(t_1, \ldots, t_n) : \sigma(p[R(t_1, \ldots, t_n)]) = 1\}$$

A toute formule F du calcul propositionnel, construite sur les variables de Herbrand, correspond une formule close, sans quantificateur $\Phi(F)$ du langage $\mathfrak{L}$, obtenue en substituant à chaque variable $p[R(t_1, \ldots, t_n)]$ la formule atomique correspondante $R(t_1, \ldots, t_n)$. Il est facile de voir que l'on obtient ainsi toutes les formules closes sans quantificateur de $\mathfrak{L}$: une telle formule provient de la formule propositionnelle obtenue en remplaçant chaque sous-formule atomique $R(t_1, \ldots, t_n)$ par la variable correspondante $p[R(t_1, \ldots, t_n)]$. On a de plus, de façon immédiate, la proposition suivante.

Proposition. $\mathrm{Val}(F, \sigma) = \mathrm{Val}(\Phi(F), \mathfrak{A}(\sigma))$.

Etant donnée une formule close sans quantificateur, soit $\Phi(F)$, deux cas se présentent donc :

- ou bien F est non contradictoire et par suite $\Phi(F)$ est satisfaite dans un modèle de Herbrand,
- ou bien F est contradictoire, $\neg F$ est une tautologie et, d'après la section 2.3, $\neg\Phi(F)$ est valide. $\Phi(F)$ n'a donc pas de modèle du tout.

Définition. Une formule prénexe est dite *universelle* si elle n'a pas de quantificateur existentiel ; elle s'écrit donc :

$$\forall x_1 \ \ldots \ \forall x_n \Phi$$

où Φ est sans quantificateur. Etant donnée une telle formule Ψ, supposée close de surcroît, on appelle *particularisation* de Ψ toute formule qui s'écrit :

$$\Phi(x_1/t_1, \ldots, x_n/t_n)$$

pour des termes clos convenables $t_1, \ldots, t_n$.

On peut alors énoncer le théorème de Herbrand.

Théorème (de Herbrand). *Soit Σ un ensemble de formules closes universelles. L'une ou l'autre des deux propriétés suivantes est réalisée :*

i) *il existe un modèle de Herbrand qui satisfait Σ ;*

ii) *il existe un ensemble fini de particularisations de formules de Σ qui est contradictoire.*

Remarque. On notera que les deux possiblités ci-dessus s'excluent mutuellement. On notera aussi l'extrême richesse du théorème de Herbrand : il a pour conséquence qu'un ensemble de formules universelles qui a un modèle admet aussi un modèle fini ou dénombrable. Il implique une propriété de compacité : un ensemble de formules universelles qui est contradictoire a un sous-ensemble fini contradictoire. Enfin, c'est un résultat de *complétude*, puisque, dans le cas où Σ n'a pas de modèle, la conjonction de l'ensemble fini de particularisations mentionné en ii) est de la forme $\Phi(F)$ et que son caractère contradictoire peut être établi en montrant que $\neg F$ est une tautologie.

Preuve du théorème. Remplaçons chaque formule de Σ par l'ensemble (infini en général) de ses particularisations. On obtient ainsi un ensemble Σ' de formules closes sans quantificateur. Cet ensemble provient lui-même d'un ensemble Σ_0 du calcul propositionnel par l'opérateur Φ défini à la section précédente ; précisément :

$$\Sigma' = \{\Phi(F) : F \in \Sigma_0\}$$

S'il existe une distribution de vérité σ qui satisfait Σ_0, le modèle de Herbrand $\mathfrak{A}(\sigma)$ satisfait toutes les particularisations des formules de Σ et donc, puisque son univers est restreint aux termes clos, il satisfait les formules universelles de Σ.

Si maintenant Σ_0 est contradictoire, alors, d'après le théorème de compacité du calcul propositionnel (section 3.5 du chapitre 4), un sous-ensemble fini de Σ_0 est contradictoire et, par suite, l'ensemble des particularisations correspondantes aussi.

4.2. Compacité

Théorème. *Soit Σ un ensemble de formules closes d'un langage $\mathfrak{L}$. Σ est contradictoire si et seulement si il admet un sous-ensemble fini contradictoire.*

Preuve du théorème. Une des deux implications est claire. Pour établir l'autre, on se donne un ensemble infini Σ de formules dont toute partie finie est cohérente. On énumère ensuite Σ sous la forme :

$$\Phi_1, \Phi_2, \ldots, \Phi_k, \ldots$$

Compte tenu du théorème de la section 2.4, on peut supposer que chaque Φ_k est prénexe. On construit alors par récurrence une suite (Δ_k) constituée d'ensembles finis de formules prénexes closes d'un langage $\mathfrak{L}'$ obtenu en ajoutant à $\mathfrak{L}$ un nouveau «jeu» de constantes $d0, d1, \ldots, dl, \ldots$ appelées *constantes auxiliaires*. La construction utilise une énumération $t_1, \ldots, t_j, \ldots$ des termes clos de $\mathfrak{L}'$ que l'on fixe. Δ_0 est vide et l'on forme Δ_k à partir de Δ_{k-1} en appliquant l'une des règles suivantes.

1) Choisir un élément de Δ_{k-1} qui est une formule commençant par un quantificateur existentiel soit $\exists x\Phi$. Choisir une constante auxiliaire d n'apparaissant pas dans Δ_{k-1} et poser :

$$\Delta_k = \Delta_{k-1} \cup \Phi(x/d)$$

2) Choisir un élément de Δ_{k-1} qui est une formule commençant par un quantificateur universel, soit $\forall x\Phi$; choisir également un terme clos t de $\mathfrak{L}'$ et poser :

$$\Delta_k = \Delta_{k-1} \cup \{\Phi(x/t)\}$$

3) Ajouter à Δ_{k-1} l'ensemble $\{\Phi_1, \ldots, \Phi_k\}$.

L'ordre dans lequel les règles sont appliquées n'a pas d'importance à condition de réaliser les propriétés suivantes :

i) à chaque formule de $\Delta = \bigcup_k \Delta_k$, qui commence par un quantificateur existentiel, est appliquée au moins une fois la règle 1;

ii) à chaque formule de Δ, qui commence par un quantificateur universel, est appliquée une infinité de fois la règle 2, au moins une fois pour chaque terme clos t_j de $\mathfrak{L}'$;

iii) la règle 3 est appliquée une infinité de fois.

On peut préciser une définition par récurrence qui réalise ces propriétés : il suffit par exemple d'imposer qu'entre deux applications de la règle 3, correspondant aux indices k, k', chaque formule de Δ_k de la forme $\exists x\Phi$ ait été traitée de même que chaque couple formé d'une formule $\forall x\Phi$ de Δ_k et d'un terme t_j, $j \leqslant k$.

Lemme 1. *Soit $\mathfrak{A}$ un modèle de l'ensemble des formules $\Phi_1, \ldots, \Phi_k$. Pour tout entier $i \leqslant k$, on peut interpréter les constantes auxiliaires de façon à étendre $\mathfrak{A}$ en un modèle de Δ_i.*

Preuve du lemme. On procède par récurrence sur l'entier i. Si $i = 0$, le résultat est immédiat. Sinon, on a trois cas à examiner correspondant aux règles ci-dessus. On note que, si la règle 3 s'applique, Δ_i est obtenu à partir de Δ_{i-1} en ajoutant des formules Φ_j d'indice $j \leqslant k$; il n'y a donc rien à démontrer.

Dans le cas d'un quantificateur existentiel (règle 1), une nouvelle constante auxiliaire s'introduit à cause de l'adjonction de la formule $\Delta(x/d)$. Par hypothèse de récurrence, on a pu définir les constantes auxiliaires de façon à obtenir un modèle de Δ_{i-1} et donc de $\exists x\Phi$. En prenant un élément a tel que Val($\Phi, \mathfrak{A}, x := a$) soit vraie et en interprétant d par cet élément a, on obtient un modèle de Δ_i. Reste la règle 2 qui peut introduire des constantes auxiliaires à cause de la formule $\Phi(x/t)$. Puisqu'on a un modèle de $\forall x\Phi$, n'importe quelle interprétation des nouvelles constantes conduit dans ce cas à un modèle ayant la propriété requise.

Lemme 2. *Soit Δ la réunion des formules Δ_i et soit Γ l'ensemble des formules sans quantificateur de Δ. Tout modèle de Herbrand de Γ est modèle de Δ.*

Preuve du lemme. On se donne un modèle de Herbrand $\mathfrak{A}$ de Γ et on montre que $\mathfrak{A}$ satisfait toutes les formules de Δ par récurrence sur le nombre de quantificateurs d'une telle formule. Le cas $n = 0$ est clair. Si n est > 0 et si l'on considère une formule commençant par un quantificateur existentiel, soit $\exists x\Phi$, alors cette formule apparaît dans l'un des Δ_i et la règle 2 lui est appliquée à une étape ultérieure k : il existe donc une constante d telle que $\Phi(x/d)$ soit dans Δ. L'hypothèse de récurrence montre que $\mathfrak{A}$ satisfait $\Phi(x/d)$ et donc $\exists x\Phi(x)$. Dans le cas d'une formule de la forme $\forall x\Phi$, il s'agit, puisque le domaine de $\mathfrak{A}$ est l'univers de Herbrand, de vérifier que toutes les formules $\Phi(x/t_j)$ sont satisfaites, c'est-à-dire, compte tenu de l'hypothèse de récurrence, qu'elle sont dans Δ. Cela tient à ce que la règle 2 s'applique à $\forall x\Phi$ au moins une fois avec chaque terme t_j. La preuve du lemme est ainsi achevée.

On revient maintenant au théorème de compacité. Compte tenu des hypothèses et du lemme 1, chaque ensemble Δ_k admet un modèle. Il en va de même de l'ensemble de formules sans quantificateur $\Delta_k \cap \Gamma$, qui est croissant et de réunion Γ. Par le théorème de Herbrand cet ensemble Γ a un modèle de Herbrand lequel est, d'après le lemme 2, un modèle de Δ et donc de l'ensemble de formules donné Σ qui est contenu dans Δ, puisque la règle 3 a été appliquée une infinité de fois. Le théorème est ainsi établi.

On obtient, comme conséquence de la preuve ci-dessus, la propriété suivante.

Corollaire. *Soit Σ un ensemble de formule d'un langage $\mathfrak{L}$. Si Σ a un modèle, Σ a un modèle dénombrable.*

4.3. Complétude

On considère une suite de formules closes :

$$(\Phi_0, \Phi_1, \ldots, \Phi_k)$$

et pour chaque indice $i \leqslant k$, on note Σ_i l'ensemble des formules :

$$\{\Phi_0, \ldots, \Phi_i\}$$

On dit que la suite donnée est une *dérivation* si pour chaque indice $i \leqslant k$ on a l'une des propriétés suivantes :

i) Φ_i est obtenue à partir d'une formule précédente Φ_j pour $j < i$, par l'application d'une des règles de transformation syntaxique de la section 2.4;

ii) Φ_i est obtenue à partir d'une formule précédente de la forme $\forall x\ \Phi$ par une substitution $\Phi(x/c)$ où c'est un symbole de constante qui n'apparaît dans aucune des formules $\Phi_0, \ldots, \Phi_{i-1}$;

iii) Φ_i est obtenue à partir d'une formule précédente de la forme $\forall x\ \Phi$ par une substitution $\Phi(x/t)$ où t est un terme clos.

On note que les deux derniers cas correspondent à la formation de Σ_i à partir de Σ_{i-1} par des règles analogues aux règles 1 et 2 de la section précédente. Dans les trois cas, on note que l'ensemble de formules Σ_i est non contradictoire dès que Σ_{i-1} l'est : c'est essentiellement le contenu mathématique du lemme 1 de la section 4.2.

Appelons *réfutation* d'une formule Φ la donnée :

i) d'une dérivation :

$$(\Phi_0, \Phi_1, \ldots, \Phi_k)$$

dont la formule initiale est Φ;

ii) d'une partie Σ de l'ensemble correspondant Σ_k dont la conjonction est obtenue à partir d'une antilogie du calcul propositionnel, par substitutions de formules.

Une réfutation est donc un objet mathématique fini décrit dans un environnement pauvre (par opposition à l'environnement ensembliste nécessaire pour définir la notion de validité).

Théorème. *Soit $\mathfrak{L}$ un langage admettant un ensemble infini de symboles de constantes. Une formule close Φ de $\mathfrak{L}$ est contradictoire si et seulement si elle admet une réfutation.*

Preuve. Si Φ est non contradictoire, alors, ainsi qu'on l'a déjà remarqué, une dérivation construit des ensembles de formules Σ_i non contradictoires et ne peut donc conduire à une réfutation.

Si maintenant Φ est contradictoire, on commence à l'aide d'une suite de transformations syntaxiques :

$$\Phi = \Phi_0, \Phi_1, \ldots, \Phi_l$$

par atteindre une formule prénexe. On modifie alors la construction de la section précédente en ce sens que l'on part de $\{\Phi_l\}$ et que l'on conserve les règles 1 et 2 mais que l'on supprime la règle 3. Comme précédemment, la construction est réalisée de façon que chaque formule commençant par un quantificateur existentiel soit traitée une fois et chaque formule commençant par un quantificateur universel au moins une fois avec chaque terme clos t_j. En utilisant le lemme 2 de la section précédente, on constate que l'ensemble Γ, formé des formules sans quantificateur qui apparaissent dans cette construction, n'a pas de modèle. D'après le théorème de Herbrand, il existe un indice k tel que l'ensemble des formules $\Gamma \cap \Delta_k = \Sigma$ soit contradictoire. Comme on l'a déjà remarqué à la section 4.1, un tel ensemble contradictoire, formé de formules closes sans quantificateur, a une conjonction obtenue par substitutions de formules dans une antilogie du calcul propositionnel. Notons $\Phi_j, j > l$, la formule ajoutée à Σ_{j-1} pour former Σ_j ; il est immédiat que la suite :

$$(\Phi = \Phi_0, \Phi_1, \ldots, \Phi_l, \ldots, \Phi_k)$$

constitue avec l'ensemble Σ , une réfutation de Φ.

La construction ci-dessus conduit à une réfutation dans le langage $\mathcal{L}'$ obtenu par adjonction de constantes auxiliaires. On se ramène à $\mathcal{L}$ en les remplaçant par des constantes convenables n'apparaissant pas dans Φ.

Bien entendu les notions sémantiques de validité, de conséquence et même de conséquence égalitaire (section 3.1) se traduisent aussi dans le cadre syntaxique : une formule Φ est valide s'il existe une réfutation de la négation de la clôture universelle de Φ. Une formule Φ est conséquence d'un ensemble de formules closes Σ s'il existe une conjonction finie Ψ de formules de Σ telle que $\Psi \rightarrow \Phi$ soit valide : c'est une conséquence immédiate du théorème de compacité. Enfin une formule Φ est conséquence égalitaire d'un ensemble de formules Σ comportant le symbole d'égalité si elle est conséquence de $\Sigma \cup \Sigma_E$ (voir la section 3.1). Les preuves mathématiques sont donc – au moins en principe – susceptibles d'un traitement automatique.

4.4. Axiomatique

Convenons d'appeler *axiomes logiques* les formules suivantes, dont nous avons reconnu la validité dans les sections précédentes :

i) les formules $F(p_1/\Phi_1, \ldots, p_n/\Phi_n)$, obtenues par substitutions de formules dans une tautologie du calcul propositionnel;

ii) les formules :

$$(\forall x\ \Phi) \to \Phi(x/t)$$

où Φ est une formule quelconque et t un terme pour lequel la substitution est légitime;

iii) les formules :

$$(\exists x\ \Phi) \leftrightarrow \neg\forall x \neg\Phi$$

iv) les formules :

$$\forall x\ \Phi \to \forall y\ \Phi(x/y)$$

où y est sans occurrence dans Φ;

v) les formules :

$$\forall x(\Psi \to \Phi) \to (\Psi \to \forall x\ \Phi)$$

où x n'a pas d'occurrence libre dans Ψ.

Une *preuve* de Φ est une suite :

$$(\Phi_1, \ldots, \Phi_n)$$

dont le dernier élément Φ_n est précisément Φ, et qui est telle que l'on ait, pour chaque indice i, $1 \leqslant i \leqslant n$, l'une ou l'autre des propriétés suivantes :

i) Φ_i est un axiome logique;

ii) il existe des indices j, $k < i$ tels que Φ_k s'écrive $\Phi_j \to \Phi_i$ (on dit que Φ_i se déduit de Φ_j et $\Phi_j \to \Phi_i$ par la règle de *détachement*);

iii) il existe un indice $j < i$ tel que Φ_i s'écrive $\forall x \Phi_j$, pour une variable x convenable (on dit que Φ_i se déduit de Φ_j par *généralisation*).

On écrit $\vdash \Phi$ si Φ admet une preuve. Comme les règles transforment des formules valides en une formule valide, il en résulte que Φ est alors valide.

Une *preuve* de Φ à partir d'un ensemble Σ de formules closes est définie de façon analogue à cela près que l'on substitue à la propriété i) la propriété :

i') Φ_i est un axiome logique ou une formule de Σ.

On écrit $\Sigma \vdash \Phi$, si Φ admet une preuve à partir de Σ. Il est immédiat que Φ est alors conséquence de Σ.

Théorème

i) *Soit Φ une formule d'un langage $\mathfrak{L}$; Φ est valide si et seulement si Φ admet une preuve.*

ii) *Soit de plus Σ un ensemble de formules closes de $\mathfrak{L}$; alors Φ est conséquence de Σ si et seulement si elle admet une preuve à partir de Σ.*

iii) *Soit enfin Σ un ensemble de formules closes d'un langage $\mathfrak{L}$ augmenté d'un symbole d'égalité; alors Φ est conséquence égalitaire de Σ si et seulement si elle admet une preuve à partir de $\Sigma \cup \Sigma_E$, où Σ_E est l'ensemble des axiomes d'égalité.*

On note que iii) est conséquence de ii) et du théorème de la section 3.1. Pour établir ii) à partir de i), on observe que si Φ est conséquence de Σ alors $\Sigma \cup \{\neg\Phi\}$ est contradictoire et donc, par compacité, on peut trouver des formules $\Phi_1, \ldots, \Phi_n$ de Σ telles que :

$$(\Phi_1 \rightarrow (\Phi_2 \rightarrow (\ldots(\Phi_n \rightarrow \Phi)\ldots)))$$

soit valide. Par application réitérée du détachement on obtient une preuve de Φ à partir de $\{\Phi_1, \ldots, \Phi_n\}$.

Il resterait donc à établir l'assertion i). Nous ne donnerons pas cette démonstration, pour diverses raisons. Sans être difficile, une mise en forme précise mène à un exposé assez aride. De plus, malgré leur importance historique et mathématique, les systèmes de déduction du type considéré dans cette section ne conduisent pas à une méthode significative du point de vue de l'informatique. Enfin, nous avons établi, dans la section précédente, un résultat de complétude et nous en présenterons un autre au chapitre suivant. Signalons seulement que la démonstration du théorème repose sur une construction syntaxique qui transforme une réfutation de $\neg\Phi$, au sens de la section précédente, en une preuve de Φ.

5. INDICATIONS BIBLIOGRAPHIQUES

C'est dans la seconde moitié du dix-neuvième siècle que les mathématiques se sont élargies en englobant la syntaxe dans l'objet de leur étude. On a ainsi assisté à la renaissance d'une discipline qui semblait éteinte depuis l'antiquité : d'abord simple théorie de la quantification, la logique a ensuite opéré une complète reconstruction des mathématiques, culminant avec les *Principia Mathematica* de Whitehead et Russell [1910].

Ce mouvement d'idées s'est trouvé justifié par les profonds résultats qui ont été présentés dans ce chapitre : théorème de Herbrand [1930] et théorème de complétude de Gödel [1930]. Nous n'avons malheureusement pas pu aborder le phénomène d'*incomplétude*, qui a été mis en évidence aussitôt après par Gödel [1931] et qui marque les limites intrinsèques de la méthode déductive et donc de la connaissance mathématique. Le lecteur est vivement invité à prendre connaissance de ces résultats dans la littérature.

Le calcul des prédicats est un sujet qui a été considérablement étudié et qui est présenté dans de nombreux ouvrages : Enderton [1972], Kleene [1952], Kleene [1967], Kreisel et Krivine [1967], Shoenfield [1967], pour n'en citer que quelques-uns. Le lecteur pourra se reporter à ces ouvrages pour trouver une preuve complète du théorème de la section 4.4, des informations sur d'autres systèmes comme, par exemple, la *déduction naturelle* de Gentzen ou enfin le contenu des théorèmes d'incomplétude.

Signalons que le calcul des prédicats est à la base de toute une branche de la logique appelée *théorie des modèles* et que nous n'avons pas pu même effleurer. On renvoie à l'ouvrage de Chang et Keisler [1973] pour un exposé de cette théorie.

Chapitre 7
Programmation logique

Les résultats du chapitre précédent ouvrent la voie à une programation fondée sur la complétude du calcul des prédicats. Cependant, les techniques présentées jusqu'à présent ne sont pas assez efficaces du point de vue algorithmique pour que leur implémentation puisse être envisagée. Dans le présent chapitre, on décrit une autre méthode permettant d'obtenir la complétude et qui constitue le fondement théorique du langage de programmation PROLOG.

1. FONCTIONS DE SKOLEM

1.1. Transformation de Skolem

Soit $\mathfrak{L}$ un langage. On appelle *extension de Skolem* un langage $\mathfrak{L}'$ obtenu en ajoutant à $\mathfrak{L}$ une infinité de symboles de fonction de chaque arité n et une infinité de symboles de constante. Les éléments ainsi ajoutés reçoivent respectivement le nom de *fonctions de Skolem* et de *constantes de Skolem.*

Soit maintenant Φ une formule close de $\mathfrak{L}'$, sous forme prénexe et contenant au moins un quantificateur existentiel. Une telle formule s'écrit :

$$\forall x_1 \ \dots \ \forall x_k \ \exists x \ \Psi$$

où Ψ est elle-même prénexe, ou bien, dans le cas particulier où $k = 0$,

$$\exists x \ \Psi$$

On appelle *transformation de Skolem* de Φ la transformation qui lui associe une formule :

$$\forall x_1 \ \dots \ \forall x_k \ \Psi(x/f(x_1, \dots, x_k))$$

où f est un symbole de Skolem d'arité k qui n'apparaît pas dans la formule donnée Φ. Dans le cas particulier où $k = 0$, on transforme simplement Φ en :

$$\Psi(x/c)$$

où c est une constante de Skolem n'apparaissant pas dans Φ.

Exemple. La formule :

$$\forall y\ \exists x(yRc \rightarrow tRc \wedge cRt)$$

considérée au paragraphe 2 du chapitre 6, où t est le terme :

$$g(h(y, h(x, x)), g(x, f(d)))$$

se transforme en :

$$\forall y(yRc \rightarrow t'Rc \wedge cRt')$$

où t' est le terme :

$$g(h(y, h(k(y), k(y))), g(k(y), f(d)))$$

écrit avec la fonction de Skolem unaire k.

Soit Φ une formule prénexe close de $\mathcal{L}'$. On appelle *skolémisée* de Φ toute formule universelle obtenue en appliquant de façon réitérée la tranformation de Skolem. On définit de façon analogue le skolémisé d'un ensemble de formules Σ fini ou non; la seule précaution à prendre, pour des raisons sémantiques qui apparaîtront ultérieurement, est de s'assurer que les fonctions et constantes de Skolem ainsi utilisées soient deux à deux distinctes.

Exemple. Dans un langage comprenant un symbole de prédicat unaire P et un symbole ternaire S, on considère l'ensemble des deux formules :

$$\forall x\ \forall y\ \exists z\ S(x, y, z)$$
$$\forall t\ \exists u\ \exists v(P(t) \rightarrow S(u, v, t))$$

Par skolémisation, on obtient :

$$\forall x\ \forall y\ S(x, y, f(x, y))$$
$$\forall t\ (P(t) \rightarrow S(g(t), h(t), t))$$

1.2. Propriété caractéristique

Le résultat suivant légitime l'utilisation des fonctions de Skolem.

Théorème. *Soit Σ un ensemble de formules prénexes closes d'un langage $\mathfrak{L}$ et soit Σ' un ensemble obtenu par skolémisation de Σ. Alors, Σ est non contradictoire si et seulement si Σ' l'est.*

Preuve. Soit d'abord $\mathfrak{A}$ un modèle de Σ'. Il suffit de montrer que si Φ' est obtenue à partir de Φ par transformation de Skolem et si Φ' est vraie dans $\mathfrak{A}$, il en est de même de Φ. Dans le cas de l'adjonction d'une fonction de Skolem, c'est une conséquence immédiate de la validité de la formule :

$$\forall x_1 \ \ldots \ \forall x_k \ \Psi(x/f(x_1,\ldots,x_k)) \to \forall x_1 \ \ldots \ \forall x_k \ \exists x \ \Psi$$

et dans le cas des constantes, de la validité de la formule :

$$\Psi(x/c) \to \exists x \ \Psi$$

Reste à établir l'implication inverse. On part d'un modèle $\mathfrak{A}$ de Σ et l'on considère une suite de transformation de Skolem qui conduit de Σ à Σ'. Pour chaque nouvelle transformation, on enrichit $\mathfrak{A}$ en définissant l'interprétation de la fonction ou de la constante de Skolem correspondante. Tout revient donc à préciser cette interprétation dans le cas d'une seule transformation; si cette transformation s'applique à une formule Φ qui s'écrit :

$$\forall x_1 \ \ldots \ \forall x_k \ \exists x \ \Psi$$

on définit l'interprétation de la fonction de Skolem en choisissant, pour chaque suite $a_1,\ldots,a_k$ d'éléments de A, un élément $f^{\mathfrak{A}}(a_1,\ldots,a_k)$ de l'ensemble :

$$\{a \in A : \mathrm{Val}(\Psi, \mathfrak{A}, x_1 := a_1; \ldots; x_k := a_k; x := a) = 1\}$$

lequel est non vide puisque $\mathfrak{A}$ satisfait Ψ. Dans le cas où k est nul, on interprète la constante de Skolem introduite par un élément de l'ensemble non vide :

$$\{a \in A : \mathrm{Val}(\Psi, \mathfrak{A}, x := a) = 1\}$$

Dans les deux situations, on obtient un modèle qui satisfait la formule obtenue par tranformation de Skolem, ce qui permet de poursuivre la construction par récurrence. La preuve du théorème est ainsi achevée.

Remarque. Le lecteur soucieux de formalisme a pu remarquer que la preuve ci-dessus nécessite un environnement ensembliste particulièrement riche puisque l'axiome du choix est nécessaire à la définition de $f^{\mathfrak{A}}$. Cette objection, légitime, s'élimine si on utilise un modèle dénombrable de Σ, donc l'existence est assurée par le corollaire de la section 4.2 du chapitre 6.

1.3. Procédure de Herbrand

Soit Σ un ensemble de formules. En appliquant les règles de transformation syntaxique du chapitre 6, sections 2.4 et 2.5, on peut remplacer chaque formule par une formule équivalente prénexe et sous forme normale conjonctive. Par skolémisation, on aboutit finalement à un ensemble de formules Σ' qui sont, de plus, universelles. Chacune de ces formules s'écrit :

$$\forall x_1 \ \ldots \ \forall x_k \bigwedge_{j=1}^{n} \Phi_i$$

où chaque formule Φ_i est une disjonction de formules atomiques ou de négations de formules atomiques. On rappelle qu'une *particularisation* d'une telle formule est obtenue en substituant des termes clos $t_1, \ldots, t_k$ aux variables; elle est donc équivalente à la conjonction de l'ensemble des formules :

$$\begin{gathered} \Phi_1(x_1/t_1, \ldots, x_k/t_k) \\ \Phi_2(x_1/t_1, \ldots, x_k/t_k) \\ \ldots \\ \Phi_n(x_1/t_1, \ldots, x_k/t_k). \end{gathered}$$

Chacune des formules précédentes est une disjonction de formules atomiques closes ou de négations de telles formules et reçoit le nom de *clause de Herbrand.*

D'après la section précédente, Σ est non contradictoire si et seulement si Σ' l'est et, d'après le théorème de Herbrand, si et seulement si l'ensemble des particularisations des formules de Σ' est non contradictoire. Chaque particularisation est une conjonction et, en la remplaçant par les formules sur lesquelles porte la conjonction, on obtient un ensemble Σ_H formé de clauses de Herbrand, dont la non-contradiction équivaut à celle de Σ.

Comme on l'a déjà noté dans la section 4.1 du chapitre 6, la non-contradiction de Σ_H équivaut à celle de l'ensemble des clauses obtenues en remplaçant chaque formule atomique close $R(t_1, \ldots, t_n)$ par une variable propositionnelle $p[R(t_1, \ldots, t_n)]$. En notant $C(\Sigma)$ cet ensemble, on conclut que, si Σ est contradictoire, il existe une réfutation de $C(\Sigma)$ par la méthode de résolution. C'est là un nouveau résultat de complétude.

On notera que, même si l'on part d'un ensemble Σ fini, on construit un ensemble de clauses de Herbrand qui est, en général, infini. Au contraire de ce qui se passe pour le calcul propositionnel, la méthode de résolution ne peut donc absolument pas servir à établir la non-contradiction éventuelle d'un ensemble fini de formules, mais seulement sa contradiction.

2. UNIFICATION

La méthode que l'on a présentée au paragraphe 1 ne permet pas encore une implémentation satisfaisante, principalement parce que l'on manque d'une stratégie pour choisir dans quel ordre appliquer la résolution aux multiples clauses de Herbrand. L'algorithme d'unification, auquel le présent paragraphe est consacré, va fournir une telle stratégie.

2.1. Substitutions

On a déjà défini, dans la section 1.5 du chapitre 6, l'opération consistant à substituer des termes à des variables dans une formule. Les définitions qui suivent donnent un cadre formel adapté à la manipulation de telles opérations. Etant donné un langage $\mathcal{L}$, on appelle *substitution* une application de l'ensemble des variables dans l'ensemble des termes de $\mathcal{L}$, qui est l'identité sauf éventuellement pour un nombre fini de variables $x_1, \ldots, x_n$. Si les valeurs correspondantes sont les termes $t_1, \ldots, t_n$, alors la substitution est notée :

$$(x_1/t_1, \ldots, x_n/t_n)$$

Cette notation n'est pas unique, puisque l'on peut par exemple ajouter un couple x_{n+1}/x_{n+1}. Les substitutions seront représentées par les lettres $\sigma, \tau, \theta \ldots$ et la substitution définie par l'identité sera notée ε. L'action de σ sur un terme t (resp. sur une formule Φ) sera notée $t\sigma$ (resp. $\Phi\sigma$). Cette notation est parfaitement en accord avec les notations du type :

$$\Phi(x_1/t_1, \ldots, x_n/t_n)$$

utilisées dans la section 1.5 du chapitre 6, à cela près que la généralité du point de vue adopté désormais conduit à envisager des couples x_i/t_i correspondant à des variables qui n'ont pas d'occurrence dans Φ.

Etant données deux substitutions σ et τ, on définit leur *produit* de façon à ce qu'il corresponde à l'action de σ, suivie de celle de τ. Formellement, nous aboutissons à la définition suivante.

Définition. Soient $\sigma = (x_1/t_1, \ldots, x_n/t_n)$ et $\tau = (y_1/s_1, \ldots, y_k/s_k)$ deux substitutions, le *produit* $\sigma\tau$ est la substitution $(x_1/t_1\tau, x_2/t_2\tau, \ldots, x_k/t_k\tau)$.

Exemple. Partons d'un terme $g(x, y)$ et appliquons le produit des substitutions :

$$\sigma = (x/h(u, v), y/g(x, f(d)))$$
$$\tau = (u/y, v/h(x, x))$$

on obtient le terme :

$$g(h(y, h(x, x)), g(x, f(d))$$

déjà considéré au chapitre précédent.

Il est immédiat que le produit des substitutions est associatif et qu'il admet l'identité comme l'élément neutre.

2.2. Unificateurs

La procédure de Herbrand, présentée dans la section 1.3, conduit à appliquer la résolution à des clauses de Herbrand qui sont obtenues par substitutions de termes. En essayant d'appliquer directement la résolution sans pratiquer les substitutions, on est conduit au problème de reconnaître si diverses formules atomiques peuvent être identifiées par l'action d'une substitution.

Exemple. Les formules $R(x, g(x))$ et $R(f(z), y)$ s'identifient sous l'action de la substitution $(x/f(c), y/g(f(c)), z/c)$, où c est une constante.

Appelons *littéral* toute formule qui est soit atomique, soit négation d'une formule atomique.

Définition. Un ensemble fini de littéraux $\{L_1, \ldots, L_n\}$ est *unifiable* s'il existe une substitution σ telle que $L_1\sigma, \ldots, L_n\sigma$ soient tous identiques. σ est alors appelé *unificateur* des littéraux $L_1, \ldots, L_n$. Un unificateur σ est *principal* si tout autre unificateur est de la forme $\sigma\theta$ pour une substitution convenable θ.

Dans l'exemple considéré plus haut, l'unificateur proposé n'est pas principal. En revanche, la substitution :

$$(x/f(z), y/g(f(z)))$$

est un unificateur principal (le lecteur est invité à le démontrer à titre d'exercice !)

Si un ensemble de littéraux S admet un unificateur principal, le résultat de l'action d'un tel unificateur sur l'un quelconque des L_i est appelé *facteur* de l'ensemble S. Un tel facteur est essentiellement unique. Appelons *changement de variables* une substitution :

$$(x_1/y_1, \ldots, x_n/y_n)$$

où $(x_1, \ldots, x_n)$ et $(y_1, \ldots, y_n)$ sont deux suites, chacune formée de variables distinctes. On a alors la proposition suivante.

Proposition. *Deux facteurs d'un ensemble de littéraux admettant un unificateur principal se correspondent par changement de variables.*

Preuve. Soient σ, σ' deux unificateurs principaux de l'ensemble donné et soient L et L' les facteurs correspondants. Par définition, il existe des substitutions θ, θ' telles que :

$$\sigma' = \sigma\theta \quad \text{et} \quad \sigma = \sigma'\theta'$$

on a alors :

$$\sigma = \sigma\theta\theta'$$

L'action de $\theta\theta'$ sur chaque variable de L est donc l'identité ; il en résulte que θ transforme x en une variable : la substitution à x d'un terme construit avec un symbole fonctionnel augmente en effet la taille d'une formule et la substitution d'une constante serait irréversible. De plus, θ transforme deux variables distinctes de L en deux variables distinctes : sinon $L\theta\theta'$ aurait moins de variables que L. L'action de θ sur L, qui conduit à L', est donc identique à celle d'un changement de variables.

2.3. Désaccords

Dans le reste de ce paragraphe, on va présenter un algorithme qui, étant donné un ensemble S de littéraux, détecte si cet ensemble est unifiable ou non et, dans le cas où la réponse est positive, construit un unificateur principal σ et le facteur correspondant L. Comme diverses preuves du chapitre 6, l'algorithme se compose d'une suite de transformations de type syntaxique, construisant progressivement L. La définition suivante intervient pour le contrôle de ces transformations.

Définition 1. Etant donné deux termes t, t' représentés par des arbres, on appelle *ensemble des désaccords* de t et t', l'ensemble $d(t, t')$ défini récursivement par les propriétés suivantes :

i) si les racines respectives de t et t' ont des étiquettes distinctes, alors $d(t, t')$ se compose de l'unique paire $\{t, t'\}$;

ii) sinon, les racines de t et t' ont le même nombre n de successeurs dans chacun des arbres; on note $t_1, \ldots, t_n$ les sous-termes correspondants de t et $t'_1, \ldots, t'_n$ les sous-termes de t' et l'on pose :

$$d(t, t') = d(t_1, t'_1) \cup \ldots \cup d(t_n, t'_n)$$

On définit de même l'ensemble des désaccords de deux littéraux $R(t_1, \ldots, t_n)$, $R(t'_1, \ldots, t'_n)$ comme :

$$d(t_1, t'_1) \cup \ldots \cup d(t_n, t'_n)$$

La même définition vaut pour $\neg R(t_1, \ldots, t_n)$ et $\neg R(t'_1, \ldots, t'_n)$.

Exemple. Les littéraux $R(x, g(c, z))$ et $R(f(c), g(y, k(t)))$, dont les arbres sont représentés à la figure 1, ont un ensemble de désaccords formé des trois paires que l'on a repérées par des flèches :

$$\{x, f(c)\} \quad \{y, c\} \quad \{z, k(t)\}$$

Il est facile de vérifier, par un argument récursif, que t et t' sont identiques si et seulement si l'ensemble de leurs désaccords est vide. Dans le cas contraire, une méthode pour localiser un désaccord consiste à examiner les représentations des littéraux ou des termes sous forme de mot et à considérer le premier symbole où les deux mots diffèrent. Ce désaccord est appelé *désaccord le plus à gauche.*

Définition 2. On dit qu'un désaccord est *soluble* s'il se compose d'une variable x et d'un terme t dans lequel la variable x n'apparaît pas. Dans le cas contraire, on parle de désaccord *insoluble.*

Lemme. *Si deux littéraux admettent un unificateur σ, alors, pour tout désaccord $\{t, t'\}$ on a $t\sigma = t'\sigma$.*

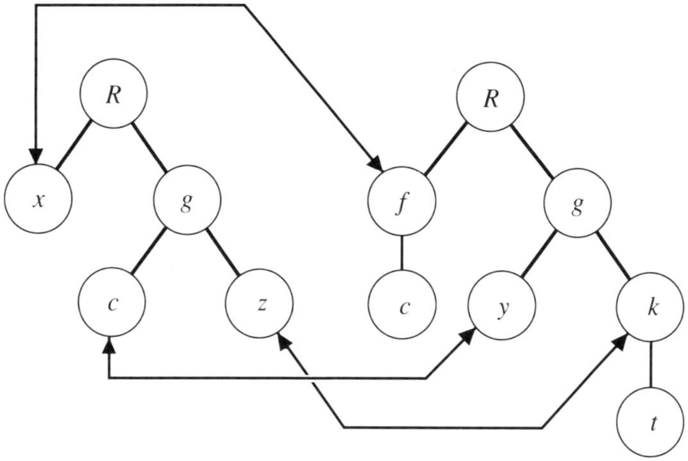

Fig. 1. Ensemble des désaccords de deux littéraux

Preuve. A une négation près, les littéraux s'écrivent $R(t_1, \ldots, t_n)$ et $R(t'_1, \ldots, t'_n)$ et on a :

$$t_1\sigma = t'_1\sigma, \ldots, t_n\sigma = t'_n\sigma$$

On prouve alors que si deux termes t, t' sont tels que $t\sigma = t'\sigma$, il en va de même de leurs désaccords. Il y a deux cas à examiner, correspondant à la définition récursive de $d(t, t')$. Si t et t' commencent par des symboles distincts, il n'y a que le désaccord $\{t, t'\}$ à considérer et le résultat est clair. Si maintenant t et t' commencent par le même symbole, on se trouve ramené à des désaccords $d(t_1, t'_1), \ldots, d(t_n, t'_n)$ avec $t_1\sigma = t'_1\sigma, \ldots, t_n\sigma = t'_n\sigma$, pour lesquels l'hypothèse récursive s'applique.

Corollaire. *Si deux littéraux admettent un désaccord insoluble, ils ne sont pas unifiables.*

Preuve. Soit $\{t, t'\}$ un désaccord insoluble. Si les littéraux étaient unifiables, alors, d'après le lemme, il existerait une substitution σ telle que $t\sigma = t'\sigma$. Ceci exclut que t et t' commencent par des symboles distincts qui soient tous deux des symboles de constante ou de fonction. L'un des deux termes, par exemple t', est donc réduit à une variable x. Il reste à voir, pour conclure, que x ne peut apparaître dans t : si c'était le cas le terme $x\sigma$ aurait une taille plus petite que le terme $t\sigma$ qui lui est égal.

2.4. Algorithme d'unification

Partons d'un ensemble de littéraux S que l'on cherche à unifier. Si S ne contient qu'un littéral, il n'y a rien à faire. Sinon, on peut examiner les ensembles de désaccords $d(L, L')$ pour les paires de littéraux distincts de S. Si l'on trouve un désaccord insoluble, l'unification est impossible. Dans le cas contraire, on peut choisir un désaccord entre deux littéraux de S, correspondant à une variable x et un terme t. Soit alors σ la substitution (x/t) ; on a, en notant $S\sigma$ l'ensemble des littéraux $\{L\sigma : L \in S\}$, la proposition suivante.

Proposition. *Tout unificateur de S s'écrit sous la forme $\sigma\theta$ pour une substitution θ convenable.*

Corollaire. *S est unifiable si et seulement si $S\sigma$ l'est.*

En effet, la proposition implique que l'ensemble des unificateurs de S est exactement l'ensemble des $\sigma\theta$, où θ est un unificateur de $S\sigma$.

Preuve de la proposition. On se donne un unificateur τ de S et l'on considère la substitution θ obtenue en retranchant de τ le couple $(x/x\tau)$. D'après le lemme de la section 2.3, x et t sont rendus égaux par τ, soit $x\tau = t\tau$. Compte tenu de ce que x n'apparaît pas dans t, on en déduit $x\tau = t\theta$; remplaçant t par sa valeur $x\sigma$, il vient $x\tau = x\sigma\theta$. Ceci prouve que τ et $\sigma\theta$ coïncident sur la variable x. Pour les variables y distinctes de x, on a :

$$y\tau = y\theta \quad \text{et} \quad y\sigma = y$$

d'où l'on déduit $y\sigma\theta = y\theta = y\tau$. Finalement, on a bien montré que τ s'écrit sous la forme requise.

L'algorithme d'unification consiste à itérer la procédure que l'on vient de décrire et qui construit σ à partir de S. On obtient ainsi une suite de substitutions $\sigma_1, \ldots, \sigma_k$ et une suite d'ensembles de littéraux $S_0, \ldots, S_k$ définies par :

$$S_0 = S \quad S_1 = S_0\sigma_1 \quad S_{i+1} = S_i\sigma_{i+1}$$

Compte tenu du corollaire ci-dessus, chacun des ensembles S_i est unifiable si et seulement si S l'est. L'algorithme s'arrête au premier niveau k où un désaccord insoluble est rencontré (S n'est alors pas unifiable) ou bien si l'ensemble des désaccords devient vide auquel cas l'unification est réalisée.

Théorème. *L'algorithme d'unification se termine et conduit, si on l'applique à un ensemble unifiable S, à une suite de substitutions $\sigma_1, \ldots, \sigma_k$ dont le produit $\sigma_1 \ldots \sigma_k$ est un unificateur principal.*

Preuve. Pour voir que l'algorithme se termine, on observe qu'en «supprimant» un désaccord soluble $\{x, t\}$, on est conduit à un ensemble de littéraux où la variable x n'apparaît plus. Le nombre de variables de l'ensemble initial S limite donc le nombre de pas de l'algorithme. Quant à l'autre assertion du théorème, elle est prouvée en établissant par récurrence sur $i < k$ que tout unificateur de S s'écrit sous la forme $\sigma_1 \ldots \sigma_i \theta$ pour une substitution θ convenable. La récurrence utilise de façon directe la proposition précédente.

2.5. Implémentation

L'implémentation de l'algorithme d'unification requiert une stratégie pour choisir à chaque pas le désaccord $\{x, t\}$ que l'on veut supprimer et conduit à des versions légèrement différentes de celle que l'on a présentée dans la section 2.4. Il est courant de considérer les formules de l'ensemble donné S comme des mots et d'envisager la position du premier symbole qui n'est pas le même pour tous les littéraux de S. On fait alors la liste $D(S)$ des sous-termes des éléments de S qui commencent à cette position. On choisit ensuite dans la liste une variable x ainsi qu'un terme t où x n'apparaît pas. Si un tel choix est impossible, S n'est pas unifiable car deux littéraux de cet ensemble ont leur désaccord le plus à gauche insoluble. Une fois x et t choisis, on supprime le désaccord $\{x, t\}$ par la méthode habituelle. L'algorithme s'arrête quand on a réalisé l'unification. On laisse au lecteur le soin d'établir la terminaison et la correction de cette version de l'algorithme.

Dans l'exemple représenté à la figure 1, l'unification est possible et l'algorithme conduit en trois étapes à l'unificateur principal :

$$(x/f(c), y/c, z/k(t))$$

Tel que, l'algorithme d'unification n'est cependant pas très efficace. La figure 2 représente deux littéraux unifiables par la suite de substitutions :

$$(z/f(x, y))$$
$$(t/f(z, z))$$
$$(u/f(t, t))$$

Pour vérifier que la solution proposée est correcte, on doit s'assurer que le terme que l'on substitue à une variable n'a pas d'occurrence de cette

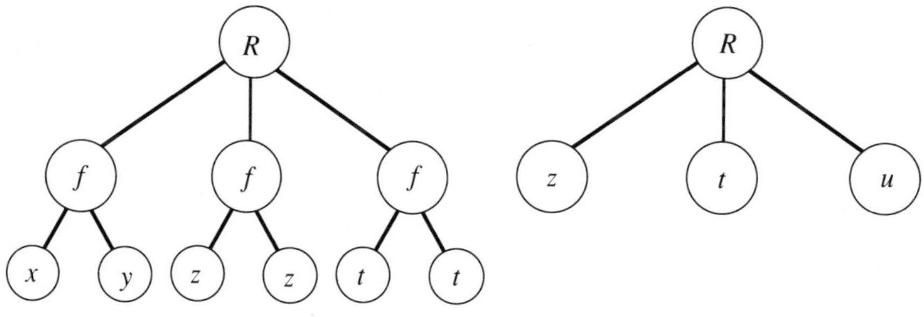

Fig. 2. Exemple de littéraux unifiables

variable. Ceci conduit à remplacer $f(z,z)$ par $f(f(x,y),f(x,y))$, qui comporte deux fois chaque variable x,y et de même $f(t,t)$ par un terme qui les contient quatre fois. Il est facile de généraliser cet exemple pour obtenir une suite de k termes dont la taille croît exponentiellement.

Compte tenu de ce qui vient d'être dit, il est tentant d'omettre purement et simplement le test d'occurrence. On peut alors adopter une stratégie beaucoup plus directe. Par exemple, pour essayer d'unifier deux littéraux $R(t_1,\ldots,t_n)$ et $R(t'_1,\ldots,t'_n)$, on peut exprimer les contraintes à réaliser par une liste d'*équations* :

$$(t_1 = t'_1,\ldots,t_n = t'_n)$$

Chaque équation peut ensuite être réduite au moyen des règles suivantes.

i) Une équation de la forme $x = x$, où x est une variable, est supprimée de la liste; de même pour $c = c$, lorsque c est un symbole de constante.

ii) Une équation de la forme $t = x$, où x est une variable et t un terme qui n'est pas une variable est mise sous la forme $x = t$.

iii) Une équation de la forme $f(u_1,\ldots,u_p) = f(u'_1,\ldots,u'_p)$, où f est un symbole de fonction d'arité p, est remplacée par la suite :

$$u_1 = u'_1,\ldots,u_p = u'_p$$

iv) Une équation de la forme $x = t'$, pour laquelle on trouve antérieurement dans la liste une première équation de la forme $x = t$, est remplacée par $t = t'$ (t et t' étant des termes distincts de x mais qui peuvent éventuellement être des variables).

L'algorithme se termine quand aucune règle ne peut plus être appliquée.

Si la liste obtenue s'écrit alors :

$$(x_1 = t_1, \ldots, x_m = t_m)$$

pour des variables x_i et des termes t_i convenables, on déclare l'unification réalisée par le produit de substitutions (x_i/t_i) (ou par la substitution identité, si la liste obtenue est vide). Dans le cas contraire, l'unification est impossible.

Bien entendu l'algorithme esquissé ci-dessus n'est abolument pas correct car la substitution qu'il produit n'est pas nécessairement un unificateur. On observera, cependant, qu'il donne un résultat correct pour les deux exemples considérés dans ce chapitre. En revanche, il déclare les littéraux $P(x)$ et $P(f(x))$ unifiables par la substitution $(x/f(x))$. Cependant, c'est un algorithme essentiellement de ce type qui est utilisé dans les implémentations du langage PROLOG, ce qui n'est pas sans poser certains problèmes. On parle parfois de cette particularité du langage en disant que PROLOG «manipule des arbres infinis». Cette terminologie est liée à la propriété mathématique de la substitution σ obtenue par l'algorithme : en partant d'un littéral L de l'ensemble S et en considérant $L\sigma, L\sigma^2 \ldots$ on obtient une suite d'arbres qui converge vers un arbre infini indépendant de L.

3. LA MÉTHODE DE RÉSOLUTION EN CALCUL DES PRÉDICATS

3.1. Règle de résolution

La méthode de résolution permet d'établir la contradiction éventuelle d'un ensemble Σ formé de formules closes universelles sous forme normale conjonctive. Comme on l'a déjà remarqué dans la section 1.3, transformations syntaxiques et skolémisation permettent de ramener tout ensemble de formules à ce cas particulier. Chaque élément Φ de Σ s'écrit alors :

$$\forall x_1 \ \ldots \ \forall x_k \bigwedge_{i=1}^{n} \Phi_i$$

où chaque Φ_i est une disjonction de littéraux. On constate immédiatement que Φ est équivalente à la conjonction des formules :

$$\forall x_1 \ \ldots \ \forall x_k \ \Phi_i \qquad i = 1, \ldots, n$$

si bien qu'en remplaçant chaque élément de Σ par la famille finie de formules construites comme ci-dessus, on se trouve ramené à un ensemble formé exclusivement de clôtures universelles de disjonctions de littéraux soit :

$$\forall x_1 \ \ldots \ \forall x_k \ L_1 \vee L_2 \vee \ldots \vee L_r$$

On donne aux formules de cette forme le nom de *clauses* et, par analogie avec le cas du calcul propositionnel, on représente une clause par l'ensemble :

$$C = \{L_1, \ldots, L_r\}$$

des littéraux sur lesquel porte la disjonction.

Etant donné une substitution σ et une clause C, on notera $C\sigma$ la clause obtenue en appliquant σ à tous les littéraux de C, c'est-à-dire :

$$\{L\sigma : L \in C\}$$

Dans le cas particulier où σ est un changement de variables, $C\sigma$ est appelée *variante* de C.

Etant donné un ensemble S de littéraux on notera $\neg S$ l'ensemble obtenu en remplaçant chaque formule atomique apparaissant dans S par sa négation et vice-versa. on peut maintenant décrire la règle de résolution du calcul des prédicats.

Définition. Soient C, C_1, C_2 trois clauses. On dit que C est une *résolvante* de C_1, C_2, s'il existe des clauses C'_1, C'_2, des ensembles de littéraux S_1, S_2 et une substitution σ tels que :

i) C'_1 et C'_2 sont respectivement des variantes de C_1 et C_2 ;
ii) C'_1 et C'_2 n'ont pas de variable en commun ;
iii) $S_1 \subseteq C'_1$, $S_2 \subseteq C'_2$;
iv) la réunion de S_1 et $\neg S_2$ est unifiable et σ est un unificateur principal de cet ensemble de littéraux ;
v) C est la clause obtenue en appliquant l'unificateur σ à l'ensemble $(C'_1 - S_1) \cap (C'_2 - S_2)$.

Exemple. On considère les clauses :

$$C_1 = \{\neg R(y, c), \ \neg R(y, x), \ \neg R(x, y)\}$$
$$C_2 = \{R(y, f(y)), R(y, c)\}$$

Par changement de variables, on remplace C_2 par :

$$C_2' = \{R(z, f(z)), R(z, c)\}$$

On peut alors considérer les ensembles :

$$S_1 = \{\neg R(y, c), \neg R(y, x)\}$$
$$S_2 = \{R(z, c)\}$$

S_1 et $\neg S_2$ admettent pour unificateur principal la substitution σ : $(x/c, z/y)$. On obtient la résolvante :

$$\{\neg R(c, y), R(y, f(y))\}$$

En remplaçant maintenant S_1 par C_1 on trouve l'unificateur $(x/c, y/c, z/c)$ et la résolvante $\{R(c, f(c))\}$.

Remarques

1) Il est immédiat que si C est résolvante de C_1 et C_2, toute variante C' de C l'est également.
2) Le recours aux variantes est indispensable si l'on veut espérer un résultat de complétude. Sans changement de variables, il est impossible à partir de $\{P(x)\}$ et $\{\neg P(f(x))\}$, d'obtenir la clause vide.
3) Ayant toujours en vue la complétude, on constatera que l'on ne peut se restreindre au cas particulier où S_1 et S_2 ont un seul littéral, auquel on donnera le nom de *résolution simple*. C'est ainsi que l'on ne peut obtenir la clause vide à partir des clauses $\{P(x), P(y)\}$ et $\{\neg P(x), \neg P(y)\}$ par applications successives de la résolution simple (la vérifier à titre d'exercice !).

3.2. Validité de la résolution

Définition. Soit Σ un ensemble de clauses. On appelle *arbre de résolution* à partir de Σ, un arbre R ayant les propriétés suivantes :

i) les feuilles de R sont étiquetées par des éléments de Σ ;
ii) tout nœud interne a exactement deux successeurs et son étiquette est une résolvante des étiquettes de ses deux fils.

L'étiquette de la racine est appelée *but*. Si le but est la clause vide $\square$, on dit que l'arbre *réfute* Σ.

Exemple. La figure 3 représente un arbre de résolution qui réfute l'ensemble des trois clauses :

$$C_1 = \{\neg R(y,c),\ \neg R(y,x),\ \neg R(x,y)\}$$
$$C_2 = \{R(y,f(y)), R(y,c)\}$$
$$C_3 = \{R(f(x),x), R(x,c)\}$$

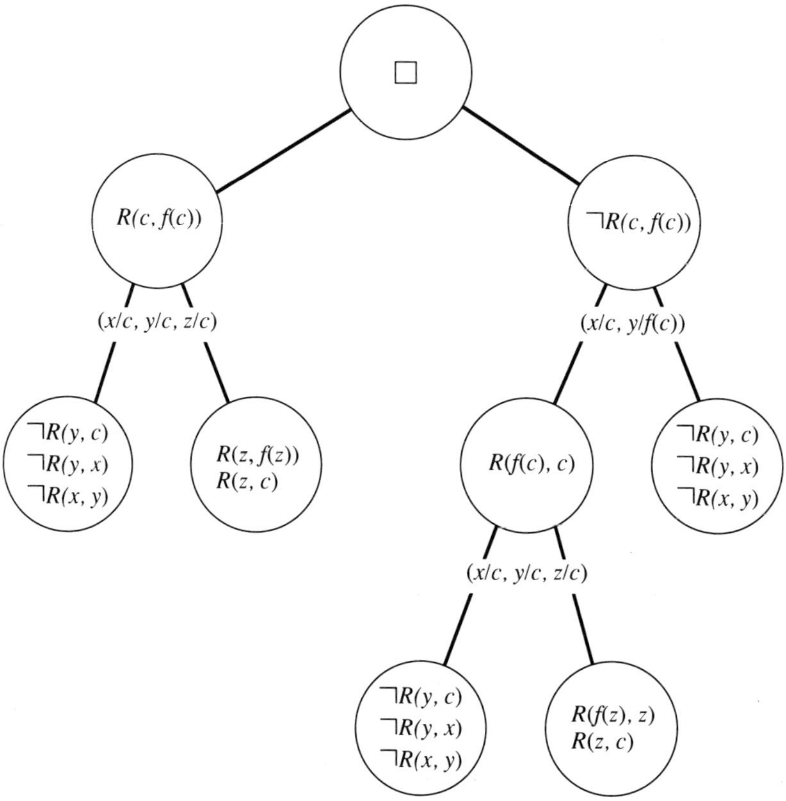

Fig. 3. Arbre de résolution

Afin de simplifier la lecture, on a fait figurer comme étiquettes les variantes convenables de C_1, C_2 ou C_3, et on a mentionné les unificateurs utilisés.

Proposition. *Tout arbre de résolution à partir de Σ a pour but une conséquence de Σ.*

Preuve. Il suffit de vérifier que la résolvante C de deux clauses C_1 et C_2 est conséquence de l'ensemble de ces deux clauses (en ayant présent à l'esprit le fait qu'une clause C est représentée sous forme ensembliste mais qu'elle dénote, en fait, la clôture universelle de la disjonction des littéraux de C). On reprend très exactement les notations de la définition de la section 3.1 et l'on se donne un modèle $\mathfrak{A}$ des clauses C_1 et C_2, qui est donc aussi un modèle des variantes C'_1 et C'_2. On note Φ_1 la formule :

$$\bigvee_{L \in C'_1} L\sigma$$

et l'on définit Φ_2 de la même façon à partir de C'_2. Soient $x_1, \ldots, x_k$ les variables qui apparaissent dans l'une ou l'autre de ces deux formules ; on a, pour toutes les assignations δ possibles :

$$\mathrm{Val}(\Phi_1, \mathfrak{A}, \delta) = 1$$
$$\mathrm{Val}(\Phi_2, \mathfrak{A}, \delta) = 1$$

Soit L_0 le facteur obtenu par unification de S_1 et $\neg S_2$. Si $\mathrm{Val}(L_0, \mathfrak{A}, \delta)$ vaut 0, alors la disjonction :

$$\bigvee_{L \in C'_1 - S_1} L\sigma$$

est vraie dans $\mathfrak{A}$ pour l'assignation δ, sinon c'est la disjonction :

$$\bigvee_{L \in C'_2 - S_2} L\sigma$$

qui est vraie. Dans les deux cas, la formule :

$$\forall x_1 \ \ldots \ \forall x_k \bigvee_{L \in (C'_1 - S_1) \cup (C'_2 - S_2)} L\sigma$$

est satisfaite dans $\mathfrak{A}$, mais c'est la formule qui correspond à la résolvante C. La preuve de la proposition est ainsi achevée. On notera que, dans le cas où C est la clause vide, la démonstration ci-dessus reste correcte et exprime simplement qu'il n'y a pas de modèle de C_1 et C_2.

Compte tenu de la proposition ci-dessus, on observe que l'existence d'un arbre de résolution qui réfute Σ établit la contradiction de Σ. Reste à voir l'implication inverse qui constitue un nouveau résultat de complétude.

3.3. Complétude de la résolution

Partons d'un ensemble Σ de clauses et formons l'ensemble Σ_H de leurs particularisations. D'après le théorème de Herbrand, Σ est contradictoire si et seulement si Σ_H l'est. Remplaçons maintenant chaque formule atomique close $R(t_1, \ldots, t_n)$ par une variable propositionnelle $p[R(t_1, \ldots, t_n)]$. On obtient un ensemble de clauses propositionnelles dont on continuera à dire, par abus de langage, qu'il est formé de particularisations de clauses de Σ. De plus, ainsi qu'on l'a déjà vu dans la section 4.1 du chapitre 6, cet ensemble est contradictoire si et seulement si l'ensemble Σ l'est.

Théorème. *Si un ensemble de clauses Σ du calcul des prédicats est contradictoire, il existe un arbre de résolution qui réfute Σ.*

Preuve. Par hypothèse il existe un arbre de résolution au sens du calcul propositionnel qui réfute l'ensemble des particularisations de Σ. La stratégie de la preuve consiste à remplacer chaque étiquette c d'un tel arbre par une clause C dont elle est une particularisation, de façon à obtenir un arbre de résolution au sens du calcul de prédicats. Dans le cas des feuilles, la construction est immédiate. Le lemme suivant permet de traiter le cas des nœuds internes.

Lemme de relèvement. *Soient C_1 et C_2 des clauses au sens du calcul des prédicats et soient c_1 et c_2 des clauses propositionnelles qui en sont respectivement des particularisations. Pour toute résolvante c de c_1 et c_2, il existe une résolvante C de C_1 et C_2 dont c est une particularisation.*

Preuve du lemme. Quitte à remplacer C_1 et C_2 par des variantes respectives C_1' et C_2', on peut supposer que les variables $x_1, \ldots, x_n$ de C_1 et celles $y_1, \ldots, y_p$ de C_2 sont distinctes. Il existe alors des termes $t_1, \ldots, t_n$, $t_1', \ldots, t_p'$ tels que c_1 et c_2 proviennent de C_1 et C_2 par la substitution commune :

$$\tau = (x_1/t_1, \ldots, x_n/t_n, y_1/t_1', \ldots, y_p/t_p')$$

Soit u le littéral qui permet la résolution de c_1 et c_2. On définit S_1 comme l'ensemble de littéraux L de C_1' tels que $L\tau$ conduise à u. De même S_2 est-il l'ensemble des littéraux L de C_2' tels que $L\tau$ conduise à $\overline{u}$. On constate que $S_1 \cup \neg S_2$ est unifiable par τ. En choisissant un unificateur principal σ, on peut écrire τ sous la forme $\sigma\theta$ pour une substitution convenable θ. La résolvante c est obtenue par l'action de τ sur l'ensemble de littéraux :

$$(C_1' - S_1) \cup (C_2' - S_2)$$

c'est-à-dire, compte tenu de ce qui précède, par l'action de θ sur la résolvante :

$$C = ((C'_1 - S_1) \cup (C'_2 - S_2))\sigma$$

de C_1 et C_2. Comme θ élimine toutes les variables de C, c est précisément la particularisation de C obtenue en remplaçant chaque variable x par le terme clos $\theta(x)$. La preuve du lemme est ainsi achevée.

4. LES FONDEMENTS LOGIQUES DU LANGAGE PROLOG

Comme on l'a déjà fait dans le cas du calcul propositionnel (section 4.7 du chapitre 4), on va examiner les simplifications qui apparaissent dans la structure des arbres de résolution, quand on se restreint à des formules d'un type particulier. Ceci nous conduit à présenter les éléments d'une théorie qui sous-tend l'architecture du langage de programmation PROLOG.

4.1. Clauses de Horn

Convenons de dire qu'un littéral est *négatif*, si c'est la négation d'une formule atomique, et qu'il est *positif* dans le cas contraire. Une *clause de Horn* est une clause dont au plus un littéral est positif. Dans le cas où exactement un littéral est positif on parle de *clause définie*; si aucun littéral n'est positif on parle de *clause négative* ou *but*. Bien entendu, ces définitions sont en complète analogie avec celles du calcul propositionnel (section 4.7 du chapitre 4). Poursuivant l'analogie, on peut énoncer la proposition suivante.

Proposition. *Soit Σ un ensemble de clauses de Horn du calcul des prédicats et soit Σ_0 le sous-ensemble formé des clauses définie, alors :*

i) *Σ_0 est non contradictoire;*

ii) *si Σ est contradictoire, il existe une clause négative de G de Σ telle que $\Sigma_0 \cup \{G\}$ soit contradictoire.*

La preuve est analogue à celle de la proposition de la section 4.7 du chapitre 4, à condition de substituer la règle de résolution du calcul des prédicats à celle du calcul propositionnel.

On dit qu'un arbre de résolution est de type LD (L pour linéaire, D pour défini) s'il se compose d'une branche étiquetée par des clauses négatives

$G_0, \ldots, G_m$ (énumérées de la feuille vers la racine) et de nœuds terminaux qui sont fils d'éléments de cette branche et étiquetés par des clauses définies. La figure 4 représente un tel arbre. On note $(C_0, \ldots, C_{m-1})$ la suite des entrées définies de cet arbre (de bas en haut).

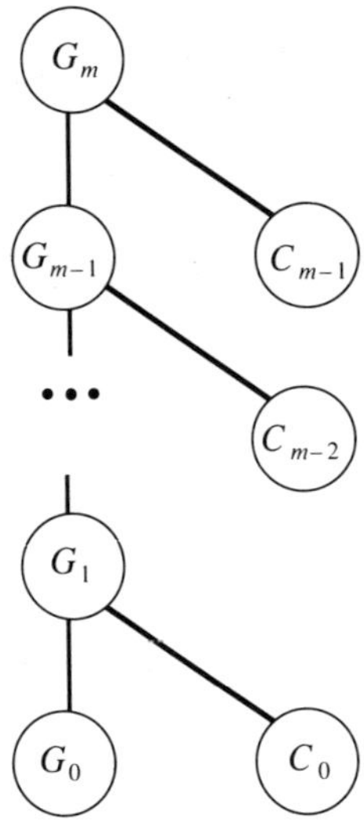

Fig. 4. Arbre de résolution de type LD

Dans le cas où G_m est la clause vide et où les clauses définies $C_0, \ldots, C_{m-1}$ sont prises dans un ensemble Σ fixe, ont dit que l'arbre *réfute* G_0 à partir de Σ. Cette définition étant posée, on peut énoncer le théorème suivant.

Théorème. *Soit Σ un ensemble de clauses de Horn définies, G une clause de Horn négative. Si $\Sigma \cup \{G\}$ est contradictoire, il existe un arbre de résolution de type* LD *qui réfute G à partir de Σ.*

Preuve. La preuve est la même que celle du théorème de la section 3.3. On part d'une réfutation par LD-résolution de l'ensemble des particularisations de $\Sigma \cup \{G\}$, dont l'existence est assurée par les résultats de la section 4.7 du chapitre 4 et l'on utilise le lemme de relèvement pour la transformer en un arbre de résolution de type LD. Les détails sont laissés au lecteur.

De fait, la structure extrêmement simple des arbres de type LD va nous autoriser à apporter certaines simplications à la méthode de résolution. Rappelons que la formation d'une résolvante de deux clauses C_1 et C_2 nécessite impérativement le recours à des variantes C_1' et C_2' respectivement.

Dans le lemme de relèvement, le rôle de ces variantes est d'assurer la séparation des variables, si bien que l'on peut parfaitement n'utiliser de variante que pour une seule des deux clauses. Dans le cas des arbres de type LD, cela conduit à choisir des entrées $C_0, \ldots, C_{m-1}$ qui sont des variantes d'éléments de Σ puis à procéder à des résolutions *directes* c'est-à-dire des résolutions où la résolvante est formée sans passage par des variantes.

La seconde remarque est que l'on ne peut unifier une partie S d'une clause G_i qu'avec le seul littéral positif de C_i. Dans le cas où S a lui aussi un seul littéral, on a une résolution *simple*. En fait, on peut se restreindre à n'utiliser que de telles résolutions, à cause de la version suivante du lemme de relèvement, dont nous omettons la preuve, simple mais technique.

Lemme. *Soit C et C_1 des clauses au sens du calcul des prédicats et soient c et c_1 des clauses propositionnelles qui en sont respectivement des particularisations. On suppose que C est une clause de Horn définie. Alors, pour toute résolvante d de c et c_1, il existe une suite $C_2, \ldots, C_k$ telle que :*

i) *C_{i+1} est obtenue à partir de C_i et d'une variante de C par résolution simple ;*

ii) *C_k admet la clause d pour particularisation.*

4.2. Substitution réponse

Soit Σ un ensemble de clauses de Horn définies. On va voir qu'un arbre de réfutation de type LD apporte plus d'information que la simple contradiction de $\Sigma \cup \{G_0\}$. On considère un tel arbre et on conserve les notations de la section précédente : $(G_0, \ldots, G_m)$ désigne la suite des clauses négatives et $(C_0, \ldots, C_{m-1})$ la suite des entrées définies. On peut, comme on l'a déjà vu précédemment, supposer que les C_i sont des variantes d'éléments de Σ mais que les résolvantes sont formées de façon directe ; on note σ_i la substitution utilisée pour appliquer la résolution à G_{i-1} et C_{i-1} $(1 \leqslant i \leqslant m)$. La substitution $\sigma_1 \sigma_2 \ldots \sigma_m$ est appelée *substitution réponse.*

Etant donné une clause négative G, $G = \{\neg L_1, \ldots, \neg L_k\}$, on note $\overline{G}$ la formule :

$$\bigwedge_{i=1}^{k} L_i$$

On a alors le théorème suivant.

Théorème. *Etant donné un arbre de résolution de type LD qui réfute une clause négative G à partir de Σ, la substitution réponse σ est telle que la clôture universelle de $\overline{G}\sigma$ est conséquence de Σ.*

Autrement dit, toute particularisation de G_σ contredit l'ensemble de clauses Σ. C'est, dans un cas particulier, une version très forte du théorème de Herbrand. Mais ce résultat est surtout important par son aspect algorithmique : la recherche d'un arbre de réfutation de type LD conduit au calcul effectif d'un contre-exemple et ouvre ainsi la voie à une programmation déclarative fondée sur la logique.

Preuve du théorème. On conserve les notations ci-dessus et l'on établit le résultat par récurrence sur m. Si $m = 1$, alors $\neg G$ s'unifie par σ avec une clause de Σ réduite à un littéral positif L; la clôture universelle de $\overline{G}\sigma$ équivaut à celle de $L\sigma$, qui est bien conséquence de Σ.

On passe ensuite au cas $m > 1$; on écrit C_0 sous la forme $\{L, \neg P_1, \ldots, \neg P_k\}$ où L est l'unique littéral positif; on note que les clauses :

$$\begin{aligned} & G_0\sigma_1 \cup \{\neg P_1, \ldots, \neg P_k\}\sigma_1 \\ \text{et} \quad & G_1 \cup \{\neg L\sigma_1\} \end{aligned}$$

sont identiques. On en déduit la validité des implications :

$$\begin{aligned} & \overline{G}_1 \wedge L\sigma_1 \to \overline{G}_0\sigma_1 \\ & \overline{G}_1 \to P_1\sigma_1 \wedge \ldots \wedge P_k\sigma_1 \end{aligned}$$

Compte tenu de ce que la clôture universelle de :

$$P_1\sigma_1 \wedge \ldots \wedge P_k\sigma_1 \to L\sigma_1$$

est conséquence de Σ, on en déduit qu'il en va de même pour :

$$\overline{G}_1 \to \overline{G}_0\sigma_1$$

et aussi pour :

$$\overline{G}_1\sigma_2 \ldots \sigma_m \to \overline{G}_0\sigma_1 \ldots \sigma_m$$

(le lecteur inquiet pourra faire un raisonnement sémantique détaillé en s'aidant d'un modèle $\mathfrak{A}$ et d'une assignation δ). Il ne reste plus qu'à invoquer l'hypothèse de récurrence pour conclure que la clôture universelle de $\overline{G}_1\sigma_2 \ldots \sigma_m$ est conséquence de Σ et donc aussi celle de $\overline{G}_0\sigma_1 \ldots \sigma_m$. La preuve du théorème est ainsi achevée.

Exemple. On considère l'ensemble formé des clauses définies C_1 et C_2 :

$$\begin{aligned} C_1 &= \{R(z, c), \neg R(z, f(z))\} \\ C_2 &= \{R(c, f(c))\} \end{aligned}$$

La clause négative :

$$\{\neg R(y,c),\ \neg R(y,x),\ \neg R(x,y)\}$$

contredit l'ensemble considéré ainsi que le montre l'arbre de résolution de type LD de la figure 5. De plus cet arbre calcule la substitution réponse $(x/c, y/c, z/c)$.

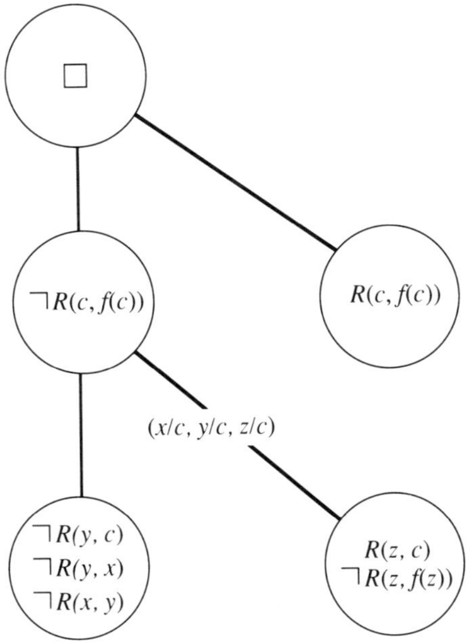

Fig. 5. Exemple d'arbre de résolution de type LD

4.3. Le langage PROLOG

Il n'est pas question dans le cadre de cet ouvrage de présenter de façon précise le langage PROLOG. Disons simplement qu'un programme PROLOG est analogue à un ensemble de clauses de Horn définies. Une clause contenant un littéral positif L et des littéraux négatifs $\neg P_1, \ldots, \neg P_k$ s'écrit :

$$L \text{ --> } P_1 \ldots P_k;$$

et est appelée *règle.* L est la *tête* de la règle et $P_1 \ldots P_k$ la *queue* de la règle.

Dans le cas particulier où k est nul, on écrit :

L —>;

et la règle prend aussi le nom de *fait.* On prendra garde de ne pas attribuer au symbole —> le sens d'une implication.

Sans entrer dans le détail de la syntaxe de PROLOG, mentionnons que des lettres telles que $x, y, z, \ldots$ représentent des identificateurs de variables licites, que des mots tels que jacques, julien, ... représentent des identificateurs de constantes acceptables et que parent, homme, femme, ... peuvent parfaitement symboliser des prédicats. Ceci nous permet d'écrire le programme exemple qui suit et qui figure – sous une forme ou une autre – dans tous les ouvrages d'introduction à PROLOG.

Exemple

```
homme(jacques) —>;
homme(julien) —>;
homme(aymeric) —>;
homme(françois) —>;
homme(didier) —>;
femme(brigitte) —>;
femme(martine) —>;
femme(vanessa) —>;
parent(jacques, julien) —>;
parent(jacques, aymeric) —>;
parent(brigitte, julien) —>;
parent(brigitte, aymeric) —>;
parent(martine, françois) —>;
parent(didier, vanessa) —>;
sœur(martine, brigitte) —>;
sœur(brigitte, martine) —>;
sœur(martine, didier) —>;
sœur(brigitte, didier) —>;
```

fils(x, y) —> parent(y, x) homme(x);
fille(x, y) —> parent(y, x) femme(x);
frère(x, y) —> sœur(y, x) homme(x);
cousin(x, y) —> fils(x, t) sœur(t, z) parent(z, y);
cousin(x, y) —> fils(x, t) frère(t, z) parent(z, y);
cousine(x, y) —> fille(x, t) frère(t, z) parent(z, y);
cousine(x, y) —> fille(x, t) sœur(t, z) parent(z, y); ;

La fin du programme est marquée par un double « ; » et les faits et règles représentent – d'une certaine façon – la connaissance du programmeur. Ce dernier peut ensuite poser des questions correspondant à une clause négative $\{\neg Q_1, \ldots, \neg Q_r\}$. Ces questions sont appelés *buts* et posées sous la forme :

$$> Q_1 \ldots Q_r;$$

PROLOG recherche alors toutes les réfutations de la clause $\{\neg Q_1, \ldots, \neg Q_r\}$ par résolution de type LD. S'il y parvient, il affiche la liste des substitutions réponses obtenues. C'est ainsi qu'à la question :

> cousin(françois, x);

PROLOG répond :

$\{x = \text{julien}\}\{x = \text{aymeric}\}\{x = \text{vanessa}\}$

tandis qu'à la question :

> fils(julien, jacques);

Il répond simplement :

{ }

ce qui indique que la réfutation a été réalisé avec la substitution identité, le but proposé étant clos. Enfin, si la réfutation est impossible, comme pour la question

> cousine(x, vanessa);

le symbole > s'affiche seul.

4.4. L'effacement des buts

L'implémentation de PROLOG conduit à la recherche d'une réfutation par résolution de type LD, d'une forme particulière. On opère sur des suites de littéraux positifs :

$$Q_1 \ldots Q_n$$

appelées quelquefois *clauses ordonnées* et ayant, du point de vue sémantique, le même sens que la clause associé $\{\neg Q_1, \ldots, \neg Q_n\}$. S'il existe une variante d'une règle qui s'écrit :

$$L \text{—>} P_1 \ldots P_k;$$

et dont la tête s'unifie au premier littéral Q_1 de la suite, par l'intermédiaire d'un unificateur principal σ, on dit que la suite :

$$P_1\sigma \ldots P_k\sigma Q_2\sigma \ldots Q_n\sigma$$

est obtenue par *effacement* à partir de la suite donnée. On notera le cas particulier d'un fait ($k = 0$) où l'on obtient :

$$Q_2\sigma \ldots Q_n\sigma$$

On a, en somme, «effacé» Q_1.
Etant donné un but :

$$> Q_1 \ldots Q_n;$$

PROLOG cherche par effacements successifs à aboutir à la suite vide. Bien entendu, on pourrait imaginer d'autres versions de PROLOG où le choix du littéral à effacer correspondrait à d'autres critère de sélection que celui d'être le premier de la liste.

Si PROLOG achève l'effacement des buts, on peut noter $(G_0, \ldots, G_m)$ la suite des clauses négatives associées aux clauses ordonnées ainsi produites, $(C_0, \ldots, C_{m-1})$ les variantes des clauses du programme utilisées et $(\sigma_1, \ldots, \sigma_m)$ la suite des unificateurs. On constate alors, en se reportant aux définitions et notations de la section 4.1, que l'on définit, avec ces données, un arbre de résolution de type LD qui réfute G_0 à partir des clauses du programme. Reprenant la terminologie de la section 4.1, on note que les résolutions sont directes et simples. On note également que la méthode construit une substitution réponse $\sigma_1 \ldots \sigma_m$, au sens de la section précédente.

Il resterait à montrer la complétude de la méthode; il n'est pas clair en effet que tout but :

$$> Q_1 \dots Q_n;$$

dont la clause associée contredit un programme PROLOG, puisse être rendu vide par effacements successifs. Le résultat est vrai, nous l'admettons; la principale difficulté de la preuve consiste à respecter le critère de sélection du littéral de G_i qui autorise la résolution. La méthode d'effacement des buts reçoit d'ailleurs aussi le nom de résolution SLD (S à cause de sélection).

4.5. L'arbre d'effacement

La méthode d'effacement des buts est essentiellement un processus non déterministe, puisque à chaque pas, on doit choisir une règle du programme dont la tête s'unifie au premier but à effacer. L'implémentation de ce processus, dans un contexte évidemment déterministe, se fait suivant une technique que nous avons déjà eu l'occasion de présenter au chapitre 5 et qui consiste en l'exploration d'un arbre par la méthode de *retour en arrière* (en anglais «backtracking»). Les clauses ordonnées C, qui s'obtiennent à partir d'un but :

$$> Q_1 \ \dots \ Q_n;$$

par effacements successifs, forment en effet un arbre pour la relation d'ordre définie sur un couple (C, C') par «C' se déduit de C par effacements». En convenant d'identifier des clauses qui sont des variantes l'une de l'autre, on obtient un arbre appelé *arbre d'effacement.*

Pour être un peu plus précis, donnons-nous une énumération des règles d'un programme PROLOG dans l'ordre où elles sont écrites, soit :

$$R_1, \dots, R_l$$

Chaque nœud correspond à une clause ordonnée :

$$Q_1 \ \dots \ Q_m$$

et a autant de fils que de règles du programme qui admettent une variante dont la tête s'unifie à Q_1. Ces fils sont ordonnés par ordre croissant, suivant l'indice de la règle utilisée. Il est d'usage d'ajouter aux nœuds correspondant à la clause vide un fils étiqueté par le mot «succès» et d'ajouter aux clauses $Q_1 \ \dots \ Q_m$, pour lesquelles tout effacement de Q_1 est impossible, un fils étiqueté par le mot «échec». La figure 6 représente l'arbre d'effacement que le programme proposé à la section précédente construit sur le but :

$$> \text{cousin(françois, } x);$$

Il y a trois branches conduisant à un succès, correspondant aux trois réponses $x =$ julien, $x =$ aymeric, $x =$ vanessa, et une branche conduisant à un échec.

4.6. Contrôle de l'effacement

Comme on l'a dit, le parcours de l'arbre d'effacement se fait par une méthode de retour en arrière. Outre la liste $Q_1 \dots Q_m$ des buts à effacer, correspondant au nœud courant de l'arbre, et la règle R que l'on se propose d'utiliser, on maintient en permanence des *piles* destinées à gérer les choix que l'on peut réviser. Rappelons qu'une pile est une structure de données destinée à stocker une suite d'informations et qui n'autorise que l'accès au dernier élément stocké. L'une des piles :

$$(M_1, \dots, M_r)$$

conserve la suite des buts effacés dans la branche qui conduit au nœud courant et la suite :

$$S_1, \dots, S_r$$

des règles ayant permis l'effacement. Que le lecteur ne prenne d'ailleurs pas cette description au pied de la lettre : ainsi a-t-on omis de préciser la gestion des substitutions de variables ou de mentionner l'utilisation de pointeurs pour éviter la copie physique des règles.

Dans une situation donnée, PROLOG choisit la première règle qui admet une variante dont la tête s'unifie à Q_1. On observera donc que l'ordre des déclarations d'un programme PROLOG influe sur son exécution; on y reviendra. Le cas où aucune règle n'est trouvée provoque le retour en arrière : le dernier but effacé P_r est dépilé et remplace, en tête de la liste des buts, la queue de la règle S_r. On cherche à l'effacer à l'aide d'une règle d'indice plus grand que celui de S_r. Si l'on n'y parvient pas, le retour en arrière se poursuit. Comme on le voit, l'implémentation ainsi esquissée est simple et efficace; l'inconvénient de cette recherche dite «en profondeur» est que l'on parcourt, nécessairement en premier lieu, toute la branche la plus à gauche de l'arbre d'effacement. Or, cette branche peut parfaitement être infinie.

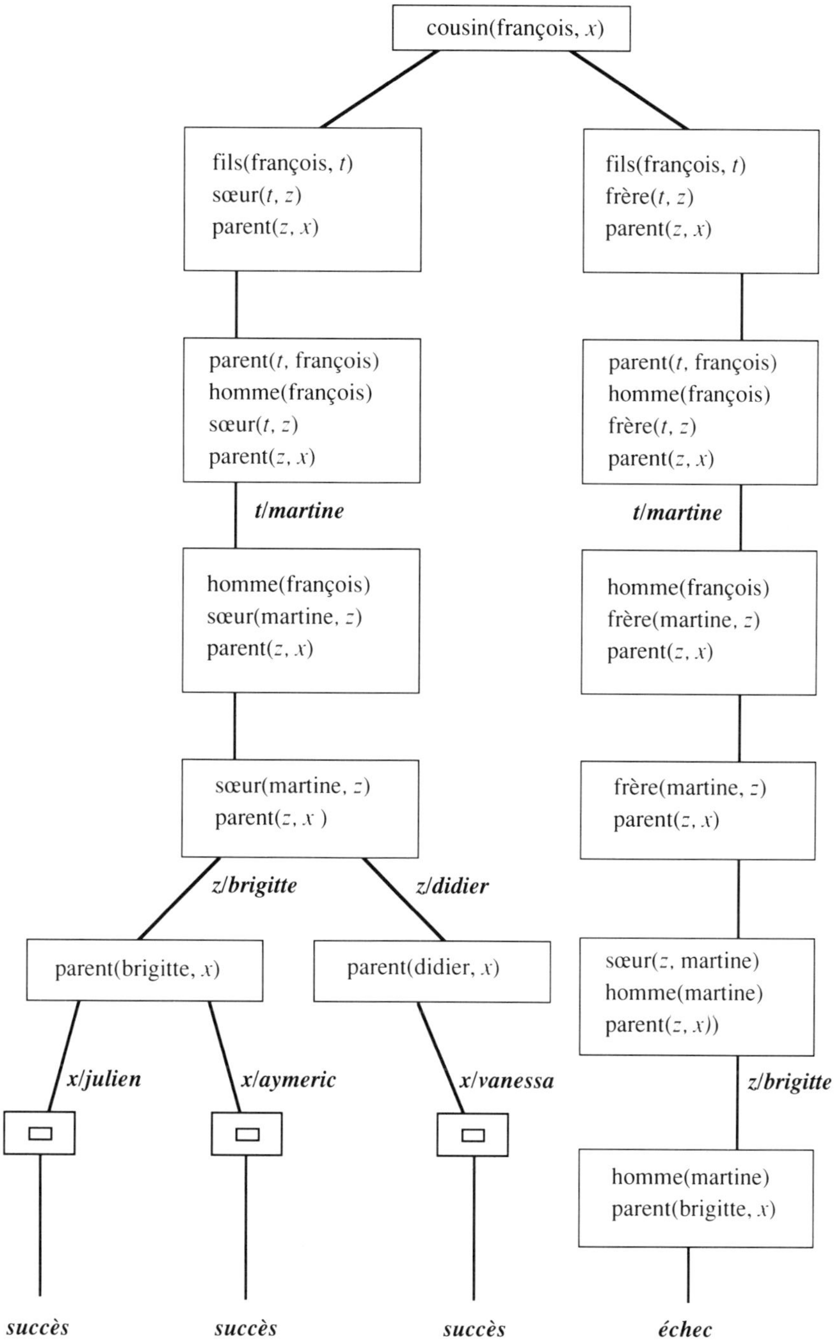

Fig. 6. Arbre d'effacement

Exemple. Ajoutons au début du programme de la section 4.3 la règle :

$$\text{sœur}(x, y) \text{ —> } \text{sœur}(y, x)\ \text{femme}(x);$$

dont la validité dans la situation considérée n'est pas douteuse. En se reportant à la figure 6, on constate qu'une branche infinie s'ajoute à la gauche de l'arbre d'effacement au niveau du nœud :

$$\text{sœur(martine, } z)\ \text{parent}(z, x)$$

ses premiers nœuds étant :

sœur(z, martine) femme(martine) parent(z, x)
sœur(martine, z) femme(z) femme(martine) parent(z, x)
etc.

Aucune des trois solutions au problème posé ne peut alors être trouvée par PROLOG.

4.7. Le cut

Il existe, dans le langage PROLOG, diverses primitives qui permettent au programmeur d'agir sur l'exécution de l'algorithme d'effacement. Ces primitives n'ont pas d'interprétation en calcul des prédicats mais, en augmentant l'efficacité, elles font de PROLOG un véritable langage de programmation et non un simple mécanisme de démonstration automatique. Nous ne discuterons que la principale de ces primitives notée « / » et appelée – faute d'une meilleure terminologie – *cut* ou *slash.* L'apparition d'un cut dans le second membre d'une règle :

$$L \text{ —> } P_1 \ldots P_i / P_{i+1} \ldots P_k;$$

conduit à omettre l'exploration de toute partie de l'ordre d'effacement. Supposons qu'une règle avec cut soit utilisée dans une situation correspondant à la suite de buts :

$$Q_1 \ldots Q_m$$

et à la pile des choix :

$$(M_1, \ldots, M_r)$$

On procède alors à l'effacement, ce qui donne la suite des buts :

$$(P_1 \dots P_i / P_{i+1} \dots P_k Q_2 \dots Q_m)\sigma$$

et une pile :

$$(M_1, \dots, M_r, /, M_{r+1})$$

dans laquelle on marqué une séparation. Si, poursuivant l'algorithme, on atteint le cut avec les données :

$$(/P_{i+1} \dots P_k Q_2 \dots Q_m)\sigma'$$
$$(M_1, \dots, M_r, /, M_{r+1}, \dots, M_{r+k})$$

on procède à l'effacement du cut accompagné de la suppression de toute la partie de la pile des choix construite depuis l'introduction du cut, ce qui donne :

$$(M_1, \dots, M_r)$$

Le choix des règles qui ont permis d'effacer $P_1, \dots, P_i$ n'est donc pas révisable et tout retour en arrière en deçà de P_{i+1} ramène à la suite de buts immédiatement antérieure à $Q_1, \dots, Q_m$. La figure 7 représente par des hachures la partie de l'arbre d'effacement dont l'exploration est omise. On a numéroté 1 le nœud à partir duquel le cut s'est introduit, 0 son prédécesseur et 2 le nœud où il est effacé.

La présence d'un cut dans une question provoque les mêmes modifications du mécanisme de retour en arrière.

Exemple 1. Reprenons le programme de la section 4.3 et ajoutons un « / » à la fin des deux règles dont la tête est cousin(x, y). L'arbre d'effacement de la figure 6, qui correspond à la question :

$$> \text{cousin(françois, } x\text{);}$$

est alors réduit à sa branche la plus à gauche, ce qui conduit à la réponse :

$$\{x = \text{julien}\}$$

On obtient exactement le même résultat en posant au programme initial la question :

$$> \text{cousin(françois, } x\text{)/;}$$

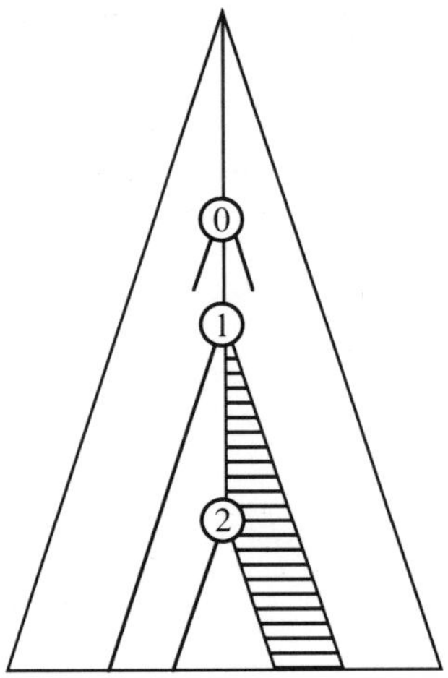

Fig. 7. Effet d'un cut sur l'arbre d'effacement

Exemple 2. L'utilisation du cut permet aussi de créer des structures de contrôle du type SI ALORS SINON. Ajoutons, par exemple, à notre programme les règles :

cousin-de-sexe-opposé(x, y) —> homme(y)/cousine(x, y);
cousin-de-sexe-opposé(x, y) —> cousin(x, y);

prises (impérativement) dans cet ordre. Aux questions :

> cousin-de-sexe-opposé(x, julien);
> cousin-de-sexe-opposé(x, vanessa);

le programme répond respectivement :

$\{x = \text{vanessa}\}$ et
$\{x = \text{julien}\}\{x = \text{aymeric}\}\{x = \text{françois}\}$

4.8. Conséquences logiques de l'implémentation

Terminons cette très brève présentation de PROLOG par quelques remarques. Ainsi qu'on l'a vu, le langage est fondé sur une méthode de résolution qui permet de réfuter n'importe quelle clause négative à partir d'un ensemble de clauses définies. Cela dit, le langage réel perd les caractéristiques de validité et de complétude que lui assigne la théorie, ceci pour plusieurs raisons.

La première est liée à l'implémentation de l'algorithme de résolution. Comme on en a déjà fait la remarque au paragraphe 2, PROLOG déclare unifiable des littéraux qui ne le sont pas, ce qui est une source de difficultés pour le programmeur. C'est ainsi que le programme :

$$\text{test} \longrightarrow \text{lie}(x, x);$$
$$\text{lie}(x, gg(x)) \longrightarrow;\,;$$

produit une réponse positive à la question > test ;

Cette réponse est incorrecte du point de vue de la déduction logique. Comme on l'a déjà dit, elle s'interprète si l'on accepte de considérer des arbres infinis.

Indépendamment de l'algorithme de résolution, la méthode adoptée pour explorer l'arbre d'effacement en profondeur détruit la complétude de PROLOG. Il serait certes possible d'appliquer d'autres algorithmes de recherche (en «largeur»), mais le coût élevé de leur implémentation fait qu'ils ne sont pas retenus dans les versions existantes de PROLOG.

Enfin le contrôle de l'effacement des buts par l'intermédiaire du cut est lui aussi de nature à détruire la complétude de PROLOG.

Un mot pour finir sur le sens des réponses négatives : elles n'ont absolument pas de valeur déductive et indiquent simplement l'incapacité de PROLOG à achever le processus d'effacement, compte tenu des règles admises. Très souvent, la même question reçoit une réponse positive après adjonction de nouvelles règles. On restera donc très prudent dans l'interprétation des négations. D'une façon générale, une maîtrise du langage nécessite, de la part du programmeur, une solide compréhension de ses fondements logiques et de son implémentation.

5. INDICATIONS BIBLIOGRAPHIQUES

La méthode de résolution est due à Robinson [1965]. Elle est exposée dans plusieurs livres en particulier ceux de Chang et Lee [1973], Loveland [1978] ou Robinson [1979].

PROLOG a été initialement développé par Colmerauer et la groupe d'intelligence artificielle de Marseille. On renvoie à l'ouvrage de Giannesini, Kanoui, Pasero et Van Caneghem [1985] ou à celui de Clocksin et Mellish [1981] pour un exposé complet sur le langage. Le lecteur intéressé par les fondements théoriques de la programmation logique pourra se reporter aux livres de Kowalski [1979] ou Lloyd [1984], où il trouvera en particulier une preuve de la complétude de la résolution SLD.

Chapitre 8
Grammaires et analyse syntaxique

Dans les précédents chapitres de l'ouvrage, on a tenté d'approfondir et de relier entre elles diverses notions comme celles de calcul, de programme, de formule ou de preuve. Une telle étude n'est pas dépourvue d'implications pratiques puisqu'elle montre – entre autres choses – comment passer de ce qui est facilement intelligible par un utilisateur, parce que écrit sous forme de formule ou de programme, à ce qui est facilement exécutable par une machine. A la base d'une telle transformation est la reconstitution de la structure complète d'une formule ou d'un programme (sous forme d'arbre) à partir d'une notation qui n'est qu'une suite de symboles. Il se trouve que les grammaires non contextuelles constituent l'outil théorique approprié à la réalisation d'une telle tâche.

1. GRAMMAIRES NON CONTEXTUELLES

1.1. Définitions

Définition 1. Une grammaire *non contextuelle* est la donnée :

i) de deux alphabets disjoints Γ et Σ, le premier appelé alphabet *terminal* et l'autre alphabet *auxiliaire*. Les éléments de Γ sont souvent appelés *terminaux* et ceux de Σ *variables*. On utilise le mot *symbole* pour désigner indifféremment une variable ou un terminal;

ii) d'un ensemble fini de *productions ou règles de réécriture* de la forme :

$$A \to \alpha$$

où A est une variable et α un élément de $(\Gamma \cup \Sigma)^*$;

iii) d'une variable particulière notée S et appelée variable *initiale*.

Conformément à l'usage, ou utilisera (sauf exception) des lettres telles que $a, b, c, \ldots$ pour désigner les terminaux, des lettres telles que $u, v, x, y, \ldots$ pour représenter des mots formés de terminaux uniquement, des majuscules $A, B, U, V, \ldots$ pour dénoter des variables et des lettres grecques minuscules $\alpha, \beta, \gamma, \ldots$ pour les éléments de $(\Gamma \cup \Sigma)^*$, lesquels sont appelés *formes*.

Remarque. Les grammaires non contextuelles prennent parfois le nom de *grammaires algébriques*. On les appelle aussi quelquefois simplement *grammaires*.

Etant donnée une grammaire G, on dit qu'une forme β' s'obtient par *substitution* à partir d'une autre forme β s'il existe une production :

$$A \rightarrow \alpha$$

telle qu'en substituant α à une seule lettre A apparaissant dans β, on obtienne précisément β'. On note dans ce cas :

$$\beta \Rightarrow \beta'$$

On dit que β' s'obtient par *dérivation* à partir de β s'il existe une suite $\beta_0, \ldots, \beta_m$ telle que :

i) $\beta = \beta_0$

ii) $\beta' = \beta_m$

iii) $\beta_i \Rightarrow \beta_{i+1}, \quad i = 0, \ldots, m-1$

On écrit alors $\beta \stackrel{*}{\Longrightarrow} \beta'$; l'entier m est appelé *longueur* de la dérivation. Par extension on convient que $\beta \stackrel{*}{\Longrightarrow} \beta$ par une dérivation de longueur 0.

Le lemme suivant résume quelques propriétés simples de la relation de dérivation.

Lemme. *Soit G une grammaire; $\alpha, \alpha', \beta, \beta', \gamma$ des suites de terminaux et de variables. Si on a :*

$$\alpha \stackrel{*}{\Longrightarrow} \alpha' \qquad \beta \stackrel{*}{\Longrightarrow} \beta'$$

alors, on peut en déduire :

i) $\alpha\beta \stackrel{*}{\Longrightarrow} \alpha'\beta$

ii) $\alpha\beta \stackrel{*}{\Longrightarrow} \alpha\beta'$

iii) $\alpha\beta \stackrel{*}{\Longrightarrow} \alpha'\beta'$

Inversement, si :

$$\alpha\beta \overset{*}{\Longrightarrow} \gamma$$

alors γ s'écrit $\alpha'\beta'$ avec :

$$\alpha \overset{*}{\Longrightarrow} \alpha' \quad \text{et} \quad \beta \overset{*}{\Longrightarrow} \beta'$$

De plus, la dérivation de α' (resp. β') à partir de α (resp. β) peut être choisie de longueur au plus égale à celle de γ à partir de $\alpha\beta$.

Preuve. La première partie du lemme est facile et laissée au lecteur. La seconde est établie par récurrence comme suit : on se donne une dérivation de longueur $\geqslant 1$, soit :

$$\alpha\beta \Rightarrow \gamma_1 \Rightarrow \ldots \Rightarrow \gamma_m = \gamma$$

Si $m = 1$, on examine si l'unique substitution qui produit γ à partir de $\alpha\beta$ s'applique à une lettre de α ou à une lettre de β, ce qui fournit la décomposition cherchée de γ. Si m est > 1, on applique l'hypothèse de récurrence à la dérivation :

$$\alpha\beta \Rightarrow \gamma_{m-1}$$

puis dans le cas des substitutions pour passer de γ_{m-1} à γ_m.

Définition 2. On appelle langage *engendré* par une grammaire G, l'ensemble des mots w de Γ^* (c'est-à-dire formés uniquement de terminaux) tels que :

$$S \overset{*}{\Longrightarrow} w$$

On parle aussi de langage *reconnu* ou *accepté* par G. On appelle langage *algébrique* (ou langage *non contextuel*) tout langage engendré par une grammaire.

1.2. Exemples

Exemple 1. On considère la grammaire dont l'alphabet terminal est formé des symboles :

$$+ \quad * \quad a \quad b \quad c$$

dont l'alphabet auxiliaire est réduit à la variable initiale S et dont les productions s'écrivent :

$$S \to +SS$$
$$S \to *SS$$
$$S \to a$$
$$S \to b$$
$$S \to c$$

Il est fréquent de résumer les trois dernières production par la notation :

$$S \to a \mid b \mid c$$

Tous les mots γ tels que $S \overset{*}{\Longrightarrow} \gamma$ correspondent à un arbre arithmétique construit sur les variables a, b, c, S et représenté en notation polonaise (cf. les sections 1.2 et 2.2 du chapitre 4). Pour le vérifier, on procède par récurrence sur la longueur m d'une dérivation. Les cas $m = 0$ et $m = 1$ sont clairs. Si $m > 1$, on note que la première substitution est nécessairement du type :

$$S \Rightarrow +SS$$

ou du type :

$$S \Rightarrow *SS$$

Appliquant le lemme de la section 1.1, on constate que γ s'écrit $+\alpha\beta$ (resp. $*\alpha\beta$) et qu'il existe des dérivations de longueur $\leqslant m - 1$ qui établissent :

$$S \overset{*}{\Longrightarrow} \alpha$$
$$S \overset{*}{\Longrightarrow} \beta$$

Par hypothèse de récurrence, α est la notation polonaise d'un terme arithmétique T et β celle d'un terme arithmétique U. Il suffit d'appliquer l'opérateur $+$ (resp. $*$) à T et U pour conclure.

De ce qui précède, il résulte que le langage engendré par la grammaire considérée est inclus dans l'ensemble des notations polonaises de termes arithmétiques construits sur a, b, c. On laisse au lecteur le soin d'établir que cette inclusion est en fait une égalité.

Exemple 2. L'ensemble des formules du calcul propositionnel écrites en notation classique, tel qu'il est défini au paragraphe 2 du chapitre 4, est engendré par une grammaire G qui admet :

i) comme alphabet terminal les cinq connecteurs $\wedge, \vee, \neg, \rightarrow$ et $\leftrightarrow$, les deux parenthèses (et), les dix chiffres $0, 1, \ldots, 9$ et la lettre p;
ii) comme alphabet auxiliaire la variable initiale S et deux autres variables N et U.

Les productions de G sont données par :

$$\begin{aligned}
&S \rightarrow (\neg\ S)\\
&S \rightarrow (S \wedge S)\\
&S \rightarrow (S \vee S)\\
&S \rightarrow (S \rightarrow S)\\
&S \rightarrow (S \leftrightarrow S)\\
&S \rightarrow p0\\
&S \rightarrow pU\\
&U \rightarrow UN\\
&U \rightarrow 1 \mid 2 \mid \ldots \mid 9\\
&N \rightarrow 0 \mid 1 \mid \ldots \mid 9
\end{aligned}$$

On laisse au lecteur la tâche d'analyser cette gammaire. Il pourra commencer par décrire en détail la dérivation qui engendre la formule prise comme exemple dans la section 2.3 du chapitre 4.

Exemple 3. Soit la grammaire dont les terminaux sont a, b, dont l'unique variable est S et dont les productions s'écrivent :

$$\begin{aligned}
&S \rightarrow aSb\\
&S \rightarrow ab
\end{aligned}$$

Le langage engendré par G est formé des mots de la forme $a^n b^n$ pour $n \geqslant 1$. Pour obtenir également le mot vide ε, il faut ajouter une production, par exemple :

$$S \rightarrow \varepsilon$$

Ultérieurement, on établira que tout langage rationnel est algébrique; l'exemple 3 montre que cette inclusion est stricte puisque le langage qui y est considéré n'est pas rationnel (cf. la section 4.6 du chapitre 1).

1.3. Productions vides

Soit L un langage algébrique engendré par une grammaire G. Pour engendrer le langage $L \cup \{\varepsilon\}$, il suffit d'ajouter la production :

$$S \to \varepsilon$$

Une telle production, dont le second membre est le mot vide, est dite *production vide.*

Proposition. *Soit L un langage algébrique. Le langage $L - \{\varepsilon\}$ est également algébrique et peut être engendré par une grammaire sans aucune production vide.*

Preuve. On part d'une grammaire G qui engendre le langage donné L. Il s'agit d'éliminer les productions vides. Pour cela, on commence par déterminer la liste des variables A *effaçables*, c'est-à-dire telles que :

$$A \stackrel{*}{\Longrightarrow} \varepsilon$$

Cette liste peut être obtenue en partant des productions vides et en utilisant le fait qu'une production :

$$A \to \alpha$$

dont le second membre est formé de variables effaçables, permet d'effacer A. On enrichit ainsi la liste jusqu'à saturation. Une fois obtenue la liste des variables effaçables, on remplace chaque production non vide :

$$A \to \alpha$$

de la grammaire G par les productions de la forme :

$$A \to \widehat{\alpha}$$

où $\widehat{\alpha}$ est un mot non vide obtenu en supprimant de α zéro, une ou plusieurs variables effaçables. Il est clair que ces productions sont telles que l'on a (au sens de la grammaire G) :

$$A \stackrel{*}{\Longrightarrow} \widehat{\alpha}$$

On en déduit facilement que le langage reconnu par la nouvelle grammaire $\widehat{G}$ est inclus dans L. Reste à voir que tout mot w non vide de L appartient au langage engendré par $\widehat{G}$; on prouve pour cela, de façon plus générale, qu'une dérivation de G de la forme :

$$A \Rightarrow \beta_1 \Rightarrow \beta_2 \ldots \Rightarrow \beta_m = \gamma$$

conduit à une forme γ qui est dérivable dans $\widehat{G}$ à partir de la variable A, pour autant qu'elle soit non vide. On procède par récurrence sur m. Le cas $m = 1$ est clair; si m est > 1, on considère les symboles successifs $X_1, \ldots, X_n$ de β_1 ; en appliquant de façon réitérée le lemme de la section 1.1, on peut décomposer γ sous la forme :

$$\gamma = \gamma_1 \cdots \gamma_n$$

de façon que chaque γ_i soit – dans G – dérivable à partir de X_i par une dérivation de longueur $\leqslant m - 1$. Soit I l'ensemble des indices i tels que γ_i soit le mot vide et soit $\widehat{\beta_1}$ le mot obtenu à partir de β_1 en supprimant toutes les variables X_i, $i \in I$.

Par hypothèse de récurrence, la grammaire $\widehat{G}$ permet, pour les indices $i \notin I$, de dériver γ_i à partir de X_i ; en recollant, on obtient une dérivation de γ à partir de $\widehat{\beta_1}$ puis, $A \rightarrow \widehat{\beta_1}$ étant une production de $\widehat{G}$, une dérivation de γ à partir de A, comme annoncé. La preuve de la proposition est ainsi achevée.

1.4. Cas des langages rationnels

Proposition. *Tout langage rationnel est algébrique.*

Preuve. Soit L un langage rationnel d'alphabet Σ. Compte tenu de la section précédente, on peut, sans perte de généralité, supposer que le mot vide n'appartient pas à L. Soit M un automate fini déterministe qui reconnaît L. Reprenant les notations du chapitre 1, paragraphe 2, on définit une grammaire G dont l'alphabet terminal est Σ et dont l'alphabet auxiliaire est identique à l'ensemble Q des états de l'automate M. Les productions de G s'écrivent :

i) $p \rightarrow aq$ où p, q sont des états de M et a une lettre de Σ tels que $\delta(p, a) = q$;

ii) $p \rightarrow a$ où p est un état et a une lettre tels que $\delta(p, a)$ appartienne à l'ensemble des états finaux F de l'automate.

La variable initiale de G est précisément l'état initial p_0 de l'automate. On démontre alors facilement, par récurrence sur la longueur d'une dérivation que les mots α, tels que :

$$p_0 \Rightarrow \alpha$$

sont exactement de la forme wq, où w appartient à Σ^* et q est un état tel que $\overline{\delta}(p_0, w) = q$, ou de la forme w avec $\overline{\delta}(p_0, w) \in F$. Il en résulte bien que L est le langage engendré par G, ce qui achève la démonstration.

Remarque 1. On note que les productions de la grammaire définie dans la preuve ci-dessus sont de l'une ou l'autre des deux formes particulières suivantes :

$$A \to aB$$
$$A \to a$$

où A, B sont des variables et a un terminal. Une telle grammaire est dite *linéaire à droite.*

On démontre que toute grammaire linéaire à droite engendre un langage rationnel (le lecteur est invité à écrire la preuve à titre d'exercice). Les langages rationnels ne contenant pas le mot vide sont également engendrés par des grammaires linéaires à gauche dont les productions sont de la forme :

$$A \to Ba$$
$$A \to a$$

Remarque 2. Dans la preuve de la proposition, on aurait pu remplacer les productions du type :

$$p \to a, \qquad \delta(p, a) \in F$$

par

$$p \to \varepsilon, \qquad p \in F$$

On note qu'on n'aurait pas obtenu, de cette façon, une grammaire linéaire. Il existe d'ailleurs, en général, de multiples grammaires – linéaires ou non – qui engendrent des langages rationnels : c'est ainsi que $0\ 1\{0, 1\}^*$ s'obtient à partir des productions :

$$S \to SS$$
$$S \to 0\ 1$$

1.5. Propriétés de clôture des langages algébriques

La proposition suivante renforce – en un sens – celle de la section précédente.

Proposition

i) *Tout langage fini est algébrique.*

ii) *La classe des langages algébriques est close par réunion, concaténation et opération étoile.*

iii) *Le langage obtenu à partir d'un langage algébrique, en inversant le sens de lecture des mots, est également algébrique.*

Preuve. Le langage vide est engendré par la seule production $S \to S$; les autres langages finis par un système de productions :

$$S \to w_1$$
$$\dots$$
$$S \to w_k$$

où $\{w_1, \dots, w_k\}$ est une énumération des mots du langage.

Pour établir la propriété de clôture par réunion, on part de deux grammaires G_1 et G_2 ayant le même ensemble de terminaux mais des ensembles de variables disjoints. On note S_1, S_2 leurs variables initiales et L_1, L_2 les langages qu'elles engendrent respectivement. Pour engendrer $L_1 \cup L_2$, on forme la grammaire G, dont les productions se composent :

i) des productions de G_1 ;

ii) des productions de G_2 ;

iii) des productions $S \to S_1$ et $S \to S_2$ où S est la variable initiale de la grammaire G, qui s'ajoute aux variables de G_1 et à celles de G_2.

Pour engendrer $L_1 . L_2$, on procède de même en remplaçant simplement les productions iii) par l'unique production :

$$S \to S_1 S_2$$

On génère L_1^* en ajoutant aux productions de L_1 :

$$S \to S S_1$$
$$S \to S_1$$

Enfin, on génère le langage $\widetilde{L_1}$ obtenu en inversant le sens de lecture des mots de L_1 en inversant simplement le sens de lecture des seconds membres de toutes les productions.

1.6. Spécification des langages de programmation

Spécifier un langage de programmation, c'est donner le moyen d'engendrer tous les programmes corrects de ce langage. Comme on l'a vu dans la section 5.2 du chapitre 1, les unités lexicales (appelées aussi lexèmes) de différents types (mots clés, identificateurs, opérateurs, constantes, etc.) peuvent être reconnues par des automates finis et donc décrites par des expressions rationnelles. Il reste à préciser comment combiner entre elles ces unités pour former des programmes corrects. Il se trouve que cette opération peut, le plus souvent, être décrite à l'aide d'une grammaire dont les terminaux sont précisément les lexèmes et qui fournit les règles permettant d'engendrer les programmes. Une telle représentation des langages de programmation prend le nom de *forme de Backus-Naur* (BNF) et utilise des conventions particulières : les variables sont des suites de lettres ordinaires encadrées des séparateurs ⟨ et ⟩; les terminaux sont des suites de lettres ordinaires habituellement en caractères gras et le signe ::= remplace la flèche dans les productions.

A titre d'exemple on va présenter ci-dessous, en forme de Backus-Naur, la syntaxe du PASCAL réduit qu'on a introduit dans le chapitre 1 (section 5.2) et utilisé dans le chapitre 3 (section 2.1). Insistons sur la caractère pédagogique de l'exemple : il ne s'agit pas de recommander l'usage d'une version aussi appauvrie du langage PASCAL.

⟨programme⟩ ::= **begin** ⟨liste-d'instruction⟩ **end**

⟨liste-d'instruction⟩ ::= ⟨instruction⟩ | ⟨liste-d'instruction⟩ ; ⟨instruction⟩

⟨instruction⟩ ::= ⟨assignation⟩ | ⟨entrée-sortie⟩ | ⟨programme⟩ |
if ⟨test⟩ **then** ⟨ordre⟩ **else** ⟨instruction⟩ |
if ⟨test⟩ **then** ⟨instruction⟩ |
while ⟨test⟩ **do** ⟨instruction⟩

⟨ordre⟩ ::= ⟨assignation⟩ | ⟨entrée-sortie⟩ | ⟨programme⟩ |
if ⟨test⟩ **then** ⟨ordre⟩ **else** ⟨ordre⟩ |
while ⟨test⟩ **do** ⟨ordre⟩

⟨assignation⟩ ::= **identificateur** := ⟨expression⟩

⟨entrée-sortie⟩ ::= **write**(**constante-positive**, ⟨expression⟩) |
read(**constante-positive**, **identificateur**) |
reset(**constante-positive**)

⟨test⟩ ::= ⟨expression⟩ = ⟨expression⟩ | ⟨expression⟩ < ⟨expression⟩

⟨expression⟩ ::= ⟨expression⟩ + ⟨terme⟩ | ⟨terme⟩

⟨terme⟩ ::= ⟨terme⟩ * ⟨facteur⟩ | ⟨facteur⟩

⟨facteur⟩ ::= **identificateur** | ⟨constante⟩ | (⟨expression⟩)

⟨constante⟩ ::= **constante-positive** | – **constante-positive**

Pour passer au niveau lexical, on peut préciser une définition des identificateurs et des constantes positives par une expression rationnelle telle que :

$$\textbf{identificateur} = \textbf{lettre}(\textbf{lettre} \mid \textbf{chiffre})^*$$
$$\textbf{constante-positive} = \textbf{chiffre chiffre}^*$$

avec **lettre** $= \{a, \ldots, z\}$ et **chiffre** $= \{0, \ldots, 9\}$.

1.7. Arbres de dérivation

On fixe dans cette section une grammaire non contextuelle G. Pour simplifier l'exposé, on se restreint, dans un premier temps, au cas où cette grammaire n'admet pas de production vide. On mentionnera ultérieurement les modifications à apporter pour traiter le cas général.

Définition. On appelle *arbre de dérivation* de G un arbre étiqueté ayant les propriétés suivantes :

i) chaque nœud est étiqueté par une variable ou un terminal;

ii) un nœud interne est étiqueté par une variable A; de plus, si α est la suite des étiquettes des successeurs du nœud considéré, la production :

$$A \to \alpha$$

appartient à la grammaire G.

La figure 1 représente un arbre de dérivation de la grammaire dont les productions s'écrivent :

$$S \to aAS$$
$$S \to a$$
$$A \to SbA$$
$$A \to SS$$
$$A \to ab$$

A tout arbre de dérivation, on peut associer un mot formé des étiquettes de ses feuilles, lues de gauche à droite. Plus formellement, le mot associé à un arbre coïncide avec l'étiquette dans le cas des arbres réduits à une feuille et est formé par concaténation des mots associés aux sous-arbres correspondant aux fils de la racine, en général. Dans l'exemple de la figure 1, le mot associé est a^3ba^6.

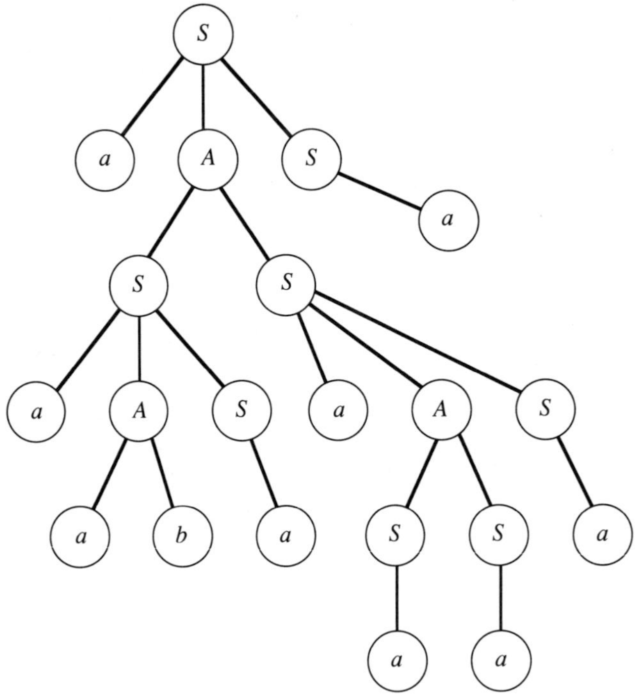

Fig. 1. Arbre de dérivation

Théorème. *Soit G une grammaire, A une variable de G et α une suite de variables et de terminaux, les conditions suivantes sont équivalentes :*

i) *α est dérivable à partir de A;*

ii) *il existe un arbre de dérivation dont la racine est étiquetée par A et dont le mot associé est α.*

Remarque. On observera l'analogie avec certains résultats du chapitre consacré au calcul propositionnel qui relient les notions de preuve par résolution et d'arbre de résolution (chapitre 4, section 4.4).

Preuve du théorème. Pour établir l'implication i) $\rightarrow$ ii), on procède par récurrence sur la longueur m d'une dérivation :

$$A \Rightarrow \alpha_1 \Rightarrow \alpha_2 \ldots \Rightarrow \alpha_m$$

Si m vaut zéro, on a simplement à considérer l'arbre admettant un seul nœud étiqueté par A; si m vaut 1, $A \rightarrow \alpha$ est une production et on lui associe l'arbre dont la racine est étiquetée par A et dont les fils reçoivent pour étiquettes les lettres successives du mot α. Enfin, si m est > 1, on considère la production initiale :

$$A \rightarrow X_1 \ldots X_n$$

de la dérivation; on lui associe un arbre comme précédemment; on décompose ensuite le mot α en $\alpha_1 \ldots \alpha_n$ de façon à avoir :

$$X_i \stackrel{*}{\Longrightarrow} \alpha_i \qquad i = 1, \ldots, n$$

par des dérivations de longueurs au plus $m - 1$ (on utilise pour cela le lemme de la section 1.1). Il suffit alors de remplacer ceux des nœuds, qui sont étiquetés par un symbole X_i qui est une variable, par un arbre associé à la dérivation de α_i conformément à l'hypothèse de récurrence.

L'implication ii) $\rightarrow$ i) est établie de façon récursive. Le cas des arbres réduits à une feuille est clair. En général, on considère les étiquettes $X_1, \ldots, X_n$ des fils de la racine et les sous-arbres associés $T_1, \ldots, T_n$. Ceux des T_i qui correspondent à une variable X_i sont des arbres de dérivations auxquels s'applique l'hypothèse récursive : si α_i est le mot qui leur est associé on a donc $X_i \stackrel{*}{\Longrightarrow} \alpha_i$. Les autres T_i, qui correspondent à un terminal, ont exactement ce terminal pour mot associé α_i, d'où, également $X_i \stackrel{*}{\Longrightarrow} \alpha_i$. Il vient :

$$X_1 \ldots X_n \stackrel{*}{\Longrightarrow} \alpha$$

avec $\alpha = \alpha_1 \ldots \alpha_n$. Compte tenu de ce que $A \rightarrow X_1 \ldots X_n$ est une production, on peut conclure :

$$A \stackrel{*}{\Longrightarrow} \alpha$$

ce qui achève la preuve.

Le théorème ci-dessus permet de définir le langage engendré par une grammaire comme l'ensemble des mots associés aux arbres de dérivation dont la racine est étiquetée par S et les feuilles par des terminaux. Certains auteurs réservent d'ailleurs à ces arbres particuliers le nom «arbre de dérivation». Etant donné un tel arbre T dont le mot associé est w, il existe en général plusieurs dérivations qui établissent $S \stackrel{*}{\Longrightarrow} w$. L'une d'elles est obtenue en construisant une suite d'arbres de dérivation $T_0, T_1, \ldots, T_m$, qui sont des parties initiales de T, par les règles suivantes :

i) T_0 est réduit à la racine de T;

ii) T_{i+1} s'obtient à partir de T_i en considérant la feuille la plus à gauche de T_i étiquetée par une variable et en ajoutant ses fils.

La construction s'achève lorsque $T_m = T$. En notant α_i le mot associé à T_i, on obtient la dérivation :

$$S \Rightarrow \alpha_1 \Rightarrow \alpha_2 \ldots \Rightarrow \alpha_m = w$$

qui est appelée *dérivation gauche* de w : les mots α_i reçoivent le nom de *formes dérivées gauches* et, à chaque étape, la variable plus à gauche de α_i est celle à qui est appliquée une substitution. Il est bien entendu possible de définir, de façon analogue, la notion de *dérivation droite*. Dans le cas de l'exemple de la figure 1, la dérivation gauche s'écrit :

$$\begin{gathered} S \Rightarrow aAS \Rightarrow aS^3 \Rightarrow a^2AS^3 \Rightarrow a^3bS^3 \\ \Rightarrow a^3baS^2 \Rightarrow a^3ba^2AS^2 \Rightarrow a^3ba^2S^4 \Rightarrow \\ a^3ba^3S^3 \Rightarrow a^3ba^4S^2 \Rightarrow a^3ba^5S \Rightarrow a^3ba^6 \end{gathered}$$

Définition. Une grammaire G est *ambiguë* s'il existe deux arbres de dérivation distincts dont la racine est S et qui admettent un même mot associé formé de terminaux.

Dans les applications aux langages de programmation, il est clair que l'ambiguïté représente un phénomène fâcheux puisqu'un même programme peut alors être interprété (et donc exécuté !) de deux façons différentes. On décrira, au paragraphe 3, des classes de grammaires non contextuelles qui ne sont pas ambiguës. En revanche, la grammaire considérée dans l'exemple de la figure 1 est ambiguë : la figure 2 représente en effet un second arbre de dérivation dont le mot associé est a^3ba^6.

Mentionnons, pour terminer, comment les définitions de cette section s'étendent au cas où la grammaire G admet des productions vides : il suffit d'autoriser la présence de feuilles dont l'étiquette est vide, une telle situation ne se produisant que pour le fils unique d'un nœud étiqueté par une variable A correspondant à une production vide $A \to \varepsilon$.

1.8. Lemme de l'étoile

Le résultat qui suit constitue une généralisation du lemme de l'étoile des langages rationnels (section 4.6 du chapitre 1) et permet de mettre en évidence l'existence de langages simples qui ne soient pas algébriques.

Théorème. *Soit L un langage algébrique d'alphabet Γ. Il existe un entier N dépendant de L, tel que tout mot w de L de longueur $\geqslant N$ puisse s'écrire $uxyzv$ avec :*

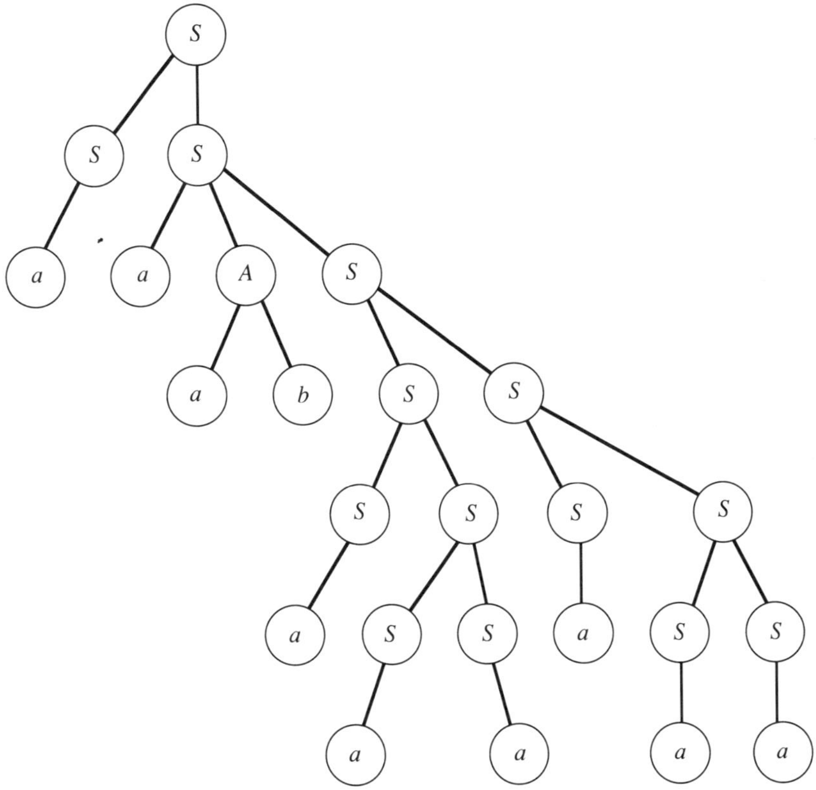

Fig. 2. Dérivation de a^3ba^6

i) $xz \neq \varepsilon$;
ii) $|xyz| \leqslant N$;
iii) *pour tout entier* $i \geqslant 0$ ux^iyz^iv *appartient au langage* L.

Preuve. On se donne une grammaire non contextuelle sans production vide G, qui engendre $L - \{\varepsilon\}$ et on note k la longueur maximale des mots α qui apparaissent au second membre d'une production. On suppose $k \geqslant 2$ (dans le cas contraire L ne peut contenir que des mots de longueur $\leqslant 1$).

Si T est un arbre de dérivation de G, on appelle *point de branchement* de T tout nœud ayant au moins deux fils, et *profondeur de branchement* de T le nombre maximal de points de branchement d'une même branche. On note n ce nombre. Il est immédiat de vérifier, par récurrence sur n, que le nombre de feuilles de T est au plus k^n. Soit N un entier plus grand que k^{s+1}, où s est le nombre de variables de G, et soit w un mot de L de longueur $\geqslant N$.

Un arbre de dérivation T dont la racine est étiquetée par S et dont le mot associé est w a nécessairement une profondeur de branchement $> s$: une valeur moindre conduirait à un nombre de feuilles au plus k^s et donc à un mot associé ayant strictement moins de N lettres. On peut donc choisir une branche de cet arbre ayant un nombre maximal $m \geqslant s+1$ de points de branchement ; sur cette branche, on prend les $s+1$ points de branchement les plus proches d'une feuille. Parmi les $s+1$ nœuds que l'on vient de définir, on peut en repérer deux, étiquetés par une même variable V : on note T_0, T_1 les deux sous-arbres associés, T_1 étant celui le plus proche des feuilles. On note que T_0 a une profondeur de branchement $\leqslant s+1$ car on trouve déjà $m-s-1$ points de branchements parmi les ascendants de la racine de T_0 dans T. Une valeur $> s+1$ fournirait pour T une profondeur de branchement $> m$. T_0 a donc au plus $k^{s+1} \leqslant N$ feuilles. On note y le mot associé à T_1.

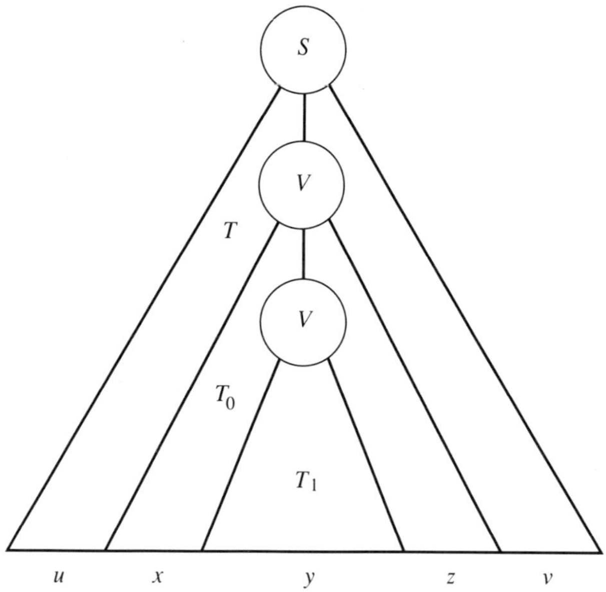

Fig. 3. Structure des arbres de dérivation intervenant dans la preuve du lemme de l'étoile

En se reportant à la figure 3, on constate que le mot associé à T_0 s'écrit xyz et celui associé à T s'écrit $uxyzv$. De plus, le mot xyz a une longueur $\leqslant N$. Enfin, puisque la racine de T_0 est point de branchement, l'un au moins des mots x ou z est non vide. Toujours, en se reportant à la figure, on observe, en supprimant les points de T_0 autres que la racine, qu'on a :

$$S \overset{*}{\Longrightarrow} uVv \tag{1}$$

On observe de même que :

$$V \overset{*}{\Longrightarrow} xVz \tag{2}$$

$$V \overset{*}{\Longrightarrow} y \tag{3}$$

A partir des deux premières dérivations, on montre facilement par récurrence qu'on a pour tout $i \geqslant 0$:

$$S \overset{*}{\Longrightarrow} ux^iVy^iv$$

ce qui donne, d'après la troisième relation :

$$S \overset{*}{\Longrightarrow} ux^iyz^iv$$

et achève ainsi la preuve du théorème.

Corollaire

i) *Le langage L formé des mots $a^nb^nc^n$, $n \geqslant 0$, n'est pas algébrique.*

ii) *La classe des langages algébriques n'est pas stable par intersection.*

Preuve du corollaire. Pour vérifier l'assertion i) on applique le lemme de l'étoile. Le mot $a^Nb^Nc^N$ se décompose en $uxyzv$. Puisque xyz a une longueur au plus N, on a $|u| \geqslant N$ ou $|v| \geqslant N$. On se place dans le premier cas, le second étant analogue : le mot $xyzv$ est alors formé exclusivement des lettres b et c et, par suite, uyv est un mot de longueur $< 3N$ qui commence par a^N. Un tel mot ne peut appartenir au langage L considéré, qui n'est donc pas algébrique.

L'assertion ii) résulte de ce que L est l'intersection des langages :

$$a^nb^nc^k \quad n \geqslant 0 \quad k \geqslant 0$$

$$a^lb^mc^m \quad l \geqslant 0 \quad m \geqslant 0$$

qui sont tous deux algébriques, d'après les résultats des sections précédentes.

1.9. Grammaires généralisées

On a vu dans la section 1.4 qu'en se restreignant aux grammaires linéaires, on limite effectivement la classe des langages reconnus. On peut aussi envisager une généralisation en autorisant des productions de la forme :

$$\alpha \rightarrow \beta$$

où α et β sont des suites de variables et de littéraux. Une telle production est utilisée en repérant dans un mot donné un bloc de lettres consécutives formant le motif α et en lui substituant β. Les notions de dérivation et de langage engendré sont ensuite définies exactement comme dans le cas des grammaires non contextuelles.

Le résultat suivant montre que les grammaires généralisées élargissent considérablement la classe des langages engendrés.

Théorème. *Un langage est engendré par une grammaire généralisée si et seulement si il est semi-décidable.*

La notion de langage semi-décidable (ou reconnu par machine de Turing) a été introduite dans les sections 2.1 et 4.1 du chapitre 2. De fait, le théorème ci-dessus montre que les grammaires généralisées fournissent une nouvelle approche de la notion de calcul. Nous avons choisi de ne pas développer cette approche et nous ne proposerons donc pas de preuve du théorème ci-dessus.

2. AUTOMATES À PILE

2.1. Définition

Un *automate à pile* est une machine de Turing non déterministe M, à deux rubans (cf. les sections 2.1 du chapitre 2 et 1.3 du chapitre 5), soumise aux restrictions suivantes :

i) le premier ruban de M, appelé ruban *d'entrée*, ne permet que la lecture de gauche à droite;

ii) le second ruban contient en permanence un bloc de symboles, distincts du symbole blanc, rangés de gauche à droite, la tête de lecture étant positionnée sur le symbole le plus à droite. Le reste de la bande est blanche. Le ruban prend le nom de *pile* et le symbole lu par la tête de lecture est le symbole de haut de pile.

La figure 4 représente symboliquement un automate à pile.

Formellement, la première des conditions ci-dessus se traduit par la propriété suivante : aucune action de l'automate ne peut provoquer la modification d'un symbole du premier ruban, ni un déplacement vers la gauche de la tête

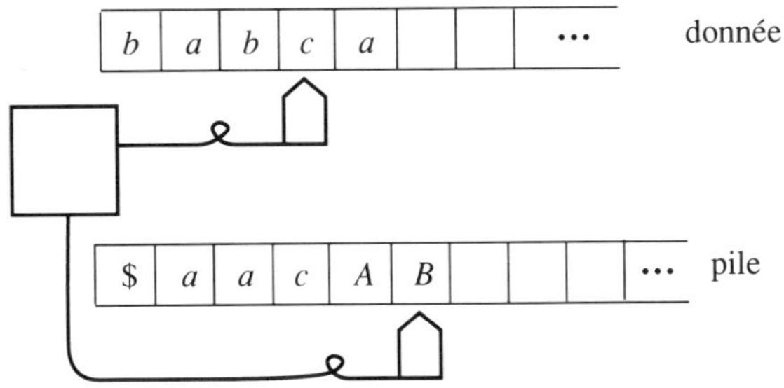

Fig. 4. Automate à pile

de lecture : seuls sont donc possibles les déplacements à droite et l'absence de déplacement.

En ce qui concerne la seconde condition, elle n'est pas réalisable *stricto sensu* avec la définition habituelle des machines de Turing : on modifie donc légérement cette définition en adoptant les règles suivantes.

i) Si une action de M provoque un déplacement de la tête de lecture de la pile vers la gauche, le symbole de haut de pile est effacé; il s'agit d'un *dépilement.*

ii) Si une action de M ne provoque pas de déplacement de la tête de lecture de la pile, le symbole déterminé par la fonction d'impression *remplace* le symbole de haut de pile.

iii) Enfin, si le déplacement se fait vers la droite, le symbole donné par la fonction d'impression s'ajoute à droite du précédent symbole de haut de pile : il s'agit d'un *empilement.*

Un automate à pile est – en général – mis en opération dans une configuration initiale où :

i) le contenu du premier ruban est dénoté – avec les conventions habituelles du chapitre 2 – par $\uparrow x$, où x est un mot sur un alphabet Γ inclus dans celui de M mais ne comportant pas le symbole blanc;

ii) la tête de lecture du second ruban est positionnée sur la première case qui contient un symbole particulier \$, appelé symbole de pile *initial.*

Un automate à pile n'est pas habituellement muni d'états d'arrêt. En revanche, on convient de limiter l'arbre des calculs en considérant comme terminales les configurations où le ruban d'entrée prend la forme $x\uparrow$: le contenu du ruban d'entrée est donc en permanence représenté par un mot $u\uparrow v$, avec $uv = x$. De plus, il existe deux types de configurations finales :

i) celles où le premier ruban a pour contenu $x\uparrow$: on dit que la *lecture* de la donnée est *achevée*;

ii) celles qui correspondent à la sortie de la tête de lecture de la pile à gauche : on parle d'arrêt par *pile vide.*

La pile est représentée par le mot α, formé par lecture de gauche à droite de son contenu jusqu'au symbole de haut de pile. C'est ainsi que le mot associé à la pile de la figure 4 s'écrit $\$a^2cAB$; on notera que certains auteurs utilisent à la place de α le mot $\widetilde{\alpha}$ obtenu en inversant le sens de lecture. Avec notre convention, la tête de lecture donne accès au dernier élément du mot α : c'est bien conforme au sens habituel du mot pile en informatique.

On constate que le symbole blanc n'intervient absolument pas dans la définition des calculs associés à l'automate. On convient donc de ne pas l'inclure dans l'alphabet Σ de l'automate.

Pour définir, à partir d'un automate à pile M, un langage sur un alphabet $\Gamma \subseteq \Sigma$, on munit cet automate d'un sous-ensemble F de l'ensemble des états, qu'on appelle ensemble des états *acceptants.* Le langage *reconnu* par l'automate ainsi complété est formé des mots x de Γ^* pour lesquels il existe un calcul où la lecture de la donnée est achevée et l'état atteint appartient à F (sans que la pile ne soit vide).

2.2. Exemple

La figure 5 représente le diagramme d'un automate à pile d'alphabet $\{a, b, \$, A\}$. Les conventions sont essentiellement celles de la section 2.1 du chapitre 2 ; l'unique état acceptant est doublement cerclé.

L'état représenté en bas à gauche du diagramme est un rebut avec le sens donné à ce mot pour les automates (chapitre 1). Les mots sur l'alphabet $\{a, b\}$ qui commencent par b, y mènent et sont donc refusés. Le mot vide, quant à lui, est accepté. Les autres mots de $\{a, b, \}^*$ peuvent s'écrire sous la forme $a^n y$, avec $n \geqslant 1$ aussi grand que possible. Après lecture de a^n, l'automate se trouve dans l'état représenté en haut à droite du diagramme et le contenu de la pile correspond au mot $\$A^{n-1}$. On constate qu'on ne peut retourner dans l'état acceptant qu'en dépilant $n-1$ fois, ce qui correspond à la lecture de b^{n-1}, puis en lisant un symbole b supplémentaire, ce qui correspond finalement à la lecture du mot $a^n b^n$. Le symbole initial de pile \$ est alors remplacé par A et toute lettre en excès conduit au rebut. On a ainsi montré que l'automate proposé reconnaît le langage formé des mots $a^n b^n$.

2.3. Automate associé à une grammaire

Dans le reste de ce paragraphe, on va établir l'identité entre la classe des langages reconnus par un automate à pile et celle des langages algébriques.

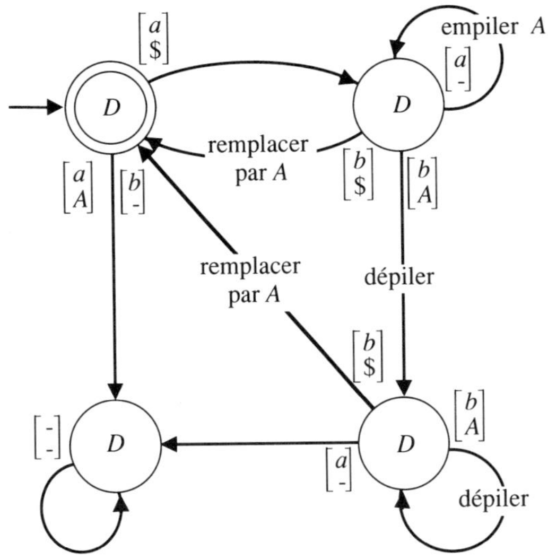

Fig. 5. Diagramme d'un automate à pile

On commence, dans cette section, par associer un automate M à toute grammaire non contextuelle G. Pour simplifier, on supposera que G n'a pas de production vide. L'alphabet de l'automate M est formé des variables et des terminaux de G, les données sont composées uniquement de terminaux et le symbole de pile initial est la variable initiale S de la grammaire. L'automate dispose d'un état de départ p_0 et d'un rebut r, au sens de la section précédente : toutes les transitions correspondant à des situations non explicitement mentionnées sont censées y conduire.

L'automate M est construit par combinaison de plusieurs machines déterministes : une machine principale M_0 et une machine M_p pour chaque production P de la grammaire G. La machine M_0 autorise le dépilement d'un terminal a, pour autant que le symbole lu sur le ruban de lecture soit précisément a ; elle provoque le déplacement à droite de la tête de lecture et le retour à l'état p_0.

La machine M_P associée à une production P qui s'écrit $A \to \alpha$ comporte, outre l'état de départ, $n - 1$ états où n est la longueur de α. M_P autorise le remplacement de A par la dernière lettre de α et l'empilement des autres lettres du mots α (de droite à gauche). Aucun déplacement de la tête de lecture n'est provoqué et la dernière opération ramène à l'état de départ.

L'ensemble des états de M est formé – outre p_0 et r – des états introduits dans la définition des machines M_P, qu'on suppose distincts. A chaque pas, on peut faire agir l'une ou l'autre des machines M_P ou M_0 (en tenant compte de la convention sur l'usage du rebut). La figure 6 représente l'automate associé à la grammaire :

$$S \to aSb$$
$$S \to ab$$

présentée dans la section 1.2 (exemple 3).

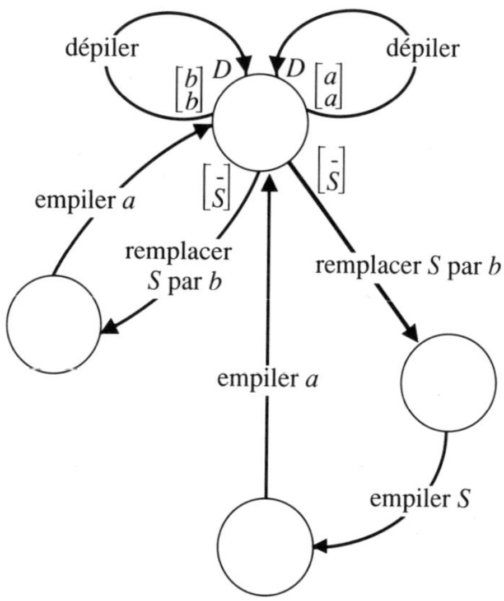

Fig. 6. Automate associé à une grammaire

On reprend la terminologie des sections 1.1 et 1.3 du chapitre 5 : les éléments de l'arbre des calculs correspondant à une donnée x sont des triplets $(q, u \uparrow v, \alpha)$, où q est l'état de la machine, $u \uparrow v$ représente le contenu du ruban d'entrée (avec $uv = x$) et α celui de la pile. On observe que, conformément aux conventions adoptées dans la section 2.1, α est un mot non vide sauf dans le cas particulier des configurations d'arrêt consécutives à un pas de calcul qui vide la pile.

Avec ces conventions, on a le lemme suivant.

Lemme. *Si un triplet : $(p_0, u \uparrow v, \alpha)$ appartient à l'arbre des calculs correspondant à x alors :*

i) $uv = x$;

ii) $S \overset{*}{\Longrightarrow} u\widetilde{\alpha}$, *au sens de la grammaire G (où $\widetilde{\alpha}$ désigne le mot obtenu à partir de α en inversant le sens de lecture).*

Preuve. Soit $(p_0, u{\uparrow}v, \alpha)$ un triplet de l'arbre des calculs de x. Il est clair qu'on a $uv = x$. Pour vérifier la seconde assertion, on observe que les calculs ramenant à l'état initial p_0 sont obtenus par actions successives des machines M_0 ou M_P. Or, la machine M_0 ne change pas le mot $u\widetilde{\alpha}$; elle transfère seulement la première lettre de $\widetilde{\alpha}$ à droite de u. Quant à la machine M_P, elle opère sur le mot $u\widetilde{\alpha}$, une substitution autorisée par la production correspondante P. Dans tous les cas, puisqu'on part du mot S lié à la configuration initiale, on reste dans la classe des mots dérivables à partir de S.

Définition. On dit qu'un mot x est *accepté* par *pile vide*, s'il existe dans l'arbre des calculs correspondant à x un élément de la forme $(q, x{\uparrow}, \varepsilon)$, autrement dit un calcul qui simultanément épuise la donnée et vide la pile.

Proposition. *Un mot x formé de terminaux est accepté par M par pile vide si et seulement si il appartient au langage engendré par G.*

Preuve. On note que la pile ne peut être vidée que par dépilement et que les dépilements ramènent tous à l'état de départ (cf. la figure 6). Dire qu'un mot x est accepté par M par pile vide revient donc à dire que l'on peut trouver, dans l'arbre des calculs de x, un triplet $(p_0, x{\uparrow}, \varepsilon)$. D'après le lemme ci-dessus, on a alors $S \stackrel{*}{\Longrightarrow} x$ et donc x appartient au langage engendré par G.

Pour établir l'inclusion inverse, on part d'un mot x pour lequel existe une dérivation de x à partir de S. D'après la section 1.6, on peut supposer qu'il s'agit de la dérivation gauche associée à un arbre de dérivation. Elle s'écrit :

$$\beta_0 = S \Rightarrow \beta_1 \Rightarrow \beta_2 \ldots \Rightarrow \beta_m = x$$

Pour chaque indice i, $0 \leqslant i \leqslant m$, soit u_i le plus grand facteur gauche de β_i formé de terminaux; u_i est facteur gauche de x et on peut écrire pour des mots convenables :

$$\begin{aligned} x &= u_i v_i \qquad i = 1, \ldots, m \\ \beta_i &= u_i \widetilde{\alpha_i} \end{aligned}$$

On montre alors que chaque triplet :

$$(p_0, u_i{\uparrow}v_i, \alpha_i)$$

appartient à l'arbre des calculs de x. C'est clair pour $i = 0$ (il s'agit de la configuration initiale). Pour passer de i à $i+1$, on considère la production P qui autorise la substitution $\beta_i \Rightarrow \beta_{i+1}$. Comme on travaille avec une dérivation gauche, P s'applique à la première lettre de $\widetilde{\alpha_i}$. Notons $\widetilde{\alpha_i}'$ le résultat de l'action de P sur $\widetilde{\alpha_i}$. La machine M_p conduit alors de :

$$(p_0, u_i \uparrow v_i, \alpha_i)$$

à :

$$(p_0, u_i \uparrow v_i, \alpha_i')$$

On a donc :

$$\beta_{i+1} = u_i \widetilde{\alpha}_{i'} = u_{i+1} \widetilde{\alpha}_{i+1}$$

et, en utilisant autant de fois qu'il est nécessaire l'action de M_0, on peut transférer les terminaux initiaux de $\widetilde{\alpha}_{i'}$ à droite de u_i, c'est-à-dire passer de :

$$(p_0, u_i \uparrow v_i, \alpha_i')$$

à :

$$(p_0, u_{i+1} \uparrow v_{i+1}, \alpha_{i+1})$$

On observe que la toute dernière opération de la suite ainsi définie conduit à :

$$(p_0, x \uparrow, \varepsilon)$$

c'est-à-dire épuise x et vide la pile. Le mot x est donc bien accepté par M par pile vide, ce qui achève la preuve de la proposition.

2.4. Equivalence entre automates à pile et grammaires non contextuelles

Théorème. *Tout langage algébrique est reconnu par un automate à pile.*

Preuve. On note d'abord qu'on peut se restreindre aux langages n'admettant pas le mot vide comme élément. Si un tel langage L est reconnu par un automate M, on peut modifier M en ajoutant un nouvel état de départ qu'on déclare acceptant et qu'on relie à l'ancien état de départ par une transition qui ne provoque aucune modification ni déplacement. L'automate ainsi obtenu reconnaît $L \cup \{\varepsilon\}$.

Cette observation étant faite, on peut utiliser la section précédente qui montre qu'un langage algébrique ne contenant pas le mot vide est l'ensemble des mots acceptés par un automate par pile vide. Il suffit donc, pour conclure, d'établir le lemme suivant.

Lemme. *Soit M un automate à pile, L l'ensemble des mots acceptés par M par pile vide; alors, il existe un automate à pile M' qui permet de reconnaître L au sens habituel (c'est-à-dire par états acceptants).*

Preuve. On part de l'automate M dont l'alphabet est noté Σ et le symbole de pile initial \$. On ajoute à Σ un nouveau symbole \$′ qui est le symbole de pile initial de l'automate M' qu'on se propose de construire. On forme ensuite l'ensemble des états de M' en ajoutant à ceux de M un état de départ noté p'_0 et un état acceptant f. L'action de M' est exactement celle de M à cela près que :

i) la seule transition autorisée dans l'état p'_0 conduit à l'état de départ de M et provoque exclusivement l'empilement d'un \$;

ii) dans tous les états de M, l'apparition du symbole \$′ en haut de pile conduit à l'état acceptant f, sans autre modification.

Il est clair que tout calcul de M' imite un calcul de M, à la différence que le symbole \$′ s'ajoute au bas de la pile. Ce symbole apparaît en haut de pile si et seulement si la pile de M est vide : l'acceptation par M d'un mot x, par pile vide, correspond donc exactement à l'acceptation par M' au sens habituel.

Remarque. On notera, en reprenant le contenu de cette section et de la précédente, que les automates à pile qu'on y a construits ont une propriété particulière : dans un état donné, celles des transitions qui ne provoquent pas de mouvement sur le ruban de lecture (et qu'on appelle *instantanées*) sont indépendantes du symbole lu. Beaucoup d'auteurs se restreignent d'ailleurs à ce modèle d'automate. Il est également courant d'autoriser, lors d'une unique transition, l'empilement de plusieurs symboles au lieu d'un. Nous n'avons pas suivi ces conventions, afin de conserver la terminologie développée au chapitre 2 à propos des machines de Turing. En tout état de cause, ces diverses versions conduisent toutes à la même classe de langages.

2.5. Equivalence entre automates à pile et grammaires non contextuelles *(suite)*

Pour achever l'identification entre langages algébriques et langages reconnus par automate à pile, il reste à établir le résultat suivant.

Théorème. *Tout langage reconnu par automate à pile est algébrique.*

Preuve. On se donne un automate à pile M. On suppose que l'action de l'automate ne provoque jamais le remplacement du symbole de haut de pile, pas même à l'identique; on peut en effet – par adjonction d'états intermédiaires – décomposer un remplacement en un dépilement et un empilement. Pour éviter que la pile ne devienne inopinément vide, ce qui provoquerait l'arrêt du calcul, on peut ajouter un symbole de fond de pile, comme dans la preuve du lemme de la section 2.4.

A partir de M, on définit un nouvel automate $\overline{M}$: M et $\overline{M}$ opèrent sur les mêmes données qui sont les mots sur un alphabet Γ ; en revanche, on élargit l'alphabet de M afin de pouvoir stocker sur la pile de $\overline{M}$ des *informations* qui sont :

i) des couples de la forme (q, a) où q appartient à l'ensemble Q des états de M et a est un élément de Γ;

ii) des couples (q, ε), $q \in Q$;

iii) le symbole ∞.

Si q est l'état de départ, on parle d'information *initiale*; si q est acceptant, alors (q, ε) est dite information *acceptante.*

Les états de $\overline{M}$ sont ceux de M. On leur adjoint un rebut auquel aboutissent toutes les transitions non explicitement mentionnées ci-dessous, ainsi que divers états intermédiaires nécessaires aux actions suivantes qui sont celles que $\overline{M}$ peut réaliser.

i) Dans le cas où une information est en haut de pile, vérifier que cette information coïncide avec le couple (q, a) formé de l'état courant de $\overline{M}$ et du symbole lu sur la donnée par la tête de lecture, puis la dépiler sans changement d'état (les échecs éventuels dans la phase de vérification sont traités à l'aide du rebut).

ii) Dans le cas où un symbole A de l'alphabet de M se trouve en haut de pile, où l'état courant q est un état de M et où le symbole lu est $a \in \Gamma$, choisir une transition autorisée par le diagramme de M sur le triplet (q, a, A) et :

a) l'exécuter simplement si elle conduit à un dépilement;

b) sinon empiler successivement une information quelconque, le symbole que la transition choisie prescrit d'empiler et une information de la forme (q', a) ou (q', ε), q' étant l'état de M qui est consécutif à la transition choisie. Deux états intermédiaires sont nécessaires et on convient que le troisième empilement s'accompagne du passage à l'état q' et du déplacement (éventuel) de tête de lecture de la donnée conformément à la transition choisie.

L'ensemble des états acceptants de $\overline{M}$ est celui de M et le symbole de fond de pile \$ est le même. On a alors le lemme suivant.

Lemme. *M et $\overline{M}$ reconnaissent le même langage.*

Preuve du lemme. Il est immédiat que tout mot accepté par $\overline{M}$ est accepté par M : il suffit pour le voir de se donner une suite de calculs de $\overline{M}$ qui accepte un mot x et d'«oublier» tout ce qui concerne les empilements et dépilements d'informations.

Pour établir l'implication inverse, on se donne une branche de l'arbre des calculs de l'automate M, qui aboutit à une configuration acceptante $(q, x\uparrow, \beta)$. Les éléments de cet ensemble de calculs sont totalement ordonnés par la relation d'antériorité et on peut les énumérer sous la forme :

$$(q_k, u_k\uparrow v_k, \alpha_k)$$

A chacun de ces éléments est associée une information i_k formée de l'état q_k et de la première lettre de v_k (ε dans le cas où v_k est le mot vide). Il s'agit ensuite de définir une suite de calculs de $\overline{M}$:

$$(q_k, u_k\uparrow v_k, \overline{\alpha}_k)$$

qui accepte le mot x. On procède par récurrence, la seule difficulté étant le cas où l'empilement d'un symbole A se produit quand on passe de la k-ième configuration à la suivante. Soit m l'indice du prochain calcul où le symbole A aura juste été dépilé (c'est-à-dire où la pile α_m aura la même longueur que α_k). On pose $i = i_m$ ou $i = \infty$ si m n'est pas défini. On pose également $j = (q_{k+1}, a)$ où a est la première lettre de v_{k+1} ; si v_{k+1} est vide, on pose $j = (q_{k+1}, \varepsilon)$. En définissant $\overline{\alpha}_{k+1}$ par empilement de i, A puis enfin j au dessus de α_k, on est assuré de ne pas rencontrer d'échecs lors des dépilements d'information ultérieurs. Le lemme est ainsi prouvé.

Remarque. En examinant la preuve, on observe de plus que les mots acceptés par $\overline{M}$ peuvent l'être avec une configuration finale où la pile a un contenu de la forme :

$$\$\infty A_1 \infty A_2 \ldots \infty A_2 i$$

où i est une information acceptante.

Considérons maintenant une configuration quelconque de $\overline{M}$ ayant une information en haut de pile, soit :

$$(q, u\uparrow v, \overline{\alpha})$$

et associons-lui le mot formé de la façon suivante :

1) dupliquer les informations de $\overline{\alpha}$ sauf l'information de haut de pile;
2) faire précéder le mot obtenu de l'information ∞;
3) regrouper les lettres trois par trois;
4) faire suivre le mot ainsi formé du mot $\widetilde{u}$, obtenu en inversant le sens de lecture de u.

On est ainsi conduit à un mot γ formé de lettres de Γ et de symboles d'un nouvel alphabet, qui sont des triplets $[iAj]$, où i, j sont des informations et A un symbole de M. On constate que le mot γ' qui vient après γ dans une suite de calculs de $\overline{M}$ s'en déduit par action d'une production dont le premier membre est une variable $[iAj]$, avec j de la forme (q, a). Le second membre dépend d'une transition à choisir parmi celles qui correspondent, dans le diagramme de M, au triplet (q, a, A), la production correspondante étant définie par :

i) $[iAj] \to a$, s'il y a dépilement et avancement de la tête de lecture;

ii) $[iAj] \to \varepsilon$, s'il y a dépilement sans avancement;

iii) $[iAj] \to [iAk][kBj']a$, s'il y a empilement de B et avancement; k est une information quelconque et j' une information dont la première coordonnée est l'état q' auquel conduit la transition de M choisie;

iv) $[iAj] \to [iAk][kBj']$ s'il y a empilement de B sans avancement (avec les mêmes conventions qu'en iii);

On obtient les mots associés aux premiers pas de calcul par les productions :

v) $S \to [\infty\$j]$, j information initiale quelconque;

Enfin, on peut éliminer les symboles correspondant à la pile d'une configuration acceptante par les règles :

vi) $[\infty A \infty] \to \varepsilon$

$[\infty A i] \to \varepsilon$ où i est une information acceptante.

Il résulte de ce qui précède, et en particulier de la remarque qui suit la preuve du lemme ci-dessus, que la grammaire formée des productions i) à vi) permet de dériver le mot $\widetilde{x}$, dès que x est un mot de Γ^* accepté par l'automate à pile M. On laisse au lecteur le soin de vérifier qu'inversement, une dérivation droite d'un mot y permet de construire pas à pas une suite de calculs de $\overline{M}$ qui accepte $\widetilde{y}$. Compte tenu du point iii) de la proposition de la section 1.5, la conclusion du théorème en résulte.

3. APPLICATION À L'ANALYSE SYNTAXIQUE

Comme on l'a déjà vu dans la section 1.6, les langages de programmation sont engendrés par des grammaires non contextuelles. Il n'est donc pas surprenant que la théorie qui vient d'être présentée joue un rôle dans la compilation qui est, rappelons-le, la suite des opérations permettant de passer d'un programme source écrit en langage ordinaire à un programme objet directement utilisable par une machine.

La première phase de la compilation, l'analyse lexicale, a été évoquée dans la section 5.2 du chapitre 1. A l'issue de cette phase, le flot de caractères du programme est décomposé en unités de base ou lexèmes. Commence alors l'*analyse syntaxique* dont le but est essentiellement de reconstituer l'arbre de dérivation du programme dans la grammaire du langage considéré. Se trouve ainsi dégagée la structure logique – autrement dit le «sens» – du texte source ce qui permet de passer à la phase ultérieure de *génération de code*.

Il n'est pas question de faire ici une théorie générale de l'analyse syntaxique, pour laquelle nous renvoyons aux ouvrages spécialisés sur la compilation. Il s'agit seulement d'expliquer le rôle des grammaires et des automates à pile dans la recherche d'une mise en œuvre efficace de la phase d'analyse syntaxique et de donner quelques exemples.

3.1. Stratégies d'analyse syntaxique

Dans la section 2.3, on a montré comment associer à une grammaire un automate à pile M de façon que les mots engendrés par la grammaire soient exactement ceux que l'automate accepte par pile vide. En se reportant à la construction de M, le lecteur pourra vérifier que la stratégie adoptée conduit à la mise en évidence, par un procédé non déterministe, d'une dérivation gauche de la donnée. Cette dérivation est construite en partant du symbole initial S de la grammaire, c'est-à-dire que l'arbre de dérivation est produit de haut en bas : on parle d'analyse *descendante*. Bien entendu, si on veut utiliser dans la pratique l'automate M, il est nécessaire d'éliminer le non-déterminisme par retour en arrière (cf. la section 1.4 du chapitre 5). Une telle stratégie est effectivement utilisée dans certains compilateurs.

Il existe une autre stratégie, appelée analyse *ascendante*, qui recherche une dérivation droite en partant non plus du symbole initial de G mais de la donnée : l'arbre de dérivation est ainsi construit à partir de ses feuilles. Cette méthode est fondée – au plan théorique – sur une construction tout à fait analogue à celle de la section 2.3 et qu'on va présenter brièvement.

L'automate qu'on va définir à partir d'une grammaire G est, tout comme celui de la section 2.3, la combinaison de plusieurs machines déterministes, chacune provoquant un cycle qui ramène à l'état initial p_0. Les actions correspondant à chacune des machines sont les suivantes :

i) lecture d'une lettre de la donnée avec avancement de la tête de lecture et empilement de cette lettre au sommet de la pile. Cette action est appelée *décalage*;

ii) dépilement successif des lettres d'un mot α formé de variables et de terminaux et apparaissant à droite d'une production $A \to \alpha$: le dépilement se fait en partant de la dernière lettre de α et est suivi de l'empilement de la variable A. Cette action est appelée *réduction.*

La figure 7 représente l'automate ainsi associé à la grammaire :

$$S \to aSb$$
$$S \to ab$$

déjà considérée plus haut.

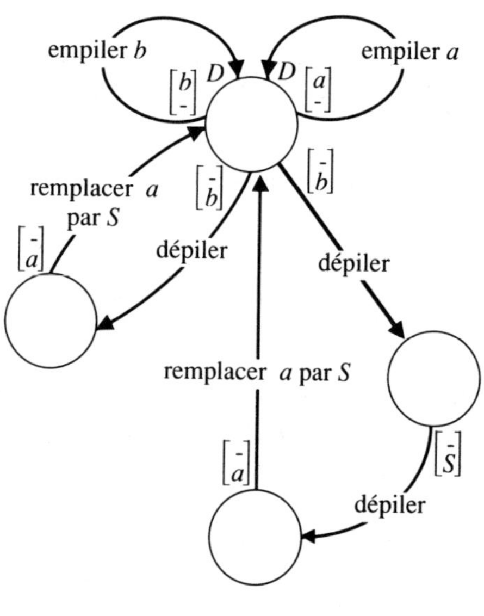

Fig. 7. Automate associé à une grammaire

Le symbole de pile initial de l'automate ainsi construit est noté $, ce symbole est supposé distinct des variables et des terminaux de la grammaire donnée et on a, en complète analogie avec la section 2.3, le lemme suivant dont la preuve est laissée au lecteur.

Lemme. *Si un triplet* $(p_0, u \uparrow v, \$\alpha)$ *appartient à l'arbre des calculs correspondant à la donnée* x*, alors :*

i) $uv = x$

ii) $\alpha v \overset{*}{\Longrightarrow} x$

A partir du lemme, on démontre que les mots engendrés par G sont exactement ceux qui conduisent à, au moins, une configuration d'arrêt où la pile est réduite aux deux symboles $\$S$. Plus précisément, à partir d'une dérivation droite :

$$\beta_0 = S \Rightarrow \beta_1 \Rightarrow \ldots \Rightarrow \beta_m = x$$

on définit v_i comme le plus grand facteur droit de β_i formé uniquement de terminaux; v_i est facteur droit de x et on peut poser (figure 8) :

$$\beta_i = \alpha_i v_i$$
$$x = u_i v_i$$

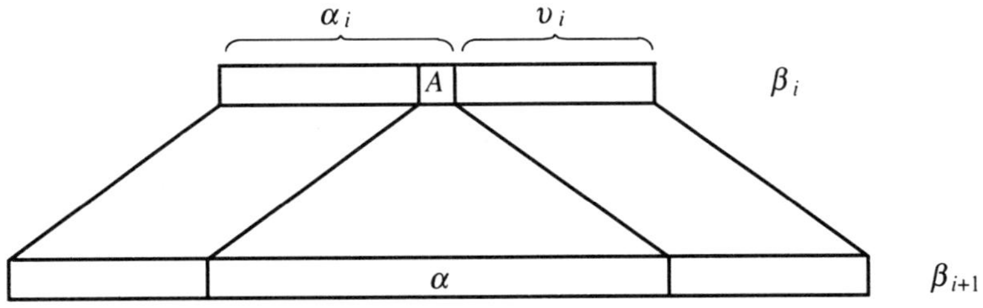

Fig. 8. Substitution dans des formes dérivées

On constate alors que l'on dispose d'une suite de calculs de l'automate menant à un état final avec apparition des deux symboles $\$S$ en haut de pile et passant par les configurations :

$$(p_0, \uparrow x, \$)$$
$$(p_0, u_{m-1} \uparrow v_{m-1}, \$\alpha_{m-1})$$
$$\ldots$$
$$(p_0, u_{i+1} \uparrow v_{i+1}, \$\alpha_{i+1})$$
$$(p_0, u_i \uparrow v_i, \$\alpha_i)$$
$$\ldots$$
$$(p_0, x \uparrow, \$S)$$

Une fois encore, la méthode proposée ne mène pas à une mise en œuvre très efficace à cause du non-déterminisme. Appelons *formes dérivées droites* (ou simplement *formes dérivées*) les mots de la suite (β_i) pour $0 \leqslant i \leqslant m$, définie ci-dessus. Toute la difficulté vient de ce qu'on ne sait pas à priori déterminer la position exacte du mot α introduit par une production $A \rightarrow \alpha$ au cours de la substitution (figure 8) :

$$\beta_i \Rightarrow \beta_{i+1}$$

Cette position est appelée la *prise* de la forme dérivée β_{i+1} et on va présenter, dans certains cas particulier, des méthodes efficaces permettant de localiser cette prise. (Signalons que certains auteurs utilisant *manche* au lieu de prise comme traduction du mot anglais *handle.*)

3.2. Grammaires d'opérateurs

Définition. On appelle *grammaire d'opérateurs* une grammaire qui n'a pas de production vide et qui est telle que deux variables n'apparaissent jamais consécutivement à droite d'une production.

Exemple. On considère la grammaire dont l'alphabet terminal est formé des symboles :

$$(\quad) \quad + \quad * \quad a \quad b \quad c$$

dont l'alphabet auxiliaire est réduit à la variable initiale S et dont les productions s'écrivent :

$$S \rightarrow S + S \mid S * S \mid (S)$$
$$S \rightarrow a \mid b \mid c$$

Il s'agit là d'une grammaire d'opérateurs qui engendre un ensemble de notations parenthésées pour des termes arithmétiques construits sur a, b, c (cf. les sections 1.2 et 2.3 du chapitre 4). De fait, cette grammaire est ambiguë ; c'est ainsi que le mot :

$$a + b * c$$

est associé à deux arbres de dérivation distincts représentés à la figure 9 ainsi que les arbres arithmétiques correspondants, au sens de la section 1.2 du chapitre 4 (lequels sont obtenus par une transformation simple consistant à faire «glisser» les terminaux vers le haut).

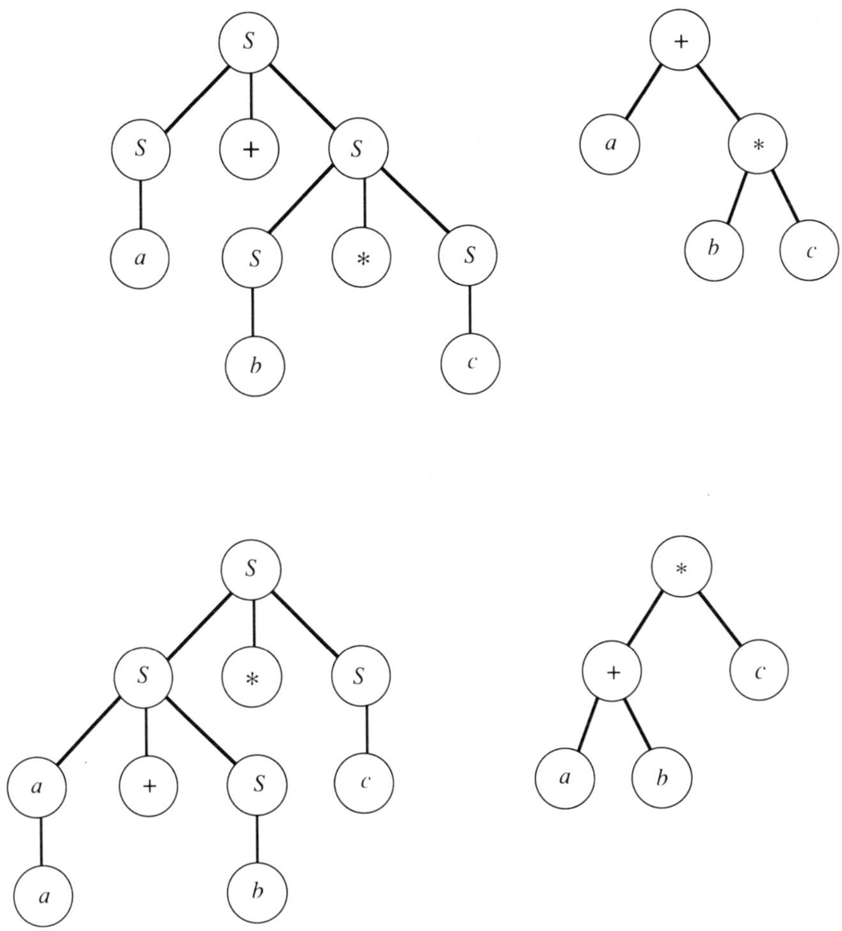

Fig. 9. Exemple d'ambiguïté

La grammaire suivante, qui est également une grammaire d'opérateurs, élimine toute ambiguïté :

$$S \to S + M \mid M$$
$$M \to M * F \mid F$$
$$F \to (S) \mid a \mid b \mid c$$

En effet, elle incorpore, au niveau de la syntaxe, par l'utilisation des variables distinctes S (pour les sommes), M (pour les monômes), F (pour les facteurs), les règles suivantes :

i) priorité de $*$ sur $+$;

ii) associativité à gauche de l'addition et de la multiplication, ce qui signifie simplement que $a+b+c$ dénote le même arbre arithmétique que $(a+b)+c$.

La figure 10 représente l'arbre de dérivation de :

$$a * (b + c) * a$$

et l'arbre arithmétique qui s'en déduit.

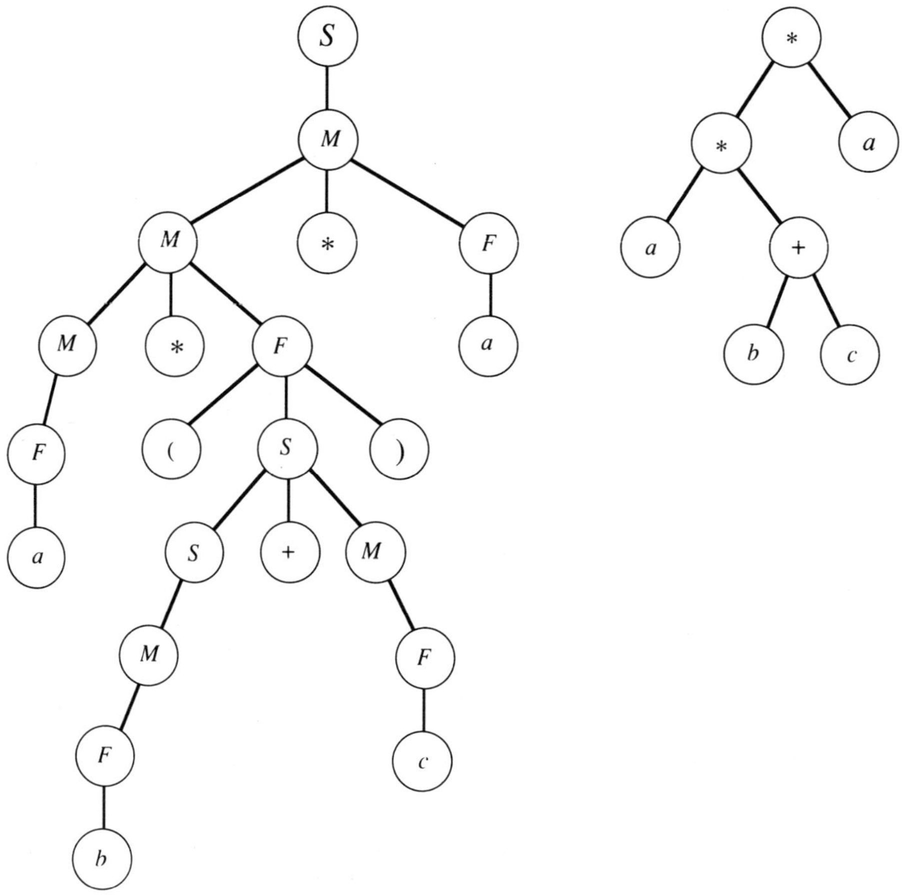

Fig. 10. Dérivation d'une expression arithmétique

Revenons à l'analyse syntaxique des grammaires d'opérateurs et, en particulier, de la grammaire non ambiguë proposée ci-dessus pour engendrer certaines expressions arithmétiques. Il est commode, pour simplifier la présentation de la théorie, d'engendrer, au lieu des mots x de la grammaire donnée, les mots de la forme $\{x\}$ obtenus par adjonction de deux symboles de séparation. Pour les mêmes raisons, on élimine les productions de la forme $X \to Y$, qui conduisent à de simples sustitutions de variables. C'est possible pour autant qu'on ajoute à chaque autre production :

$$A \to \alpha$$

la liste des productions :

$$A \to \overline{\alpha}$$

correspondant aux variantes de α, c'est-à-dire aux mots obtenus à partir de α par les substitutions de variables que permet la grammaire.

Tenant compte de ces observations, la grammaire considérée devient :

$$\begin{aligned}
S &\to \{A\} \mid \{M\} \mid \{F\} \\
A &\to A + M \mid M + M \mid A + F \mid M + F \mid F + M \mid F + F \\
M &\to M * F \mid F * F \\
F &\to (A) \mid a \mid b \mid c
\end{aligned}$$

Pour en faire l'analyse, on cherche à appliquer une méthode ascendante et on reprend la terminologie introduite dans la section précédente. On note d'abord qu'une forme dérivée ne contient jamais deux variables consécutives (c'est le cas pour toutes les grammaires d'opérateurs). On note également que la première forme produite par une dérivation est $\{A\}$, $\{M\}$ ou $\{F\}$. Dans le but de déterminer les extrémités de la prise α d'une forme dérivée β autre que $\{A\}$, $\{M\}$ ou $\{F\}$, il est utile d'examiner la partie de l'arbre de dérivation de β formée des ascendants de deux terminaux consécutifs ab de β, ou des ascendants d'un groupe de lettres aVb où V est une variable. Compte tenu de ce qu'on est en présence d'une grammaire d'opérateurs qui ne permet plus de substitutions de variables, on constate que six dispositions sont possibles, conformément à la figure 11 (où l'étiquette V désigne génériquement une variable quelconque).

On note $a \Diamond b$ si l'une ou l'autre des dispositions de partie supérieure de la figure peut se rencontrer. On définit de même $a \sqsupset b$ (resp. $a \sqsubset b$) à partir des deux dispositions du milieu (resp. du bas) de la figure. Ces trois relations sont appelées relations de *préséance* (*precedence* en anglais) et généralisent les relations de priorité entre opérateurs. Le lecteur est invité à les déterminer complètement dans le cas de la grammaire considérée. Il pourra ainsi constater que ces trois relations sont disjointes et confronter ses résultats au tableau de la figure 12.

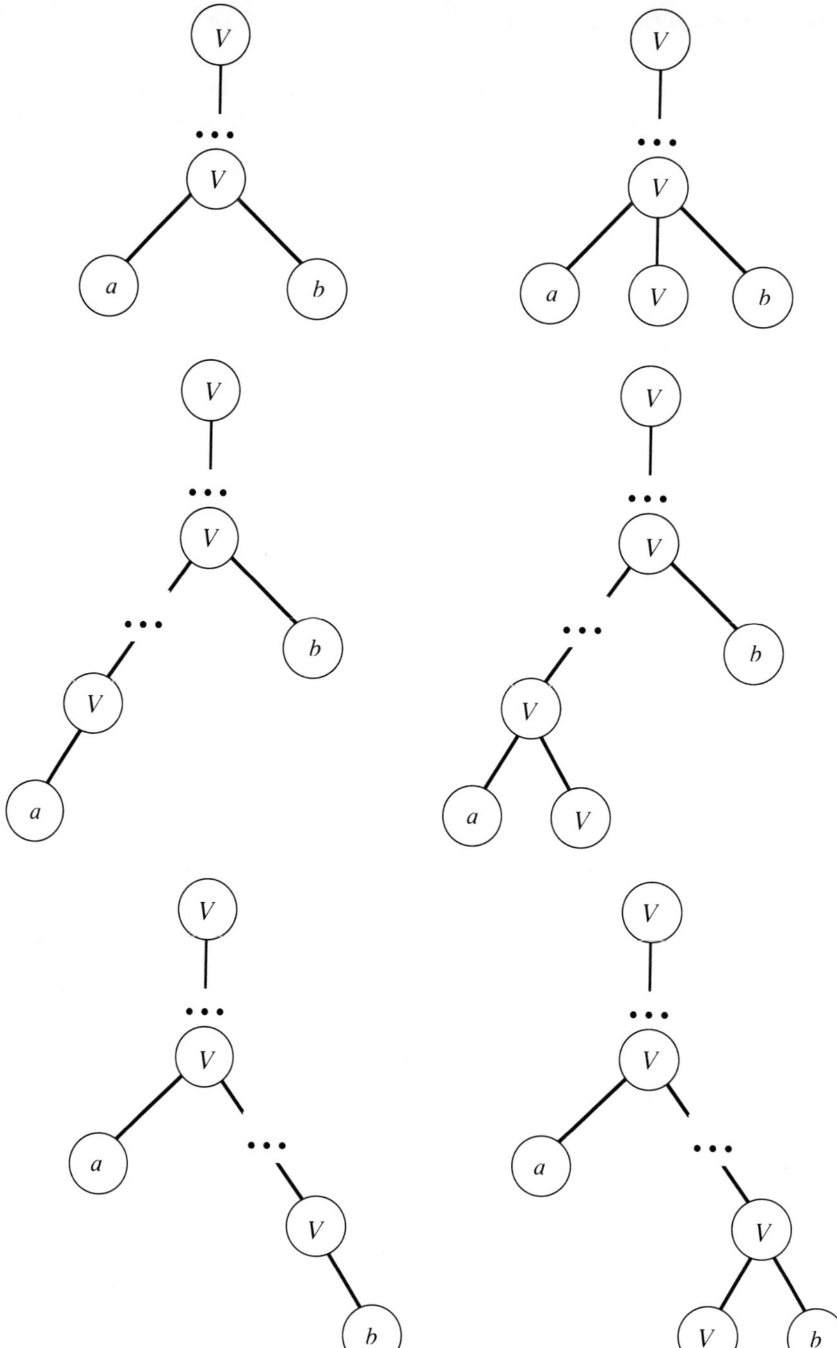

Fig. 11. Définition des relations de préséance

	(	)	+	$*$	abc	}
(	$\sqsubset$	$\Diamond$	$\sqsubset$	$\sqsubset$	$\sqsubset$	
)		$\sqsupset$	$\sqsupset$	$\sqsupset$		$\sqsupset$
+	$\sqsubset$	$\sqsupset$	$\sqsupset$	$\sqsubset$	$\sqsubset$	$\sqsupset$
$*$	$\sqsubset$	$\sqsupset$	$\sqsupset$	$\sqsupset$	$\sqsubset$	$\sqsupset$
abc		$\sqsupset$	$\sqsupset$	$\sqsupset$		$\sqsupset$
{	$\sqsubset$		$\sqsubset$	$\sqsubset$	$\sqsubset$	$\Diamond$

Fig. 12. Relations de préséance d'une grammaire d'opérateurs

Rappelons qu'on cherche à déterminer les extrémités la prise α d'une forme dérivée β ; on y parvient grâce au lemme suivant dans lequel le mot *successifs* s'applique à deux terminaux a, b de β qui sont consécutifs ou séparés par une unique variable.

Lemme. *Soit α la prise d'une forme dérivée β distincte de $\{A\}$, $\{M\}$ ou $\{F\}$:*

i) *l'extrémité droite de α passe entre les deux premiers terminaux successifs a, b de β tel que $a \sqsupset b$;*

ii) *on note γ la partie initiale de β se terminant à l'extrémité droite de α ; l'extrémité gauche de α passe entre les deux derniers terminaux successifs a, b de γ tels que $a \sqsubset b$;*

iii) *dans les deux cas, la variable éventuellement comprise entre a et b appartient à α.*

Ce lemme, dont nous omettons la preuve pour ne pas alourdir l'exposé, résout donc la difficulté principale de l'analyse syntaxique ascendante. En tenant compte de ce que deux productions distinctes n'ont jamais un même second membre, il permet en fait de construire un automate à pile analogue dans son principe à celui de la section précédente mais fonctionnant de façon déterministe, en ce sens qu'à chaque configuration non terminale ne s'applique qu'un unique pas de calcul.

La méthode qu'on vient d'esquisser s'applique à toute grammaire d'opérateurs non ambiguë dont les relations de préséance sont deux à deux disjointes. Il existe un algorithme simple qui calcule les relations de préséance à partir des productions de la grammaire et on peut ainsi analyser efficacement des expressions arithmétiques plus complexes mais aussi des formules du calcul propositionnel (chapitre 4) ou du calcul des prédicats (chapitre 6).

3.3. Principe de l'analyse syntaxique LR

L'analyse LR, ainsi appelée parce qu'elle reconstitue, en commençant la lecture par la gauche (L), une dérivation droite (R), généralise la méthode de la section précédente. Elle constitue l'une des plus remarquables applications de la théorie des langages algébriques en offrant la possibilité de générer automatiquement des analyseurs de syntaxe.

Il s'agit, là encore, de résoudre la difficulté principale de l'analyse ascendante : déterminer la prise α d'une forme dérivée β qui apparaît dans la dérivation droite d'un mot x. Notons γ la partie initiale de β se terminant à l'extrémité droite de la prise α et t le mot formé des k terminaux qui suivent l'extrémité droite de α, où k est un entier fixé, éventuellement nul (cf. la figure 13).

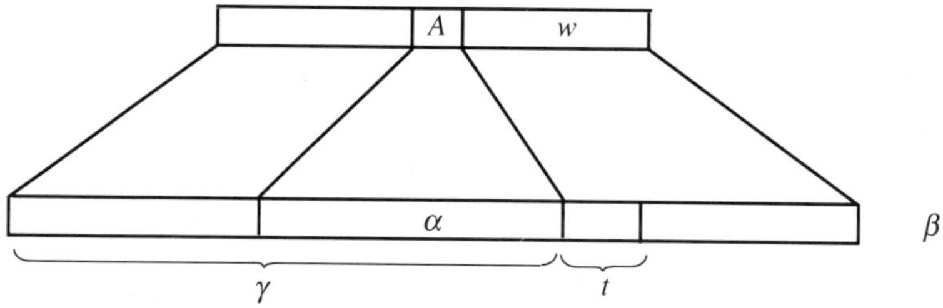

Fig. 13. Préfixe complet et suffixe d'une formule dérivée

Les mots γ et t sont respectivement appelés *préfixe complet* et *k-suffixe* de β. On utilisera le mot *préfixe admissible* pour désigner les facteurs gauches de γ qui atteignent au moins le début du mot α. Il pourrait arriver que le k-suffixe ne soit pas défini ; c'est pourquoi, il est d'usage d'adjoindre à la grammaire donnée G un nouveau symbole initial S_0 ainsi que la production $S_0 \to S\#^k$, où $\#$ est un terminal supplémentaire.

Pour comprendre le principe de l'analyse LR, revenons à l'automate à pile construit dans la section 3.1 et restreignons-nous aux calculs qui valident un mot engendré par la grammaire. Comme on l'a noté, ces calculs réalisent alternativement deux types d'actions :

i) transfert d'un terminal de la donnée sur la pile (opération de décalage) ;
ii) réduction d'un groupe de lettre de la pile formant le second membre d'une production.

On constate qu'avant chaque action, la pile contient – au symbole de fond de pile près – un préfixe admissible, complet ou non, γ d'une forme dérivée β, les lettres restantes de β formant la partie w non encore lue du mot donné. De plus, on ne peut procéder à une réduction que si γ est complet. Les *conflits* de calcul issus du non-déterminisme ne peuvent donc intervenir que dans l'une ou l'autre des situations suivantes :

a) existence d'un préfixe complet d'une forme dérivée qui est également préfixe incomplet d'une autre forme dérivée (conflit entre décalage et réduction) ;
b) existence d'un préfixe complet auquel plusieurs réductions peuvent être appliquées (conflit entre diverses réductions).

L'idée de l'analyse LR est que, dans de nombreux cas, ces conflits peuvent être tranchés en prenant simplement connaissance des k premières lettres de la partie w de la donnée restant à lire. Que cette idée conduise à des algorithmes est conséquence du fait établi dans la proposition suivante.

Proposition. *Pour chaque entier k et pour chaque mot t formé de k terminaux, il existe un automate fini qui détermine si un mot γ formé de variables et de terminaux est préfixe complet d'une forme dérivée dont le suffixe soit t.*

Remarque. On renvoie le lecteur au chapitre 1 pour la terminologie sur les automates finis. On définit en fait un seul automate par entier k, appelé *automate caractéristique d'ordre k* de la grammaire donnée. L'état atteint à partir de l'état initial sur la donnée γ permet de déterminer pour quels t les mots γ et t sont respectivement préfixe complet et k-suffixe d'une même forme dérivée.

Preuve de la proposition. On note d'abord qu'un facteur gauche d'un préfixe complet est un préfixe admissible complet ou non (pas forcément de la même forme dérivée). Soit alors γ un préfixe admissible non nécessairement complet d'une forme dérivée β. En se reportant à la figure 14, on constate que γ définit une décomposition de la prise α sous la forme $\alpha_1\alpha_2$, l'extrémité droite de γ et celle de α_1 étant en coïncidence. On associe alors à γ le triplet :

$$[A, \alpha_1 \uparrow \alpha_2, t]$$

où $\uparrow$ désigne un nouveau symbole de séparation, t le k-suffixe de β et où $A \to \alpha_1\alpha_2$ est la production qui a permis de former β. L'automate M qu'on va construire accepte tout préfixe admissible γ et l'état atteint par lecture de γ fournit la liste des triplets qu'on peut lui associer ; le problème énoncé dans la proposition est alors résolu par M : pour t donné, il suffit d'examiner si un triplet de la forme $[A, \alpha\uparrow, t]$ se trouve dans la liste.

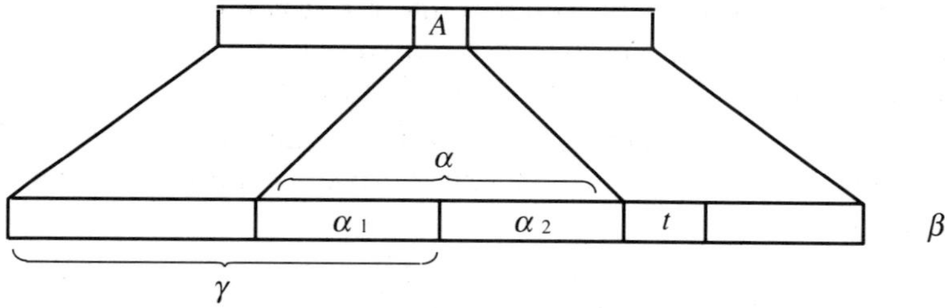

Fig. 14. Préfixe non nécessairement complet d'une forme dérivée

Pour alléger les notations, on va présenter la construction de M dans le seul cas particulier où $k = 1$; c'est d'ailleurs le cas le plus utile dans la pratique de l'analyse syntaxique. On procède en deux étapes : on définit tout d'abord un automate non déterministe à transitions instantanées (cf. la section 2.8 du chapitre 1). Les états de cet automate sont les triplets de la forme $[A, \alpha_1 \uparrow \alpha_2, a]$ considérés ci-dessus (puisque $k = 1$, les k-suffixes sont des terminaux, d'où la notation a). On leur adjoint un état initial p_0 et un unique rebut. La liste des transitions qui n'aboutissent pas au rebut est constituée comme suit :

i) les transitions $p_0 \xrightarrow{\varepsilon} [S, \uparrow \alpha, \#]$, où $S \to \alpha$ est une production de la grammaire donnée G, commençant par son symbole initial S;

ii) les transitions $[A, \alpha_1 \uparrow B\alpha_2, a] \xrightarrow{\varepsilon} [B, \uparrow \beta, b]$; où $B \to \beta$ est une production de G et où b est tel qu'il existe au moins un mot de la forme bu tel que $\alpha_2 a \stackrel{*}{\Longrightarrow} bu$;

iii) les transitions $[A, \alpha_1 \uparrow X\alpha_2, a] \xrightarrow{X} [A, \alpha_1 X \uparrow \alpha_2, a]$ où X peut être une variable ou un terminal.

Avec ces définitions et la notation $p_0 \xrightarrow{\gamma} q$, introduite dans la section 2.8 du chapitre 1 et qui indique la possibilité de passer de l'état p_0 de l'automate à l'état q par lecture de γ, on a le lemme suivant.

Lemme. *Soit γ une suite de symboles et de terminaux; les conditions suivantes sont équivalentes :*

i) $p_0 \xrightarrow{\gamma} [A, \alpha_1 \uparrow \alpha_2, a]$;

ii) *γ est un préfixe et $[A, \alpha_1 \uparrow \alpha_2, a]$ un des triplets qui lui sont associés.*

Le lemme établi, on peut appliquer à l'automate non déterministe ainsi construit la méthode de la section 2.10 du chapitre 1. Cette méthode conduit à un automate déterministe dont les états sont des ensembles de triplets. Cet automate accepte tout préfixe γ et l'état atteint par lecture de γ est exactement l'ensemble des triplets qui lui sont associés. C'est là la propriété qu'on souhaitait obtenir.

La figure 15 représente l'automate déterministe obtenu à partir de la grammaire :

$$S \to A$$
$$A \to A + F \mid F$$
$$F \to (A) \mid a \mid b \mid c$$

engendrant les expressions additives parenthésées construites sur a, b, c. On a, dans cette figure, regroupé les triplets ayant mêmes deux premières coordonnées et on a noté x pour représenter génériquement a, b ou c.

Il resterait à établir le lemme. Nous ne le ferons pas : le lecteur motivé, arrivé à ce point dans la lecture de l'ouvrage devrait y suppléer. Sinon, il pourra se contenter de tester sur l'automate de la figure 15, les préfixes obtenus dans la dérivation d'un mot tel que :

$$a + (b + c) + a\#$$

(le symbole $\#$ provenant de la production $S_0 \to S\#$ qui a été ajoutée, suivant une convention adoptée plus haut).

Revenons maintenant aux conflits qui apparaissent dans l'analyse ascendante non déterministe et montrons comment ils peuvent être résolus. En examinant le diagramme de la figure 15, on constate qu'un préfixe complet de triplet associé $[S, A\uparrow, \#]$ peut être aussi considéré comme un préfixe incomplet de triplet $[A, A\uparrow + F, \#]$ ou $[A, A\uparrow + F, +]$. L'examen de la première lettre de la partie restant à lire permet de trancher : si c'est un $\#$, la première interprétation est la bonne et on procède à une réduction ; si c'est un $+$, on est dans l'autre cas et on réalise un décalage ; si c'est un autre symbole, le mot est à rejeter.

Comme on l'a observé au chapitre 1, la construction de l'automate caractéristique à partir de sa version non déterministe peut être réalisée par un programme. Il existe également des critères simples permettant de vérifier que tous les conflits d'analyse sont tranchés. La voie est ainsi ouverte à la génération automatique des analyseurs syntaxiques. Le seul inconvénient est celui de la taille : l'automate caractéristique associé à un langage de programmation réel tel que PASCAL peut avoir plusieurs milliers d'états. On cherche donc à en obtenir des versions simplifiées qui suffisent cependant à trancher les conflits. Les méthodes employées pour y parvenir dépassent le cadre de cet ouvrage.

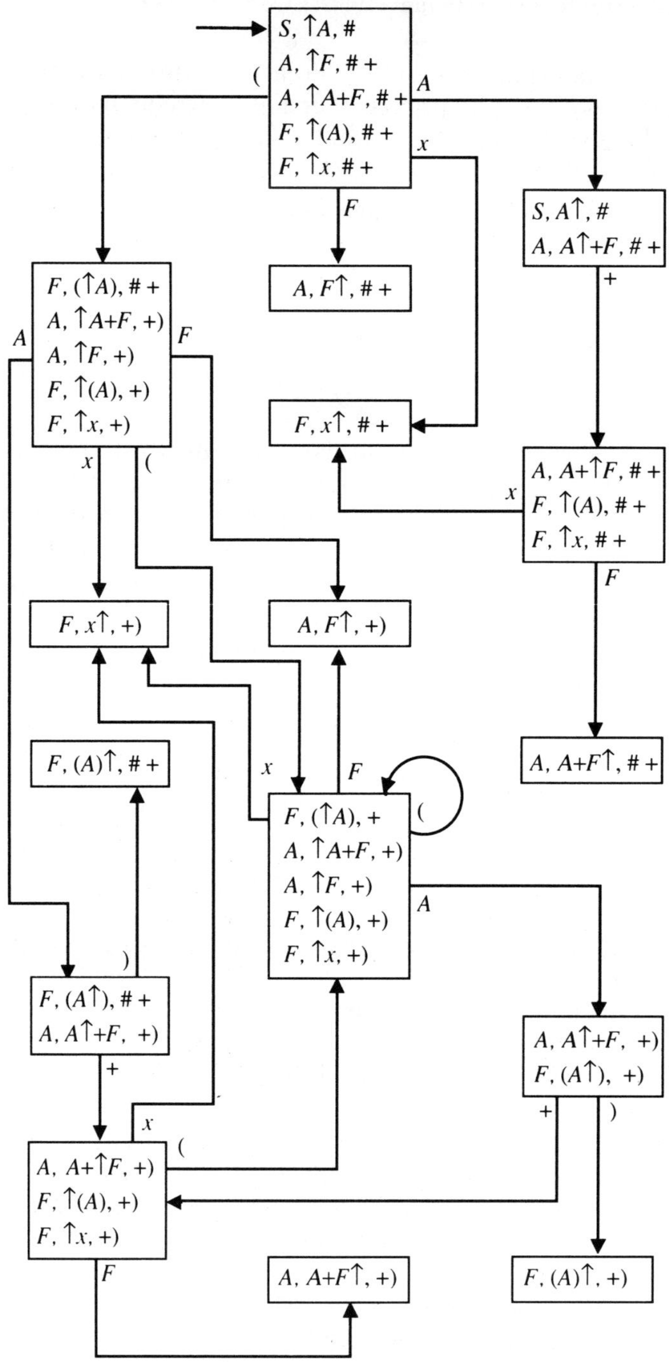

Fig. 15. Automate caractéristique d'ordre 1 d'une grammaire

Indiquons seulement pour terminer comment est appliquée, de façon déterministe, la stratégie d'analyse par décalage et réduction dans le cas où l'automate caractéristique d'ordre 1 élimine les conflits. On maintient en permanence dans la pile une suite formée alternativement de symboles de l'alphabet de G (variables et terminaux) et d'états de l'automate. Soit a le premier des symboles restant à lire et q l'état qui est en haut de pile; on examine si q contient un état de la forme $[A, \alpha\uparrow, a]$.

i) Si ce n'est pas le cas, on transfère sur la pile le terminal a puis l'état $\delta(q, a)$, où δ est la fonction de transition de l'automate caractéristique M, pour autant que $\delta(q, a)$ ne soit pas le rebut de M, auquel cas on interrompt le calcul.

ii) Si c'est le cas, on note que A et α sont uniquement définis et on dépile alors états et symboles jusqu'à avoir trouvé successivement toutes les lettres de α (lues de droite à gauche); un état p apparaît alors en haut de pile, sur lequel on empile A puis $\delta(p, A)$. Là encore il y a exception si $\delta(p, A)$ est le rebut de M, auquel cas on s'interrompt.

Il est immédiat de vérifier que, si le fond de pile contient initialement l'état de départ de l'automate caractéristique, alors, tant que le fonctionnement s'opère conformément au règles i) et ii) sans interruption, la suite de symboles de G stockés dans la pile est un préfixe admissible qui conduit à partir de p_0 à l'état de M situé en haut de pile. Ceci légitime la validité des décisions prises en i) ou ii).

On rejette un mot donné x si le fonctionnement s'interrompt, sauf s'il reste à lire le seul symbole # et que la pile contient p_0 et S. On accepte x dans ce dernier cas : la suite des productions utilisées dans les phases successives de réduction permet alors de reconstituer la dérivation droite de x. L'analyse syntaxique du mot donné a ainsi été réalisée par lecture de gauche à droite.

4. INDICATIONS BIBLIOGRAPHIQUES

La notion de grammaire non contextuelle est issue des travaux de Chomsky [1956] et [1959]. La terminologie française *algébrique* se fonde sur un formalisme qui considère les langages engendrés comme solutions de certaines équations. Nous n'avons pu aborder ici ce point de vue, pour lequel nous renvoyons à l'ouvrage d'Autebert [1987]. Le concept d'automate à pile a été formalisé par Schützenberger [1963].

C'est avec la définition de la syntaxe d'ALGOL qu'est apparu l'usage des grammaires dans la spécification des langages de programmation (cf. Naur [1963]). L'idée de préséance est due à Floyd [1963] et l'analyse LR à Knuth [1965].

Il existe de nombreux ouvrages qui présentent les grammaires non contextuelles et les automates à pile, par exemple ceux de Salomaa [1973], Hopcroft et Ullman [1979]. Pour ce qui concerne la compilation, nous renvoyons le lecteur au livre très complet de Aho, Sethi et Ullman [1986].

Bibliographie

Aho, A.V., R. Sethi et J.D. Ullman [1986] *Compilers*, Addison-Wesley, Reading, Mass. (Traduction française : Interéditions, Paris 1989.)

Autebert, J.M. [1987] *Langages algébriques*, Masson, Paris.

Balcázar, J.L., J. Diaz et J. Gabarró [1988] *Structural Complexity I*, Springer-Verlag, Berlin, Heidelberg, New York.

Brainerd, W.S. et L.H. Landweber [1974] *Theory of Computation*, Wiley, New York.

Chang, C.C. et H.J. Keisler [1973] *Model Theory*, North-Holland, Amsterdam.

Chang, C.L. et R.C.T. Lee [1973] *Symbolic Logic and Mechanical Theorem Proving*, Academic Press, New York.

Chomsky, N. [1956] «Three models for the description of Language», *I.E.E.E. Trans. on Information Theory* **2:3**, 113-124.

Chomsky, N. [1959] «On certain formal properties of grammars», *Inform. and Control* **2:2**, 137-167.

Clocksin, W.F. et C.S. Mellish [1981] *Programming in Prolog*, Springer-Verlag, Berlin, Heidelberg, New York.

Cook, S.A. [1971] «The complexity of theorem proving procedures», *Proc. Third Annual ACM Symposium on the Theory of Computing*, 151-158.

Cutland, N.J. [1980] *Computability : An introduction to Recursive Function Theory*, University Press, Cambridge.

Enderton, H.B. [1972] *A Mathematical Introduction to Logic*, Academic Press, New York.

Floyd, R.W. [1963] «Syntaxic analysis and operator precedence», *J. ACM* **10:3**, 316-333.

Garey, M.R. et D.S. Johnson [1979] *Computers and Intractability : a Guide to the Theory of NP-completeness*, Freeman, San Francisco.

Giannesini, F., H. Kanoui, R. Pasero et M. Van Caneghem [1985] *Prolog*, Interéditions, Paris.

Gödel, K. [1930] «Die Vollständigkeit der Axiome des logischen Funktionenkalküls», *Monatshefte für Mathematik und Physik* **37**, 349-360.

Gödel, K. [1931] Über formal unentscheidbare Sätze der Principia Mathematica und verwandter Systeme, I. *Monatshefte für Mathematik und Physik* **38**, 173-198.

Harrison, M.A. [1978] *Introduction to Formal Languages*, Addison-Wesley, Reading, Mass.

Hartmanis, J. et R.E. Stearns [1965] «On the computational complexity of algorithms», *Trans. Amer. Math. Soc.* **117**, 285-306.

Herbrand, J. [1930] *Recherches sur la théorie de la démonstration*, travaux de la Société des Sciences et des Lettres de Varsovie, Classe III sciences mathématiques et physiques, n° 33.

Hopcroft, J.E. [1971] «An $n \log n$ algorithm for minimizing the states in a finite automaton», in : *The Theory of Machines and Computations* (Z. Kohavi, ed.), Academic Press, New York, 189-196.

Hopcroft, J.E. et J.D. Ullman [1979] *Introduction to Automata Theory, Langages and Computation,* Addison-Wesley, Reading, Mass.

Karp, R.M. [1972] «Reducibility among combinatorial problems», in : *Complexity of Computer Computations* (R. Miller et J. Thatcher, eds.), Plenum Press, New York, 85-104.

Kleene, S.C. [1936] «General recursive functions of natural numbers», *Mathematishe Annalen*, **112**, 727-742.

Kleene, S.C. [1952] *Introduction to Metamathematics*, Van Nostrand, New York, Toronto, North-Holland, Amsterdam, Noordhoff, Groningen.

Kleene, S.C. [1956] «Representation of events in nerve nets», in : *Automata Studies* (C.E. Shannon and J. McCarthy, eds.), Princeton Univ. Press, 3-40.

Kleene, S.C. [1967] *Mathematical Logic*, Wiley, New York. (Traduction française : Armand Colin, Paris 1971.)

Knuth, D.E. [1965] «On the translation of languages from left to right», *Inform. and Control* **8:6**, 607-639.

Knuth, D.E., J.H. Morris et V.R. Pratt [1977] «Fast pattern matching in strings», *SIAM J. Computing* **6:2**, 323-350.

Kowalski, R.A. [1979] *Logic for Problem Solving*, North-Holland, New York.

Kreisel, G. et J.L. Krivine [1967] *Eléments de logique mathématique*, Dunod, Paris.

Lewis, H.R. et C.H. Papadimitriou [1981] *Elements of the theory of Computation*, Prentice-Hall, Englewood Cliffs, N.J.

Lloyd, J.W. [1984] *Foundations of Logic Programming*, Springer-Verlag, Berlin, Heidelberg, New York.

Loveland D.W. [1978] *Automated Theorem Proving : A Logical Basis*, North-Holland, Amsterdam.

Machtey, M. et P.R. Young [1978] *An Introduction to General Theory of Algorithms*, North-Holland, New-York.

McCulloch, W.S. et W. Pitts [1943] «A logical calculus of the ideas immanent in nervous activity», *Bull. Math. Biophysics*, **5**, 115-133.

Minsky, M.L. [1967] *Computation : Finite and Infinite Machines*, Prentice-Hall, Englewood Cliffs, N.J.

Moore, E.F. [1956] «Gedanken experiments on sequential machines», in : *Automata Studies* (C.E. Shannon and J. McCarthy, eds.), Princeton Univ. Press, 129-153.

Naur, P. [1963] «Revised report on the algorithmic language ALGOL 60», *Comm. ACM* **6:1**, 1-17.

Nerode, A [1958] «Linear automaton transformations», *Proc. Amer. Math. Soc.*, **9**, 541-544.

Post, E.L. [1921] «Introduction to a general theory of elementary propositions», *Amer. J. Math.* **23**, 163-185.

Post, E.L. [1936] «Finite combinatory processes-formulation I.», *J. Symb. Logic*, **1**, 103-105.

Rabin, M.O. et D. Scott [1959] «Finite automata and their decision problems», *IBM J. Res.*, **3 :2**, 115-125.

Robinson, J.A. [1965] «A machine oriented logic based on the resolution principle», *J. ACM* **12 :1**, 23-41.

Robinson, J.A. [1979] *Logic : Form and Function*, University Press, Edinburgh.

Rogers, H. Jr. [1967] *Theory of Recursive Functions and Effective Computability*, McGraw-Hill, New York.

Salomaa, A. [1973] *Formal Languages*, Academic Press, New York.

Schützenberger, M.P. [1963] «On context-free languages and pushdown automata», *Inform and Control*, **6:3**, 246-264.

Schoenfield, J.R. [1967] *Mathematical Logic*, Addison Wesley, Reading, Mass.

Shepherdson, J.C. et H.E. Sturgis [1963] «Computability of recursive functions», *J. ACM* **10:2**, 217-255.

Soare, R.I. [1987] *Recursively Enumerable Sets and Degrees*, Springer-Verlag, Berlin, Heidelberg, New York.

Turing, A.M. [1936] «On computable numbers, with an application to the Entscheidungsproblem», *Proc. London. Math. Soc.*, **2:42**, 230-265. (Correction, *ibid.*, **2:43**, 544-546.)

Wagner, K. et G. Wechsung [1986] *Computational Complexity*, D. Reidel, Dordrecht.

Whitehead, A.N. et B. Russell [1910] *Principia Mathematica*, University Press, Cambridge.

Yasuhara, A. [1971] *Recursive Function Theory and Logic*, Academic Press, New York.

Index

Photocomposition et impression
IMPRIMERIE LOUIS-JEAN
BP 87 — 05003 GAP Cedex
Tél. : 92.51.35.23
Dépôt légal : 681 — Octobre 1990
Imprimé en France